海洋声传播理论基础

陈 航 杨 虎 编著

U0381954

西北工业大学出版社

西 安

【内容简介】　本书主要讲述海洋声学的基础理论,介绍声在海洋中传播的基本特性与规律,声呐工作原理与声呐方程应用,以及海洋中声场的基本分析方法。

全书共分 8 章。第 1 章介绍海洋声学的发展、现状以及实际应用;第 2 章讲述声波在流体介质中传播的基本特性和声场分析理论;第 3 章讲述声呐方程及其应用;第 4~8 章分别讲述与海洋中声场特性密切相关的声辐射与接收、海洋中声传播的波动理论与声线理论、声波对水下目标的作用、海洋混响的分析以及海洋中的噪声特性。

本书可以作为高等学校船舶与海洋工程专业本科生、研究生的教材,同时对工程水声以及相关学科的研究人员和工程技术人员亦有参考价值。

图书在版编目(CIP)数据

海洋声传播理论基础 / 陈航,杨虎编著. —西安 :
西北工业大学出版社,2021.3(2023.2 重印)
　ISBN 978 - 7 - 5612 - 7666 - 2

Ⅰ. ①海… 　Ⅱ. ①陈… ②杨… 　Ⅲ. ①海洋学-水声
传播-研究 　Ⅳ. ①P733.21

中国版本图书馆 CIP 数据核字(2021)第 046982 号

HAIYANG SHENGCHUANBO LILUN JICHU

海 洋 声 传 播 理 论 基 础

责任编辑:孙　倩	策划编辑:李阿盟	
责任校对:张　潼	装帧设计:李　飞	
出版发行:西北工业大学出版社		
通信地址:西安市友谊西路 127 号	邮编:710072	
电　　话:(029)88491757,88493844		
网　　址:www.nwpup.com		
印 刷 者:西安五星印刷有限公司		
开　　本:787 mm×1 092 mm	1/16	
印　　张:13.75		
字　　数:361 千字		
版　　次:2021 年 3 月第 1 版	2023 年 2 月第 2 次印刷	
定　　价:68.00 元		

如有印装问题请与出版社联系调换

前　言

声波是迄今为止人们在海洋中进行远程无线信息传递所使用的唯一有效载体。有关海洋中声波传播的规律与方法,以及与之相关联的声波辐射、声波在水下目标上的反射和散射特性、海洋背景噪声与混响对合作水声信号的干扰等等,是水声通信、水下探测与制导、船舶与海洋工程等相关专业的重要基础理论,也是相关专业的本科生、研究生培养计划的基本要求。

近年来,随着我国对海洋开发战略的推进,有关海洋中声传播基础理论的学习、研究得到广泛的重视,但笔者在相关专业的理论教学过程中能够为初学者提供参考的教材较少。编写本书的目的就是围绕着上述专业方向本科生和研究生对海洋中声传播理论教学的基本要求,从强基础、宽口径的角度为专业基础理论的学习提供一本合适的教材。本书是笔者在多年的本科生、研究生课堂教学和实际科研工作经验的基础上充实、完善而成的。本书在内容的选择上沿用了传统工程水声理论以声呐方程为主、以海洋中声传播规律和各个声呐参数分析为辅的思路,在注重基础理论的同时,既循序渐进、浅显易懂,又有工程实例,同时,部分章节附有习题供学生在课后研习,相信对初学者是有所裨益的。

本书共 8 章。第 1～5 章由陈航编写,第 6～8 章由杨虎编写,全书由陈航负责统稿。

在本书的编写过程中,西北工业大学王英民教授、张群飞教授提出了很多宝贵意见和建议,在此一并表示衷心的感谢。编写本书曾参阅了相关文献资料,谨向其作者深表谢意。

由于水平有限,书中难免有不当之处,恳请专家、同行批评指正。

编著者

2020 年 10 月

目　　录

第1章 绪 论

自 1994 年 11 月《联合国海洋法公约》生效以来,产生了海洋国土的新概念,国际海洋关系进入了新时期。管辖海区的国土化,强化了海洋对国家命运的重大影响,也大大提高了海洋的战略地位,使海洋权益、海洋开发和海洋环境成为世界各国普遍关注的焦点。众所周知,海洋面积占地球表面积的 71%,约为 3.6 亿平方千米,而人类已探索和利用的海洋面积仅占其总面积的 5%左右。随着科学技术的进步和不断发展,人类对海洋的认识逐渐深化,海洋必将成为人类生存和发展的重要领域,尤其是解决我国水资源、能源、食物和其他可持续发展必备资源的重要来源与新领域。

要对海洋进行深层次的开发与利用,必然涉及在海洋中进行信息传输、信息获取和观测通信等问题。从海洋智能动物传递信息的方式中,我们可以感觉到,它们利用声波在海洋中完成了相互间的信息传送。可以说,声波是迄今为止人们在海洋中进行远程无线信息传递所使用的唯一有效载体。实际上,海水介质是一种导电介质,向海洋空间辐射的电磁波会被海水介质所屏蔽,它的极大部分能量以涡流形式被介质损耗,因而电磁波在海水中的传播受到严重限制。从实测的结果看,电磁波在海水中传播时被介质吸收损耗的衰减达到了 4 500 dB/km(每米能量衰减 90%),典型的例子是可见光在海洋中的传播距离非常有限,潜入水中一定深度后就感觉到能见度下降很快,即海洋深处是漆黑的。即使在水质清澈的条件下,蓝绿激光能穿透的距离也只有百米量级,因此在海水中无法将电磁波作为观测通信的信息载体。而工作频率在 10 kHz 左右的声波在海洋中传播时介质吸收衰减仅仅是 1 dB/km(见图 5 - 3),利用海洋中的波导效应,声波可以传播得更远。

正是认识到这一事实,人们从 20 世纪初开始利用声波进行水下的无线信息观测与通信,并对水中声波的传播等特性开展研究,从而由声学学科中演变、诞生了一门新的学科——水声学。我们将从声学学科开始,介绍声学的基本概况与学科分支、水声学的发展简史与研究对象,以及水声技术的主要应用情况。

1.1 声学的基本概况和研究分支

声学(Acoustics)作为物理学的一个分支,是一门古老而又非常重要的学科,也是一门非常活跃、不断发展的学科。随着科学技术的不断发展,声学也在不断地向自然科学的各个领域渗透,并产生出一些新的研究领域和应用方向。20 世纪 70 年代,由许多物理学家共同撰写的《物理学展望》一书,曾从不同的方面对物理学各个分支进行了对比。结论认为,声学具有最大的"外在性",也就是说声学渗透到其他科学分支或其他科技领域的部分最多,形成了若干新兴的边缘分支,对应用科学技术、国防、文化生活和社会等方面影响的潜力最大。但同时,声学又被评为研究得最不成熟的分支。

准确地说,声学是研究声音的产生、传播、接收、作用和处理再现的一门学科。而声音本身实际上是一种机械扰动(振动)在介质(媒体)——气体、液体和固体中传播的现象,产生声波的条件是:

(1)有作机械振动的物体——声源;

(2)有能够传播机械振动的介质——弹性介质。

这种振动的频率范围非常宽广,可以从 0.1 Hz～几十千兆赫兹(10^{10} Hz),而人所能听到的声音范围仅仅为 20 Hz～20 kHz,因此绝不要认为声学仅仅是研究可听阈范围内声音特性的学科。

声学的研究范围非常广泛,由于声波是产生于声源的机械振动在弹性介质中的传播现象,所以振动理论是声学理论的基础,其发展可以追溯到 17—19 世纪由 Galileo,Huke,Taylor,Bernouli,D'Alembert,Euler,Lagrange 和 Rayleigh 等著名的物理学家所创立和发展的完整理论体系,也就是所谓的"连续介质中的振动理论"。这些理论直到今天也是学习声学理论的基础,在机械振动的理论基础上又创立了机械振动能量的传输和辐射规律,这就是研究各种声源和声波辐射、接收、传播的理论基础——物理声学和理论声学。以物理声学和理论声学为基础,人们在生产和社会生活中,又相继发展了声学的各个分支并形成各自独立又相互联系的诸多学科。表 1-1 给出了声学学科的构成与主要分支,这是源于美国著名声学家 R. Bruce Lindsay 在 1964 年给出的声学涉及领域范围。

表 1-1 声学分支

声学学科核心理论	声学学科分支	涉及有关学科
机械振动、物理声学和理论声学	地震波、大气声学	地学、地球物理、大气物理、海洋学、电子学、力学和信号与信息学
	水声学	
	超声学	电子学、信号与信息学、工程技术、医学和文化艺术等
	电声学	
	振动与冲击噪声	力学、环境科学、建筑学、教育学和文化艺术等
	建筑声学	
	乐声学	
	语言、心理声学	心理学、生理学、医学、生命科学等
	生物声学	

可见,声学是科学、技术和艺术的基础。需要指出的是由于历史局限,分支中未提到声学信号处理,而现在它已成为声学的重要分支。另外,在表中所列的声学分支中,水声学原来主要是为战争服务的(包括声呐有关理论、技术),其他都来源于人类日常生活。因而,水声学的研究也具有一些神秘的色彩,可以说,水声学的研究内容似乎更加"具有前沿性"。每一个声学分支都有着非常丰富的研究内容,也有着许多有意义的发展历史和研究方向,下面简单介绍一下水声学。

1.2　水声学的发展简史和研究对象

声音在空气中的产生、传播和接收是大家所熟知的自然现象,因为人生活在空气中,但声音在固体和液体中的产生、传播和接收问题就不是十分清楚了。实际上在固体和液体中只要有机械振动,同样产生声,而且还是一个非常嘈杂的世界。比如,俯在钢轨上能听到远方驶来的列车声音,潜入水中能听到远处行驶的机动船声音,等等,图 1-1 从声波能量(噪声谱级)与频率的分布关系显示了海洋中各种自然、生物和人类活动产生的声音(图中所有的噪声强度都是位于距声源 1 m 处的值)。

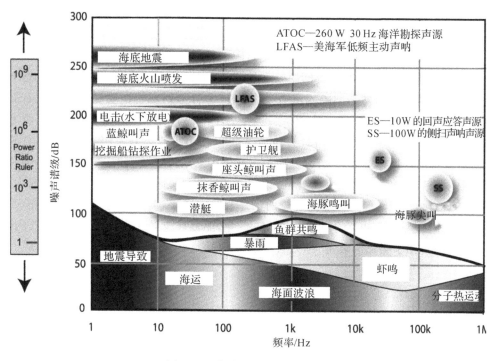

图 1-1　声波在海洋中无所不在

水声学最早也是从利用声来观测水下的目标而发展起来的。早在 15 世纪末,意大利艺术家、科学家达·芬奇就曾经描写过:"如果使船停航,将长管的一端插入水中,而将管的开口放在耳边,就能听到远处的航船。"后来,这种方法又被用于"听鱼",可以说,这就是"无源声呐"的雏形。大约在 1827 年,瑞士物理学家丹尼尔·科拉顿(Daniel Collaton)和法国数学家查尔斯·斯特姆(Charles Sturm)合作,在瑞士的日内瓦湖通过测定闪光和水下钟响之间的时间间隔成功地进行了声音在水中传播速度的测量。大约在 20 世纪初,水声的第一个实际应用就是在灯塔(船)上安装了潜水钟和雾号,行驶的船舶在雾天测听灯塔(船)发出的钟声和雾号之间的时间差来测定船与灯塔之间的距离。由于 1912 年巨轮泰坦尼克号(Titanic)与冰山的相撞导致的惨剧使人们更加认识到水声学发展的重要性。

第一次世界大战爆发以后,德国潜艇的偷袭使协约国的舰船损失了总吨位的 1/3,战争的需要又进一步促进了水声学特别是反潜装备的研究。这期间,加拿大-美国物理学家费森登

(Fessenden)发明的振荡器实现了水下声波的产生与接收;法国科学家郎之万(Paul Langevin)在费森登振荡器的基础上利用压电晶体做成的声电转换装置,在塞纳河中完成了水下反射体的声反射波测听。同时,在1916年,加拿大物理学家罗伯特·波以勒(Robert Boyle)承揽下一个属于英国发明研究协会的声呐项目,1917年制作出了一个用于测试水下障碍物反射波的原始型号主动声呐,如图1-2所示。英国政府注意到这项发明,该项目很快就划归反潜/盟军潜艇侦测调查委员会(ASDIC,Antisubmarine Detection Investigation Committee)管辖,此种主动声呐亦被英国人称为潜艇探测器"ASDIC"。但是由于技术条件的限制以及对水声物理和水声学的研究还比较少,在第一次世界大战期间没有在水声设备的研制,特别是反潜武器的研制上取得突破。在战争结束前(1918年)人们才初次收到了潜艇的声回波信号,英国和美国都生产出了成品,这就是水声回声定位技术的雏形。水声回声定位技术还没有对德国的U形潜艇进行有效的作用,第一次世界大战就结束了。这期间,研究人员已发现,舰艇上装载的水听器性能会受到载体自噪声的严重影响,于是研制了最早的拖曳阵"鳗",并促进了拖曳水听器装置的发展。"鳗"由12个水听器等间距装在约12 m长的橡皮管内,在浮力平衡状态下拖在舰船后部100~150 m处,两条间隔4 m左右的"鳗"平行排列安装在船底后部的左右舷组成了探测系统MV,如图1-3所示。拖两条"鳗"是为了解决目标的左右舷不确定性,假定目标方位在第Ⅰ象限,单条"鳗"测得的目标方位为θ,可以在第Ⅰ或第Ⅱ象限,而左舷和右舷的水听器组合后又可测得目标方位为φ,可以在第Ⅰ或第Ⅳ象限,然后综合θ和φ即可鉴别目标方位是第Ⅰ象限。1920年,一所舰艇反潜学校——皇家海军"鱼鹰"号(HMS Osprey)成立,并设立了一支有四艘装备了潜艇探测器的舰艇的训练舰队。同年,英国在皇家海军 HMS Antrim号上测试了他们称为"ASDIC"的声呐设备。1923年,驱逐舰支队装备了拥有 ASDIC 的舰艇。1931年,美国研究出了类似的装置,称为 SONAR(声呐),后来英国人也接受了此叫法。

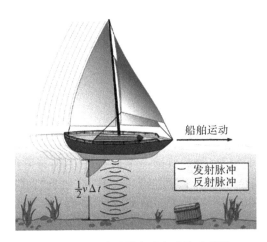

图1-2 原始型号主动声呐的示意图

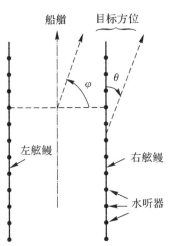

图1-3 最早的拖曳系统"鳗"

到了第二次世界大战前夕,水声监听设备和回声定位设备已经可以装备部队使用,当时在美国的许多舰艇上都装备了这些设备。这种最初的回声定位系统需要水兵操纵转轮作方位搜索,用耳机或扬声器作监听设备,实际上是一个以可旋转的水平直线形水听器、一个模拟电路放大器、一个可调带通滤波器和一副耳机所构成的简单声呐系统。可以说美国正是利用了这种声呐系统在第二次世界大战中的大西洋战役中对德国的 U 形潜艇进行了有效的打击并取得了胜利。有资料报道,在第二次世界大战中,所有被击沉的潜艇中有 60% 是依靠声呐发现的,可见声呐在反潜中的重要地位。

在第一次和第二次世界大战之间,水声学的另一个伟大成就是对海水中声的传播特性的认识。在 20 世纪 20 年代末、30 年代初,人们使用声呐对目标进行搜索和定位时都发现了一种神秘的不可靠性。也就是说,同样的一个目标,在早晨往往能够很好地进行探测,可是在下午就很难被发现或神秘地失踪了。经反复试验研究才发现是海水介质对声的传播特性影响所造成的现象,当时称之为"午后效应",实际上是受到温度梯度的影响。温度梯度使得海洋中一定深度上存在着声速的"跃变层",在跃变层上方和下方的声传播轨迹会有很大变化。与此同时,对声在海水中传播的吸收、混响、反射折射等现象都进行了一定的研究,并建立起相应的理论,可以说现在的水声学理论在很大程度上是第二次世界大战前后对声在海水中传播时各种现象研究的结晶。

水声学的研究内容或涉及范围一般分为以下两大类:

(1)水声物理,是水声学的基础理论,主要涉及由声源、接收器和海洋信道构成的系统中声传播规律、声呐方程以及所有声呐参数具有的基本特性等,也是本书所要讨论的内容。

(2)水声工程,是水声学的应用理论,主要涉及声呐系统设计,水下声源的设计和声学基阵理论(水声换能器与基阵),水声信号处理理论(信号检测与估计、数字信号处理等)以及水声测量等内容。

从 20 世纪 40 年代后期至今,随着对水声传播规律的不断理解,电子技术、信号处理和计算机技术的发展,水声技术也产生了突飞猛进的发展。声呐在使用频率、功率容量和信号处理技术上都产生了很大的变化,除在军事领域外,还广泛地应用于国民经济中,如海洋石油勘探,海底矿藏勘探,渔业资源测探,海洋研究中的海底地貌测绘、深潜和水下施工等等。而上述所有应用的基础均来源于水声学基本理论以及与声呐设计和使用相关的主要问题,这些问题包括声在海水中的传播、海水作为声传播信道的一些特性(界面反射、折射、吸收和混响等)、目标特性和海洋噪声等内容,本书将讨论这些问题。而进一步的深入课题,像声源设计、声呐系统设计、水声信号处理和水声测量技术等工程水声学的内容,本书不作讨论。

这里给出声呐的定义,声呐(sonar)这个名词是第二次世界大战后仿照雷达(radar)一词得来的,意为"声导航与回声定位(sound navigation and ranging)"。现在把凡具有声导航、探测、搜索定位和信息通信功能的水声设备都称为声呐。

1.3　水声技术的主要应用

水声技术已广泛地应用到与海洋开发密切相关的国民经济上,以声波为信息载体的声呐成为人类在海洋中进行水下信息获取与海洋信息观测通信的主要设备,目前,水声技术的主要应用还是军事目的。其原因除了海洋权益的争夺日益突出,海军装备与武器的发展与水声技术密切相关等因素外,水声技术在军事方面的密集度大大领先于民用亦是关键所在,以至于目前在水声技术上的科学研究基本上都是具有一定的军用色彩。水声技术的应用范围在军事领域内主要包括水声通信和对水下目标进行探测、定位和跟踪。具体体现为舰载、艇载和机载声呐,声呐岸站,浮标,鱼雷自主导引,水雷遥控,水下无人系统,水声通信,等等。

声呐技术融合了水声学、电子技术、数字通信、现代控制、计算机和图像处理、高分子材料学、电化学、结构力学、水动力学和精密机械等多种学科和领域的相关技术,是水下信息观测通信的耳目。图1-4展示了军用直升机用吊放声呐去探测水下目标,由于声呐被直接用于军事,所以各个国家都将这一领域的最新技术列为严格保密的范围。

图1-4　军用直升机装备的航空吊放声呐用于探测水下目标

水声技术在军事上应用的典型例子是潜艇装备。潜艇是海战的重要作战平台,其隐蔽性、战斗力和生存能力是其他作战平台无法达到和取代的。随着续航能力不断增加,潜艇的水下活动能力得到极大的增强,无论出于提高潜艇本身的观通能力,还是反潜任务的迫切需要都大大促进了对声呐的要求。图1-5是安装在潜艇上的舷侧声呐示意图,其搜索目标的范围几乎覆盖了两侧的全部空间。第二次世界大战后出现的核动力潜艇更进一步推动了声呐技术的发展。

图1-5　安装在潜艇上的舷侧声呐及其扫描波束

在第二次世界大战期间,潜艇共击沉作战舰艇381艘,其中战列舰3艘,航空母舰17艘,巡洋舰32艘,驱逐舰122艘,还有其他作战舰艇207艘,击沉各种运输船5 000余艘。德国"U-47"号潜艇于1939年10月潜入英国位于苏格兰北部的海军基地,在港内击沉了英国的排水量达33 000多吨的大型战列舰"皇家橡树"号,创造了军事史上的奇迹。

水声技术还在水中兵器上得到广泛应用,以鱼雷为例。鱼雷是重要的水下武器,能够实现在水下远程、高速精确制导,成为潜艇、水面舰艇、反潜飞机等平台对目标实施水下攻击、反潜、攻舰和击毁岸防设施的主战武器之一。自世界上第一条鱼雷问世以来,在历次海战中鱼雷均取得了辉煌的战绩。在海上复杂多变的环境条件下,发挥鱼雷水下隐蔽攻击的优势,避开航母和水面舰艇较强的对空和对海防御的威胁,攻其薄弱环节,能收到意想不到的作战效果。图1-6所示是由不同运载器发射的鱼雷对潜艇进行攻击过程中遇到的水声信号问题。鱼雷的导引方式有声自导、尾流自导和线导。其使用的物理场基本都是声场,是水声技术的主要应用对象。线导鱼雷依靠其发射母艇的声呐探测目标并遥控导引,声自导鱼雷在探测和攻击目标过程中涉及诸多水声技术。

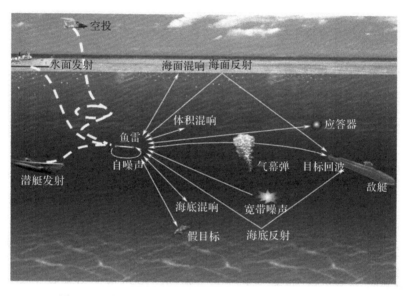

图 1-6 声自导鱼雷对水下目标进行搜索、跟踪的示意图

同样作为水中兵器的重要成员,水雷是目前水下防御作战的主要兵器,水雷的声引信也是依靠声波和水声物理场进行目标检测和近感动作的。对于专门探测水雷的舰艇来说,必须装备猎雷声呐才可能在远距离上完成对水雷(锚雷、沉雷)等小目标的探测,而专门用于扫雷的舰艇装备宽频带扫雷声呐,可发射信号诱发水雷声引信。

水下航行器是目前最为活跃的海洋工程水下运动平台,分为载人和无人两种类型。水下无人航行器(UUV,Unmanned Underwater Vehicle)与军用无人机一样,可在水下自主执行很多特种任务(作战、侦察、布雷、扫雷和水声对抗),由于安装了多种探测声呐,可以通过水声与指挥中心联系,所以不需要任何人工操纵。利用水面舰艇、UUV、声呐浮标、潜标和潜艇等形成的水下信息网实现海洋中的信息互联,将是今后海洋声学领域重要的发展方向。

上述例子充分说明了水声学在人类活动中的重要意义,也正是这样,要求从事海洋信息观测通信、水下信号与信息处理等研究的专业必须具备水声学的理论基础与工程应用知识,因此,海洋声传播理论基础是本专业领域的一门重要基础理论课。

第 2 章　流体介质中声传播和声场的基本特性

本章将简要介绍流体介质中声波和声场,实际上就是大多数声学基础理论中关于"理想流体介质中的小振幅声波"所涉及的基本问题,包括声波动方程的理论、流体介质中声波的最常见形式和平面波在介质分界面上的折射反射问题,为了使初学者了解声学中普遍采用的"分贝制",还将对采用分贝表示的声学量进行介绍。

2.1　声在流体介质中传播的基本概念

声波是一种机械振动状态的传播现象,是压力、质点运动等多种变化物理量在弹性介质中以确定规律传递的表现。所谓"声音"是指某个频率范围内的声波传递到人耳引起听觉器官反应后的感知现象。

产生声波的条件有以下两种:①有作机械振动的物体——声源;②有能够传播机械振动的介质——弹性介质。

声波按频率可分为次声、可听声和超声。在 20 Hz 以下的声波称为次声;频率高于 20 kHz的称为超声;频率为 20 Hz～20 kHz的声波为音频声。声波按波阵面几何形状可分为平面声波、柱面声波和球面声波。声波按质点振动情况可分为纵波和横波。当机械振动在气体或液体中传播时,形成压缩和伸张(介质)交替运动过程,也就是说声在流体介质中表现为压缩波的传播,称之为纵波。在固体中由于存在切应力,所以除了纵波外还有横波。

图 2-1 是纵波传播的示意图,图中小圆圈代表介质中沿声波传播方向的一排质点,质点间以弹性力相互作用,于是,流体介质中的波动过程可以通过这一列以弹性力相联系的质点的运动反映。

图中第一行表示在 $t=0$ 时刻各质点的位置(平衡位置),质点 1 受到沿传播方向的激励作用将开始沿 x 方向进行周期为 T 的谐振动 $x=Ae^{j\omega t}$,其中,A 是质点振动的振幅,ω 是谐振动的圆频率。由于各质点间以弹性力相互联系,质点 1 的运动就会相继地向质点 2,3,4,……传递,使其按照质点 1 的振动规律依次进行周期为 T 的谐振动。

经过 $t=T/4$ 时间后,质点 1 达到最大振幅位置开始返回,质点 2,3 各有相应的位移但未达到最大位移,此时质点 4 受弹力作用开始沿 x 方向振动。

当 $t=T/2$ 时,质点 1 已回到平衡位置并由惯性作用继续沿 x 负方向运动,质点 2,3 也相继达到最大位移后折返运动,而质点 4 正好达到最大振幅位置准备返回。受质点 4 的作用,质点 5,6 已先后被带动着沿 x 方向振动,还未达到最大位移,而质点 7 则受到沿传播方向的弹性力正要开始振动……

当 $t=T$ 时,质点 1 已完成一个周期的振动,回到平衡位置,并将开始第二个周期的振动,弹性力的作用刚刚使质点 13 开始振动,这时,1 和 13 间的各质点按规律形成密集和稀疏相间的空间分布,构成了一个周期的完整波形。

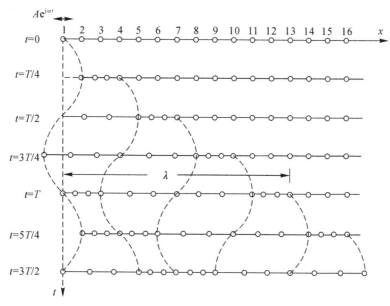

图 2-1　流体介质中纵波传播示意图

从图 2-1 可以看出声波的传播过程所具有的特征,流体介质中的质点是在声源(质点 1)的振动开始后依次受力在各自平衡位置上进行振动,各质点的振动频率、周期与声源相同,因此是在复制声源的运动,这种"复制声源"的运动使得振动状态得以沿声波传播方向向前传递,形成了确定的"行波"。图中还可看到,受到弹性力作用后开始振动的质点比起先于其振动的质点在步调上要落后一段时间,或者说产生了振动相位的落后,比如说 13 号质点的振动在 1 号完成了一个周期后才开始,因此它的相位比 1 号落后了 2π,它们之间的位置距离就相差了一个波长。

下面介绍描述声波特征的基本物理量。

声速:介质中机械振动传播的过程有时间滞后,也就是说声波在介质中传播具有一定的速度,称之为声速。

声场:在介质中,声波所及的区域称为声场。关于声场的概念要注意一点:声场的建立是在声源的激励下,介质中的所有质点都按照声源激励的运动形式"复制"运动,声波的传播并非介质质点本身的传播,而只是振动形式,或者说是能量的传播,而质点的振动速度和波的传播速度也是两个不同的概念。

声压:声压是声场的存在而使介质产生的压强变化(它是压强)。 声压的单位是 $Pa(N/m^2)$,在直角坐标系下,声压的表达式为

$$p(x,y,z,t)=P(x,y,z,t)-P_0(x,y,z,t) \tag{2.1}$$

式中,声压函数 $P(x,y,z,t)$ 为介质中存在声波时某点的声压;$P_0(x,y,z,t)$ 为介质中无声波时该点的声压;$p(x,y,z,t)$ 声场中某瞬时的声压。若 $p(x,y,z,t)>0$,则说明介质被压缩;$p(x,y,z,t)<0$,则说明介质稀疏。

同样,在球坐标系和柱坐标系下,声压函数可分别表示为 $p(r,\varphi,\theta,t)$ 和 $p(r,\varphi,z,t)$。由

声压函数表达式可知,在连续介质中,任意一点(附近)的运动状态都可以用声学量来描述。对于声场中不同的位置,这些物理量取不同的值(说明这些量是坐标的函数),而同时又考虑到,在同一位置上这些物理量又是随时间变化的(说明它们又是时间的函数)。因此,声压函数是一个时间和空间的函数。

有效声压:声压在一定时间间隔内的均方根值称为有效声压,用 p_e 表示,即

$$p_e = \sqrt{\frac{1}{T}\int_0^T p^2(x,y,z,t)\,\mathrm{d}t} \tag{2.2}$$

如果声源的振动是谐振动,介质中传播的声波就是简谐波。对于声压振幅为 p_0 的简谐波而言,其声压有效值与振幅的关系为

$$p_e = \frac{1}{\sqrt{2}}p_0$$

举例说明声压的数量大小。微风吹动树叶的声音是 2×10^{-4} Pa(约 20 dB);在房间内大声讲话时的音量大约是 0.1 Pa(约 74 dB);在空气中人对 1 000 Hz 声音的听阈约为 2×10^{-5} Pa。在水中,水声设备接收到声压信号的基准值为 10^{-6} Pa;在水下 100 m 处听到的船舶航行噪声为 10 Pa(约 140 dB)。

质点振速:介质中的点在声场作用下振动速度为 $\boldsymbol{u}(x,y,z,t)$。其中,"介质中的点"是物理学中定义的点(静止、有尺度),在分析其运动状态时又视为数学上的点(坐标点、尺度为零),受力作用后产生运动速度,质点振速的单位是 m/s,有

$$\boldsymbol{u}(x,y,z,t) = u(x,y,z,t)\,(\boldsymbol{i}\cos\alpha + \boldsymbol{j}\cos\beta + \boldsymbol{k}\cos\gamma) \tag{2.3}$$

由于声场中各点振速不仅随着时间、坐标而变化,同时各点振速的方向也不尽相同,即振速是矢量,振速场是矢量场,因此在理想流体(没有切应力、无损耗)中用质点振速表达声场不如用声压方便。声压是标量函数,后面还会介绍,质点振速也可以由声压函数导出。对于质点振速幅值为 u_0 的简谐波而言,其振速有效值与振幅的关系同样为 $u_0 = \sqrt{2}\,u_e$。

声阻抗率:在声场中同一位置点的声压和质点振速的复数比称为该点的声阻抗率,表示为

$$z = \frac{p(x,y,z,t)}{u(x,y,z,t)} \tag{2.4}$$

其单位是瑞利(Rayl),1 Rayl = 1 Pa·s/m = 1 N·s/m³。声阻抗率是描述声场特性的物理量,在一般情况下,声阻抗率是一个复数。其实数部分称为声阻率,表示声能的传输,因此这是一种传输(辐射)阻,而不是损耗(阻尼)阻;其虚数部分称为声抗率,表示有一部分声能是以动能与位能的形式不断地相互交换,而并不向外传播的。在平面波声场中,声阻抗率只与介质本身的特性相关,称之为介质声特性阻抗。而对于球面或柱面等形式的声波,声阻抗率的大小不仅取决于介质的特性,而且还与声波的频率以及声源和观测点之间的距离有关。

声功率:声源在一单位时间内辐射出的声能量,单位为 W。

声强:声强是垂直于传播方向上的单位面积上的声功率,表示为 I,有

$$I = \frac{W}{S} \tag{2.5}$$

式中,S 是波阵面面积,声强的单位是 W/m²。

声压级:以对数单位对声压有效值的表示,记为 SPL,有

$$\mathrm{SPL} = 20\lg\frac{p_e}{p_{\mathrm{ref}}} \tag{2.6}$$

式中，p_e 为声压有效值，单位为 Pa；p_{ref} 为基准声压值（有效值）。在空气中 $p_{ref}=2\times10^{-5}$ Pa；在水中 $p_{ref}=10^{-6}$ Pa。

声强级：声强级是以对数单位对声强值的表示，记为 IL，有

$$IL=10\lg\frac{I}{I_{ref}} \tag{2.7}$$

式中，I_{ref} 为基准声强值，在空气中 $I_{ref}=10^{-12}$ W/m²；在水中 $I_{ref}=2/3\times10^{-18}$ W/m²。

2.2　声学中表示声学量的方法

在前面介绍基本声学量时看到，声压级和声强级这两个量都是以对数单位对基本声学量的表示，其单位都是分贝。在声学领域，常用分贝（dB）表示声学量的单位，那么，这种表示的原因、定义和用法是什么？这里作简单介绍。

2.2.1　使用分贝的原因

第一，19 世纪的著名心理学家韦伯（E. H. Weber）指出，人耳对声音的感觉满足对数定律，即人耳是一个对数检测器。从听觉角度看，人耳对声音响度的判断从 1 个单位增大至 10 个单位的感受，与从 10 个单位增大至 100 个单位的感受是相同的，尽管二者变化的绝对值大不相同。

第二，声信号的幅度变化范围比较宽。例如，在空气中，人耳可听到的最小声信号的声压值大约为 20 μPa，而能够感觉到的最大声压为 10^5 Pa，其幅度相差 10^{12} 倍左右。如果用声压单位"Pa(N/m²)"作为基本计量单位会给记录、绘图和计算等带来很多不便。而分贝是对物理量取对数后的计量单位，这样，上述 10^{12} 倍的绝对物理量值变化转换为分贝后变化范围仅为 0～240 dB，同时还可将参数的乘除关系转变为加减关系，使数据处理和表示更为简便。

2.2.2　分贝定义与原始用法

分贝原始的意义是用来表示两个功率的比值所反映的大小（相对大小），定义为

$$N(dB)=10\lg\frac{P_1}{P_2} \tag{2.8}$$

式中，P_1 和 P_2 代表电学量或声学量的功率值，例如，若 $P_1=1\,000$ W，$P_2=1$ W，则可以说，P_1 较之于 P_2 大 999 W，也可以说 P_1 较之于 P_2 大 30 dB。

上述表示方法经过推广后具有更广泛的应用：可以用来表示与功率相等效的其他参数之比，如声强 I，由于 $I=P/S$ 是单位面积上作用的声功率，所以在相同面积条件下两个声强之比也可以用分贝表示。进一步，与功率或声强的二次方根成正比的声学量、电学量，如声压、振速和电压等，在一定条件下的比值也可用分贝表示。例如，借助电功率与电压的关系，有

$$P=\frac{V^2}{R} \tag{2.9}$$

式中，R 为消耗电功率的电阻，则当两个电压加在同一电阻（或等值的二个电阻）上时，其比值的分贝表示为

$$N=10\lg\frac{V_1^2/R_1}{V_2^2/R_2}=20\lg\frac{V_1}{V_2}+10\lg\frac{R_2}{R_1}$$

因假定 $R_1 = R_2$，则有

$$N = 20 \lg \frac{V_1}{V_2}$$

类似的方法用于声场中的声压和质点振速比值的表示，有

$$\left. \begin{array}{l} N = 20 \lg \dfrac{p_1}{p_2} \\[2mm] N = 20 \lg \dfrac{u_1}{u_2} \end{array} \right\} \tag{2.10}$$

条件是这两个声压或质点振速都是在相同的介质中，即它们具有相同的声阻抗率

$$z_1 = z_2$$

2.2.3 分贝表示的其他使用方法

1. 分贝表示方法还可用于四端网络的输出量与输入量之比

这种情况下，尽管输出量与输入量不是相对于同一参考，但它们相对的参考都是固定的。例如，某放大器输入电压为 1 mV，输出电压为 1 V，则该放大器的电压放大倍数或增益可表示为

$$N = 20 \lg \frac{V_{\text{out}}}{V_{\text{in}}} = 20 \lg \frac{1\ 000}{1} = 60 \text{ dB}$$

尽管输入端阻抗与输出端负载阻抗不相等，但这两个阻抗都是固定值（确定不变值），这种用法常见于电子电路和信号系统分析。

2. 分贝用于表示声学量和电声参数的绝对值

在选定某一电声参量作为基准后，这一电声参量的任意数值都可以表示为相对此基准的分贝数。从这一意义上，可以认为在默认的基准下，可以用分贝表示声学量和电声参数的绝对值。例如，如果选定电压的参考基准值为 $V_{\text{ref}} = 1$ V，则任意一个电压值 $V = 10$ V 也可以表示作电压级（仅作为例子），即

$$\text{VL} = 20 \lg \frac{V}{V_{\text{ref}}} = 20 \lg \frac{10}{1} = 20 \text{ (dB re 1V)}$$

在表示其单位时要注明参考基准值（re 1V）。

在声学领域，声源级、声压级、声强级等等均是这样的表示方法，以声压级为例，声场中某点的声压级表示为［见式(2.6)］

$$\text{SPL} = 20 \lg \frac{p_{\text{e}}}{p_{\text{ref}}}$$

上式在表示空气声场中的声压级时单位为 dB re 20μPa，而在表示水中声场的声压级时其单位就是 dB re 1 μPa。从上述定义可见，若说话声音在声场中某点产生了 80(dB re 20 μPa) 的声压级，则相当于在场点产生的声压值（有效值）为 $2 \times 10^{-5} \times 10^4 = 0.2$ Pa，图 2-2 展示了日常生活中人感受到的声压和声压级。

同样的方法用于声强级表示［见式(2.7)］，有

$$\text{IL} = 10 \lg \frac{I}{I_{\text{ref}}}$$

其中，参考声强的定义要按照平面波声场中声强与声压的关系，由声压基准值进行传递，有

$$I_{\text{ref}} = \frac{p_{\text{ref}}^2}{(\rho c)_{\text{ref}}} \tag{2.11}$$

在标准状态下,空气和水介质的声特性阻抗分别为

$$(\rho c)_{\text{ref}}\big|_{\text{air}} = 440 \text{ Rayl}, \quad (\rho c)_{\text{ref}}\big|_{\text{water}} = 1.5 \times 10^6 \text{ (Rayl)}$$

因此在空气中和水中的参考声强分别为

$$\left.\begin{aligned}
I_{\text{ref}} &= \frac{p^2_{\text{ref}}\big|_{\text{air}}}{(\rho c)_{\text{ref}}\big|_{\text{air}}} = \frac{(2 \times 10^{-5})^2}{440} = 10^{-12} \text{ (W/m}^2) \\
I_{\text{ref}} &= \frac{p^2_{\text{ref}}\big|_{\text{water}}}{(\rho c)_{\text{ref}}\big|_{\text{water}}} = \frac{(10^{-6})^2}{1.5 \times 10^6} = \frac{2}{3} \times 10^{-18} \text{ (W/m}^2)
\end{aligned}\right\}
\tag{2.12}$$

由于是传递参考值,所以式(2.7)声强级 IL 的单位表示为 dB re××Pa,注明了参考值是用声压表示的。

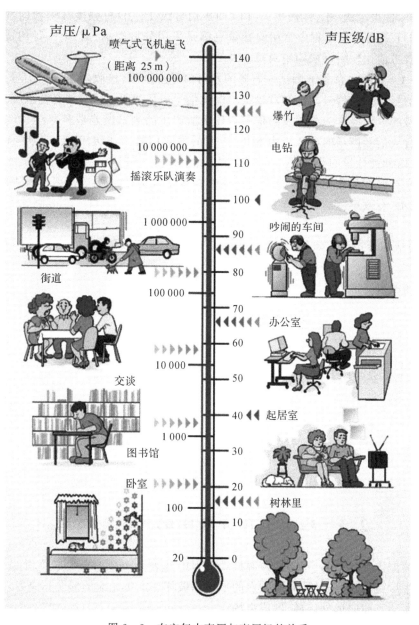

图 2-2　在空气中声压与声压级的关系

在参考值明确且众所周知的情况下(本书后面的表示中),分贝值单位省略了参考值而直接表示为 dB。

3. 分贝表示在工程水声中的其他用法

对于声呐系统来说,其发射信号和接收信号传感器(换能器或水听器)的发射响应和接收灵敏度分别是 $S_v(\text{Pa/V})$,$M_e(\text{V/Pa})$,反映了电声信号的转换,其参数包含电、声两类,实际应用中不方便对单一的电信号或声信号进行测试、计量。如果采用分贝表示,就转变为发射电压响应级 $S_vL(\text{dB})$ 和接收电压灵敏度级 $M_eL(\text{dB})$,$S_vL=20\lg\dfrac{S_v}{(S_v)_{\text{ref}}}$,$M_eL=20\lg\dfrac{M_e}{(M_e)_{\text{ref}}}$ 都成为用分贝表示的物理量,方便了参数的使用。

除此以外,像声源级 SL、传播损失 TL、回声信号级 EL、目标强度 TS、指向性指数 DI 和信号检测阈 DT 等等水声工程中常用的参量也都是采用分贝表示。与上一种用法类似,这些表示都是与参考值比较后形成的绝对量。

例题 2-1 在噪声背景下测试一声源的发射信号声压级,接收器接收的信号是背景噪声与声源发射信号的合成信号。已知背景噪声级比信号声压级低 3 dB,那么背景噪声的影响使得用合成信号的声压级作为声源发射信号声压级所产生的测试误差是多少?

解 设合成信号声场的声压级为 SPL,声源的发射信号声压级 SPL_s,背景噪声级为 NL,则测试误差(以分贝计量的绝对误差)可表示为 $\Delta L=\text{SPL}-\text{SPL}_\text{s}$。

由于信号与噪声为非相干波,其合成声场的能量密度为信号能量密度与噪声能量密度之和,用声压表示,有效声压的二次方为

$$p_e^2=p_{se}^2+p_{ne}^2$$

式中,p_e 为合成信号声压有效值;p_{se} 为声源发射信号声压有效值;p_{ne} 为背景噪声信号声压有效值。

合成声场的声压级为

$$\text{SPL}=10\lg\left(\frac{p_e}{p_{\text{ref}}}\right)^2=10\lg\frac{p_{se}^2+p_{ne}^2}{p_{\text{ref}}^2}$$

于是

$$\Delta L=\text{SPL}-\text{SPL}_\text{s}=10\lg\frac{p_{se}^2+p_{ne}^2}{p_{\text{ref}}^2}-10\lg\frac{p_{se}^2}{p_{\text{ref}}^2}=10\lg\left(1+\frac{p_{ne}^2}{p_{se}^2}\right)$$

由题设

$$\text{SPL}_\text{s}-\text{NL}=10\lg\frac{p_{se}^2}{p_{ne}^2}=3\ (\text{dB})$$

则

$$\Delta L=\text{SPL}-\text{SPL}_\text{s}=10\lg(1+10^{-0.3})=1.76\ (\text{dB})$$

2.3　理想流体介质中的声波动方程

考虑连续流体介质中的声传播,声源振动过程中其表面产生的形变必将引起与其毗邻的弹性介质产生形变,这又将导致介质质点的平衡态破坏并产生相应的形变和应力,从而将声源的振动沿着振动方向向远处传递,形成声场。

在声传播的过程中,声场中不同位置上的声压是不相同的,而同一点的声压又是随时间变

化的,为了定量地描述声场,我们必须知道特定的声源(平面的、球面的、柱面的等等)所激发的声场中物理量(声压 p、质点振速 u、介质密度 ρ 等)的确切表示或者分布特性。实际上这些物理量在场中的空间、时间分布是满足确定的关系式的,这种关系式就是波动方程。

在建立波动方程的过程中,为简化分析,作以下假设:

(1)介质是理想介质,理想介质只作完全弹性形变,形变过程为绝热过程,介质内部无能量损耗。

(2)声波为小振幅声波,即满足:声压函数远小于流体介质中的静态压强,$p \ll P_0$;介质质点位移远小于声波波长,$\xi \ll \lambda$;质点振速远小于介质中的声速,$u \ll c$。由此得出的方程是线性方程(线性声学理论)。

(3) 介质在宏观上是静止的,并忽略体力(重力)的影响。

在上述假定下,根据运动定律、质量守恒定律和绝热压缩定律,依据运动方程、连续性方程和状态方程,导出 p 和 u,u 和 ρ 以及 p 和 ρ 之间的关系,然后再由三个关系式求得波动方程,下面就推导过程作简要介绍。

2.3.1　建立波动方程的基本定理

1.运动方程

在连续介质中,有声波作用时,空间各处受到的压缩量是不同的,因此各点压强不等,取介质中任意一小体积元(见图 2-3)看,各面受力不平衡,可以建立该体积元的运动方程式。

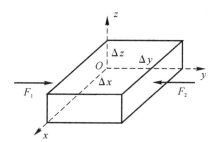

图 2-3　微元在 y 方向上的受力示意图

在图 2-3 中:

$$F_1 = (p + P_0)\Delta x \Delta z$$

$$F_2 = (p + \Delta p + P_0)\Delta x \Delta z$$

$$F_y = F_2 - F_1 = -\Delta p \Delta x \Delta z = -\frac{\partial p}{\partial y}\Delta x \Delta y \Delta z$$

式中,P_0 为流体介质的静态压强,Δp 为有声波作用时流体介质的压强变化量;体积元的质量 $m = \rho \Delta x \Delta y \Delta z$,$y$ 方向的加速度 $a = \dfrac{\partial u_y}{\partial t}$,依据牛顿第二定律可得

$$-\frac{\partial p}{\partial y}\Delta x \Delta y \Delta z = \rho \Delta x \Delta y \Delta z \frac{\partial u_y}{\partial t} \quad \Rightarrow \quad -\frac{\partial p}{\partial y} = \rho \frac{\partial u_y}{\partial t}$$

设介质的静态密度为 ρ_0,由小振幅条件 $\rho \approx \rho_0$,可得

$$-\frac{\partial p}{\partial y} = \rho_0 \frac{\partial u_y}{\partial t}$$

同理可得

$$\begin{cases} \dfrac{\partial p}{\partial x} = -\rho_0 \ \dfrac{\partial u_x}{\partial t} \\[2mm] \dfrac{\partial p}{\partial y} = -\rho_0 \ \dfrac{\partial u_y}{\partial t} \\[2mm] \dfrac{\partial p}{\partial z} = -\rho_0 \ \dfrac{\partial u_z}{\partial t} \end{cases}$$

表示为

$$\nabla \, p(x,y,z,t) = -\rho_0 \ \frac{\partial \boldsymbol{u}(x,y,z,t)}{\partial t} \qquad (2.13)$$

式中,$\nabla = \dfrac{\partial}{\partial x}\boldsymbol{i} + \dfrac{\partial}{\partial y}\boldsymbol{j} + \dfrac{\partial}{\partial z}\boldsymbol{k}$ 为哈密顿算符,又称为梯度算符,当 ∇ 作用于声压函数 $p(x,y,z,t)$ 时得到沿其波阵面法线方向上的梯度。式(2.13)即为连续介质中的运动方程,其物理含义为当流体中具有压力变化(压力梯度)时,介质就发生运动速度的变化。

2. 连续性方程

介质的任何变化都不能引起物质的产生和消灭,只是能量的传播,因此流进某区域与流出某区域的流体,在数量上存在差别时,则在该区域中流体的密度也必须产生相应的改变。

同样,在图 2-3 中,介质从左面流入体积元的质量为 $\rho u_y \Delta x \Delta z$,介质从右面流出体积元的质量为 $\left[\rho u_y + \dfrac{\partial(\rho u_y)\Delta y}{\partial y}\right]\Delta x \Delta z$,那么,体积元内质量的增加量为

$$\Delta m_y = -\frac{\partial}{\partial y}(\rho u_y)\Delta x \Delta y \Delta z$$

同理,可得表达式:

$$\begin{cases} \Delta m_x = -\dfrac{\partial}{\partial x}(\rho u_x)\Delta x \Delta y \Delta z \\[2mm] \Delta m_y = -\dfrac{\partial}{\partial y}(\rho u_y)\Delta x \Delta y \Delta z \\[2mm] \Delta m_z = -\dfrac{\partial}{\partial z}(\rho u_z)\Delta x \Delta y \Delta z \end{cases}$$

或者

$$\Delta m_\Sigma = -\left[\frac{\partial}{\partial x}(\rho u_x) + \frac{\partial}{\partial y}(\rho u_y) + \frac{\partial}{\partial z}(\rho u_z)\right]\Delta x \Delta y \Delta z$$

由物质不灭定律和小振幅条件分别可得

$$\frac{\partial}{\partial t}m = \frac{\partial}{\partial t}\rho \Delta x \Delta y \Delta z = -\left[\frac{\partial}{\partial x}(\rho u_x) + \frac{\partial}{\partial y}(\rho u_y) + \frac{\partial}{\partial z}(\rho u_z)\right]\Delta x \Delta y \Delta z$$

$$\frac{\partial}{\partial x}(\rho u_x) = \frac{\partial}{\partial x}(\rho_0 + \Delta \rho_0)u_x \approx \rho_0 \ \frac{\partial u_x}{\partial x}$$

在三个方向上都有

$$\begin{cases} \dfrac{\partial}{\partial x}(\rho u_x) \approx \rho_0 \ \dfrac{\partial u_x}{\partial x} \\[2mm] \dfrac{\partial}{\partial y}(\rho u_y) \approx \rho_0 \ \dfrac{\partial u_y}{\partial y} \\[2mm] \dfrac{\partial}{\partial z}(\rho u_z) \approx \rho_0 \ \dfrac{\partial u_z}{\partial z} \end{cases}$$

最终得到

$$\frac{\partial \rho}{\partial t} = -\rho_0 \nabla \cdot \boldsymbol{u} \tag{2.14}$$

式(2.14)即为连续性方程,其物理意义为当介质质点振速在空间发生变化(即存在速度散度)时,相应地发生密度的变化,速度散度为正时,相对密度变化为负。

3. 状态方程

声波在理想介质中的传播时,介质产生压缩、伸张形变,因此其密度和压强都发生变化,也就是说声波通过时介质的状态将产生变化。对一定质量的介质(流体等)其状态方程可以表示成压强、密度及熵的函数关系,因此在绝热压缩情况下[1]

$$p = P - P_0 = \left(\frac{\partial p}{\partial \rho}\right)_{\rho_0}(\rho - \rho_0) + \frac{1}{2}\left(\frac{\partial^2 p}{\partial \rho^2}\right)_{\rho_0}(\rho - \rho_0)^2 + \cdots$$

令 $\left(\frac{\partial p}{\partial \rho}\right)_{\rho_0} = c^2$,即 $\Delta p = c^2(\rho - \rho_0)$(后面会介绍,$c$ 是声波在理想介质中的传播速度),再由小振幅条件可得

$$\frac{\partial p}{\partial t} = c^2 \frac{\partial \rho}{\partial t} \tag{2.15}$$

式(2.15)即为状态方程,其物理意义为当流体中具有压力变化时,介质的密度发生相应的变化。

2.3.2　流体介质中的声传播波动方程

由式(2.13)～式(2.15)的结论得

$$\nabla p = -\rho_0 \frac{\partial \boldsymbol{u}}{\partial t}, \quad \frac{\partial \rho}{\partial t} = -\rho_0 \nabla \cdot \boldsymbol{u}, \quad \frac{\partial p}{\partial t} = c^2 \frac{\partial \rho}{\partial t}$$

联立可求任一变量的波动方程,最常用的是声压波动方程,有

$$\nabla^2 p(x,y,z,t) = \frac{1}{c^2}\frac{\partial^2 p(x,y,z,t)}{\partial t^2} \tag{2.16}$$

式中,拉普拉斯算子由下式给出:

$$\nabla \cdot \nabla = \nabla^2 = \frac{\partial^2}{\partial x^2} + \frac{\partial^2}{\partial y^2} + \frac{\partial^2}{\partial z^2}$$

式(2.16)就是理想流体介质中小振幅声波的声压波动方程,它描述了声压函数 $p(x,y,z,t)$ 在 t 时刻、空间任意点的取值所满足的规律。如果式(2.16)可以得到解析解,就得到了声压函数 $p(x,y,z,t)$ 的解析表达式,声场便完全确定,或者说,得到了在任意时刻 t 声场中任意位置的声压函数的表示式。进一步,可以建立在不同坐标系下的波动方程表示式,式(2.16)的形式没有变化,仅仅是算符的表示式有所变化。

拉普拉斯算子在不同坐标系下的表达形式:

在直角坐标系下,

$$\nabla^2 = \frac{\partial^2}{\partial x^2} + \frac{\partial^2}{\partial y^2} + \frac{\partial^2}{\partial z^2}$$

在球坐标系下,

$$\nabla^2 = \frac{1}{r^2}\frac{\partial}{\partial r}\left(r^2\frac{\partial}{\partial r}\right) + \frac{1}{r^2\sin\theta}\frac{\partial}{\partial \theta}\left(\sin\theta\frac{\partial}{\partial \theta}\right) + \frac{1}{r^2\sin^2\theta}\frac{\partial^2}{\partial \varphi^2}$$

在柱坐标系下,

$$\nabla^2 = \frac{1}{r}\frac{\partial}{\partial r}\left(r\frac{\partial}{\partial r}\right) + \frac{1}{r^2}\frac{\partial^2}{\partial \varphi^2} + \frac{\partial^2}{\partial z^2}$$

在声学和海洋声学相关的各种文献和参考书(尤其是国外刊物)中还常常用一个物理量 $\phi(x,y,z,t)$ 描述声场,称为速度势,它是一个标量函数。由于声场中的振速分布函数 $\boldsymbol{u}(x,y,z,t)$ 是矢量函数,采用标量函数对其描述在某些情况下有方便之处,这在物理学中有类似的例子,例如采用标量函数电势来表示电场强度矢量,电场强度与电势的关系 $\boldsymbol{E}=-\nabla\Phi$。基于这种用势函数(标量场)来描述矢量场的想法,定义了声场中的速度势函数 $\phi(x,y,z,t)$,又称为介质单位质量具有的声扰动冲量,其梯度的负值是质点振速矢量,即

$$\boldsymbol{u}(x,y,z,t) = -\nabla\phi(x,y,z,t) \tag{2.17}$$

利用势函数 ϕ,声场中声压函数与质点振速之间的运算可以通过 ϕ 进行传递,有

$$p(x,y,z,t) = \rho_0\frac{\partial\phi(x,y,z,t)}{\partial t} \tag{2.18}$$

速度势波动方程为

$$\nabla^2\phi(x,y,z,t) = \frac{1}{c^2}\frac{\partial^2\phi(x,y,z,t)}{\partial t^2} \tag{2.19}$$

2.4　声场中的声能量

在声场的作用下,流体介质中的质点在其平衡位置附近随着声波的传播而振动,同时介质的密度也发生着变化,因此在声传播的过程中,介质中各点的能量也在变化着。振动引起动能变化,形变引起位能的变化,这种由于声波传播而引起的介质能量的增量我们称为声能,也可以说声能量是由于声源的机械振动产生的机械能以声辐射的方式由声波传导而来的,为介质运动产生的动能与介质压缩形变产生的形变能之和。

2.4.1　声波能量密度

现在计算声场中任意体积 V_0 内介质在声波作用下获得的能量。在静止状态下介质的压强为 P_0,密度 ρ_0,质点振速 $\boldsymbol{u}(t_0)=0$。在声波作用后,介质质点在其平衡位置附近开始振动,声压、密度和振速分别变为

$$\begin{cases} P_0 + p \\ \rho_0 + \mathrm{d}\rho \\ |\boldsymbol{u}(t)| = u \end{cases}$$

振速使体元获得的动能为

$$E_k = \int_0^u \boldsymbol{F}\cdot\mathrm{d}\boldsymbol{x} = \int_0^u \rho_0 V_0\frac{\mathrm{d}u}{\mathrm{d}t}\mathrm{d}x = \int_0^u \rho_0 V_0 u\mathrm{d}u$$

$$E_k = \frac{1}{2}\rho_0 V_0 u^2 \tag{2.20}$$

体元在声波作用下其体积和密度也发生变化,体积由 V_0 变化为 $V=V_0+\mathrm{d}V$,那么由质量守恒定律可得

$$M = \rho_0 V_0 = \rho V = (\rho_0 + \mathrm{d}\rho)(V_0 + \mathrm{d}V)$$

于是
$$\rho_0 V_0 = \rho_0 V_0 + \rho_0 dV + V_0 d\rho + d\rho dV$$

忽略二阶小量后，得到
$$dV = -\frac{V_0}{\rho_0} d\rho$$

微元体积 dV 内的介质在瞬变声压 ΔP 的作用下得到的形变位能是 $-\Delta P \cdot dV$。dV 为负值表示体积压缩。根据前面讲述状态方程时得 $\Delta P = c^2(\rho - \rho_0)$。可以导出体元获得的形变位能为

$$E_p = -\int_{V_0}^{V} \Delta P dV \tag{2.21}$$

有
$$\left.\begin{array}{l} E_p = -\int_{V_0}^{V} \Delta P dV = -\int_{\rho_0}^{\rho} c^2(\rho - \rho_0)\left(-\frac{V_0}{\rho_0} d\rho\right) \approx \frac{1}{2}\frac{V_0}{\rho_0}c^2(\rho - \rho_0)^2 \\[3mm] E_p = \frac{1}{2}\frac{p^2}{\rho_0 c^2}V_0 \end{array}\right\} \tag{2.22}$$

这样，体元在声波作用下获得的总能量为
$$E = E_k + E_p = \left(\frac{1}{2}\rho_0 u^2 + \frac{p^2}{2\rho_0 c^2}\right)V_0 \tag{2.23}$$

单位体积内的声能称为声能密度 $\varepsilon(\mathrm{J/m^3})$，由于声压和振速都是时间的函数，所以声能密度也是时间的函数，表示为

$$\varepsilon(t) = \frac{E_k + E_p}{V_0} = \frac{1}{2}\rho_0 u^2 + \frac{1}{2}\frac{p^2}{\rho_0 c^2} \tag{2.24}$$

一般地，声压、质点振速等均随声源作谐振动，因而声波能量传输的过程也是波动的。将 $\varepsilon(t)$ 在一个周期内取平均，可以求得声场中任意点处的平均声能密度，表示为

$$\bar{\varepsilon} = \frac{1}{T}\int_0^T \varepsilon(t) dt \tag{2.25}$$

2.4.2　声波能量流密度和声强

前面引入声强时提到，声强是波阵面单位面积上的声功率，表示为 $I[\mathrm{W/m^2} = \mathrm{J/(m^2 \cdot s)}]$。实际上，声强就是声能量在介质中流动产生的效应，为此，又可从声能量的角度导出声强。

声波在介质中传播时，相应地，能量也随着振动状态沿波的传播方向传输，因此产生了介质中能（量）流的概念。设想在介质中发射一个声脉冲信号，随着脉冲的传播，声的能量也在传输，因此声波传播过程也是声能从一个区域向另一个区域"流动"的过程。

这样，在上面给出的声能密度基础上，再引入声能流密度的概念。

声能量流：单位时间内通过流体介质中某一面积 S 的声波能量称为通过该面积的声能流。因为声能量是以声速 c 传播的，所以声能流就等同于声场中面积 S、高度为 c 的柱体中的平均声能量（见图 2-4），则有

$$\bar{E} = \bar{\varepsilon} c S \tag{2.26}$$

通过与声波传播方向相垂直、单位面积上的声能流称为平均声能流密度，又称为声强，表示为

$$I = \frac{\bar{E}}{S} = \bar{\varepsilon} c \tag{2.27}$$

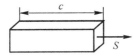

图 2-4 体积 cS 内的能量在 1 s 内通过 S 面

在实际应用中,更普遍地是采用声压函数和质点振速对这两个量的描述,现分别给出它们的定义。

声能流密度:定义单位时间内通过与声波传播方向相垂直、单位面积上的声能流为声能流密度(矢量)$w(\mathrm{J/(m^2 \cdot s)})$。仿照连续性方程的推导,可以导出其表式。假定声波沿 x 方向传播,在介质中取体元,单位时间内由体元一侧流入和流出的能量分别为 $w(x_0)S$ 和 $w(x_0 + \Delta x)S$。则体元内能量的增量为

$$\Delta E = w(x_0)S - w(x_0 + \Delta x)S = \frac{w(x_0) - w(x_0 + \Delta x)}{\Delta x}S\Delta x = -\frac{\partial w}{\partial x}\Delta V$$

这一增量等于体元声能的变化量,即

$$\Delta E = \frac{\partial E}{\partial t} = -\frac{\partial w}{\partial x}\Delta V$$

为了不失一般性,将其写为三维形式,即

$$\frac{\partial E}{\partial t} = -\left(\frac{\partial w}{\partial x} + \frac{\partial w}{\partial y} + \frac{\partial w}{\partial z}\right)\Delta V$$

由声能密度与声能量的关系式(2.24),将声能密度写成如下形式:

$$\frac{\partial}{\partial t}\varepsilon(t) = \rho_0 \boldsymbol{u} \cdot \frac{\partial \boldsymbol{u}}{\partial t} + \frac{1}{\rho_0 c^2}p\frac{\partial p}{\partial t}$$

再根据前面推导波动方程时得出的三个方程式(2.13)~式(2.15),并整理后得

$$\frac{\partial}{\partial t}\varepsilon(t) = -\boldsymbol{u} \cdot \nabla p - p \nabla \cdot \boldsymbol{u} = -\nabla(p\boldsymbol{u})$$

于是,声能流密度矢量可表示为

$$\boldsymbol{w} = p\boldsymbol{u} \tag{2.28}$$

其意义是,声能流密度矢量是通过单位面积能量流的瞬时值,数值上等于声压与质点振速之积,方向与质点振速的方向一致;声能流密度的值为正时表示声能量沿声波传播的方向流动,为负时表示声能量沿声传播反方向流动。当声波为简谐波时,这个能流是周期性变化的,通常取其平均值就是平均声能流密度,称为声强,其单位是 $\mathrm{W/m^2}$。

声强:声强是声能流密度矢量的时间平均,即单位时间内垂直于声波传播方向单位面积上的平均能量,表示为

$$\boldsymbol{I} = \frac{1}{T}\int_0^T \boldsymbol{w}\mathrm{d}t = \frac{1}{T}\int_0^T p\boldsymbol{u}\,\mathrm{d}t \tag{2.29}$$

这是声强的另一种表述,如果仅求取数量,则

$$I = \frac{1}{T}\int_0^T \mathrm{Re}(p)\mathrm{Re}(u)\mathrm{d}t \tag{2.30}$$

在简谐波的情况下,$\mathrm{Re}(p)\mathrm{Re}(u) = p_0 u_0 \cos^2(\omega t - kx)$,式(2.30)可表示为

$$I = \frac{1}{T}\int_0^T p_0 u_0 \cos^2(\omega t - kx)\mathrm{d}t \tag{2.31}$$

2.5　基本声波形式

前面提到,声波按波阵面几何形状可分为平面声波、柱面声波和球面声波,它们也是最基本、最常用的声波形式,本节就对其进行讨论。

2.5.1　均匀平面波

所谓平面波是指同相位波阵面为平面的声波。需要说明的是,这里讨论的是最简单的平面波 —— 均匀平面波,其同一波阵面上各质点的振幅亦相同。设声波沿 x 方向传播,则波动方程式(2.16)简化为

$$\frac{\partial^2 p(x,t)}{\partial x^2} = \frac{1}{c^2}\frac{\partial^2 p(x,t)}{\partial t^2} \tag{2.32}$$

对于上面的波动方程,按照数理方程通行的分析方法可采用分离变量法求解,设 $p(x,t)=X(x)T(t)$,代入波动方程后得到

$$\frac{\partial^2 X(x)}{\partial x^2}T(t) = \frac{1}{c^2}\frac{\partial^2 T(t)}{\partial t^2}X(x)$$

或者

$$\frac{1}{X(x)}\frac{\mathrm{d}^2 X(x)}{\mathrm{d}x^2} = \frac{1}{c^2 T(t)}\frac{\mathrm{d}^2 T(t)}{\mathrm{d}t^2} \tag{2.33}$$

等式左边是 x 的函数,右边是 t 的函数。要使等式成立必须使其等于任意常数 $-k^2$(本征值 $\nu<0$ 是方程具有非零解的条件,因此设常数 $\nu=-k^2$)。于是,式(2.33)等号右边的时间方程成为

$$\frac{1}{c^2 T(t)}\frac{\mathrm{d}^2 T(t)}{\mathrm{d}t^2} = -k^2$$

或

$$\frac{\mathrm{d}^2 T(t)}{\mathrm{d}t^2} + k^2 c^2 T(t) = 0 \tag{2.34}$$

令 $\omega=kc$,实际上,c 是声波的声速,ω 是声源振动的圆频率,$k=\dfrac{\omega}{c}=\dfrac{2\pi}{\lambda}$ 为波数。它表示沿波的传播方向,波动传播单位距离所落后的相位角。很容易得出时间方程式(2.34)的通解是

$$T(t) = \mathrm{e}^{\mathrm{j}\omega t} \tag{2.35}$$

这是简谐振动的表达式,得出这个结果是由于在波动方程式(2.32)的求解中应用的分离变量法实质上是振动理论中的驻波法。由于简谐振动是最简单、最基本的振动形式,所以任意复杂时间函数的振动规律都可以通过不同频率简谐振动的叠加来合成,因此在声学理论中都将声源的振动形式按照简谐振动规律进行分析。

式(2.33)等号左边成为另一个振幅方程:

$$\frac{\mathrm{d}^2 X(x)}{\mathrm{d}x^2} + k^2 X(x) = 0 \tag{2.36}$$

与时间方程的解类似,得到其通解

$$X(x) = A\mathrm{e}^{-\mathrm{j}kx} + B\mathrm{e}^{\mathrm{j}kx}$$

则波动方程式(2.32)的完整通解为

$$p(x,t) = X(x)T(t) = A\mathrm{e}^{\mathrm{j}(\omega t-kx)} + B\mathrm{e}^{\mathrm{j}(\omega t+kx)} \tag{2.37}$$

式(2.37)中，A 和 B 为任意常数，由边界条件确定，稍后会证明，等号右边第一项代表沿 x 正方向传播的波（由声源发出，传向无限远处），第二项代表沿 x 负方向传播的波（由无限远处传向声源）。现在讨论无限介质中的声传播，不出现沿 x 负方向传播的波（在第5章5.2.1节有关辐射条件的阐述中会说明），因此 $B=0$，通解简化为

$$p(x,t)=A\mathrm{e}^{\mathrm{j}(\omega t-kx)}$$

常数 A 可通过声源处的边界条件确定，设声源表面处的声压为

$$p(x,t)\big|_{x=0}=p_0\mathrm{e}^{\mathrm{j}\omega t}$$

p_0 为声压振幅，代入通解后即得

$$p(x,t)=p_0\mathrm{e}^{\mathrm{j}(\omega t-kx)} \tag{2.38}$$

式(2.38)就是由波动方程确定的无限流体介质中均匀平面波的表达式。直观地理解：均匀平面波是由无限大的平面声源进行"声压振幅为 p_0、频率为 ω 的活塞式谐振动"时，介质中各点依次复制声源的振动所形成的声传播，沿声传播方向（x 方向）的任意点都落后声源相位 kx，在距离声源一个波长的距离上，流体介质的振动落后声源的相位为 2π。

为了更加细致地理解平面波声场的表示式(2.38)，对其进行以下讨论。

(1) $p(x,t)=p_0\mathrm{e}^{\mathrm{j}(\omega t-kx)}$ 代表沿 x 正方向传播的波。首先分析任意时刻 t_0 位于 $x=x_0$ 处的波经过 Δt 时间后位于何处？假定经过 Δt 时间后声波传播到 $x+\Delta x$ 处，这就意味着在 $t_0+\Delta t$ 时刻位于 $x_0+\Delta x$ 处的声波就是 t_0 时刻位于 $x=x_0$ 处的波，即

$$p(x_0,t_0)=p(x_0+\Delta x,t_0+\Delta t)$$

也就是

$$p_0\mathrm{e}^{\mathrm{j}(\omega t_0-kx_0)}=p_0\mathrm{e}^{\mathrm{j}(\omega t_0-kx_0)}\mathrm{e}^{\mathrm{j}(\omega\Delta t-k\Delta x)}$$

因此

$$\mathrm{e}^{\mathrm{j}(\omega\Delta t-k\Delta x)}=1$$

或者

$$\omega\Delta t-k\Delta x=0 \tag{2.39}$$

由式(2.39)可以得到两个结论，① $\Delta x=\frac{\omega}{k}\Delta t$，记 $c=\frac{\omega}{k}$，则 $\Delta x=c\Delta t$，由于 c 和 Δt 总是大于零的，所以 $\Delta x>0$，说明 $p(x,t)=p_0\mathrm{e}^{\mathrm{j}(\omega t-kx)}$ 是沿 x 正方向传播的波。基于这一点可见，在通解式(2.37)中，第二项 $B\mathrm{e}^{\mathrm{j}(\omega t+kx)}$ 就代表沿 x 负方向传播的波。② 由式(2.39)可见：$c=\frac{\Delta x}{\Delta t}$，说明 c 的确就是声传播的速度，简称为声速。

(2) 在任意时刻 t_0，式(2.38)成为 $p(x,t_0)=p_0\mathrm{e}^{\mathrm{j}(\omega t_0-kx)}=p_0\mathrm{e}^{\mathrm{j}\varphi_0}$，又可表示为 $\omega t_0-kx=\varphi_0$，因此

$$x=\frac{\omega t_0-\varphi_0}{k}=\mathrm{const.}$$

上式说明，对于式(2.38)表示的声波，声场中具有相同相位的所有质点的运动轨迹相同，因此，在声波传播过程中，等相位面是一个平面，所以称为平面波。

平面波的声压函数确定后，可以通过声压与振速的关系（运动方程）确定质点振速

$$\begin{cases}\dfrac{\partial p(x,t)}{\partial x}=-\rho\dfrac{\partial u(x,t)}{\partial t}\\[2mm]u(x,t)=-\dfrac{1}{\rho}\displaystyle\int\dfrac{\partial p(x,t)}{\partial x}\mathrm{d}t=\dfrac{\mathrm{j}kp_0}{\rho}\displaystyle\int\mathrm{e}^{\mathrm{j}(\omega t-kx)}\mathrm{d}t=\dfrac{p_0}{\rho c}\mathrm{e}^{\mathrm{j}(\omega t-kx)}\end{cases}$$

即

$$u(x,t) = \frac{1}{\rho c} p(x,t) \tag{2.40}$$

也可以将质点振速写为

$$u(x,t) = u_0 e^{j(\omega t - kx)} \tag{2.41}$$

式(2.41)中，$u_0 = \dfrac{p_0}{\rho c}$ 是质点振速的振幅。将振速与声压函数比较可见，对于平面波，介质中同一点的振速与声压具有相同的波形、相同的相位，两个函数的比值

$$\frac{p(x,t)}{u(x,t)} = \rho c$$

这正是前面定义的声阻抗率，即均匀平面波的声阻抗率，有

$$z = \rho c \tag{2.42}$$

注意到，平面波的声阻抗率只与介质的特性有关，称 ρc 为声特性阻抗。

对于空气：

$$\rho = 1.29 \text{ kg/m}^3, \quad c = 340 \text{ m/s}, \quad z = \rho c \big|_{\text{air}} = 440 \text{ kg/m}^2\text{s}$$

而对于水：

$$\rho = 10^3 \text{ kg/m}^3, \quad c = 1\,500 \text{ m/s}, \quad z = \rho c \big|_{\text{water}} = 1.5 \times 10^6 \text{ kg/m}^2\text{s}$$

对于简谐平面波，声强可以由式(2.31)表示为

$$I = \frac{1}{T} \int_0^T \frac{p_0^2}{\rho c} \cos^2(\omega t - kx) \, \mathrm{d}t = \frac{1}{2} \frac{p_0^2}{\rho c} = \frac{1}{2} \rho c u_0^2$$

用有效值表示为

$$I = \frac{1}{2} \frac{p_0^2}{\rho c} = \frac{p_e^2}{\rho c} \tag{2.43}$$

至此，完成了对平面声波的分析，通过解波动方程求得了声压函数，进而又得到了质点振速、声阻抗率和声强等描述平面波声场的物理量。

例题 2-2　水下平面波声场，已知声波的频率 $f = 1 \text{ kHz}$，场点介质质点在声波作用下的振动位移幅值为 $\xi_0 = 1.5 \times 10^{-8} \text{ m}$，求场点的质点振速幅值、声压幅值，相应的声压级和声强级是多少？

解　质点位移为

$$\xi(t) = \int u_0 e^{j(\omega t - kx)} \, \mathrm{d}t = \frac{u_0}{\omega} e^{j\left(\omega t - kx - \frac{\pi}{2}\right)}$$

质点振速幅值为

$$u_0 = \omega \xi_0 = 2\pi \times 1.5 \times 10^{-5} \text{ m/s}$$

场点的声压和声强值为

$$p_0 = \rho c u_0 = 2\pi \times 22.5 \text{ Pa}$$

$$I = \frac{1}{2} \rho c u_0^2 = \pi^2 \times 6.75 \times 10^{-4} \text{ W/m}^2$$

相应的声压级和声强级分别为

$$\text{SPL} = 20\lg \frac{p_e}{p_{\text{ref}}} = 160 \text{ dB}, \quad \text{IL} = 10\lg \frac{I}{I_{\text{ref}}} = 160 \text{ dB}$$

可见，声压级与声强级在数值上是相同的。

2.5.2 均匀球面波

1. 均匀球面波波动方程的解

球面波是指波阵面为一系列同心球面的声波,这里仅讨论最简单的球面波 —— 均匀球面波,其同一波阵面上各质点的振幅亦相同。例如,一个球形声源,其表面作等幅、同相位振动时产生的声波。

对于均匀球面波,波阵面上(见图 2-5)声压函数在球坐标下可表达为

$$p(x,y,z,t) = p(r,\varphi,\theta,t)$$

完整的波动方程为

$$\frac{1}{r^2}\frac{\partial}{\partial r}\left(r^2\frac{\partial p(r,\theta,\varphi,t)}{\partial r}\right) + \frac{1}{r^2\sin\theta}\frac{\partial}{\partial\theta}\left(\sin\theta\frac{\partial p(r,\theta,\varphi,t)}{\partial\theta}\right) + \frac{1}{r^2\sin^2\theta}\frac{\partial^2 p(r,\theta,\varphi,t)}{\partial\varphi^2} =$$
$$\frac{1}{c^2}\frac{\partial^2 p(r,\theta,\varphi,t)}{\partial t^2} \tag{2.44}$$

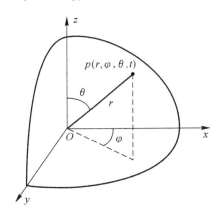

图 2-5 球坐标下声压函数的表示

由于 p 不随方位角 φ 和俯仰角 θ 变化,所以波动方程简化为

$$\frac{1}{r^2}\frac{\partial}{\partial r}\left[r^2\frac{\partial p(r,t)}{\partial r}\right] - \frac{1}{c^2}\frac{\partial^2}{\partial t^2}p(r,t) = 0$$

可进一步表示为

$$\frac{\partial^2 [rp(r,t)]}{\partial r^2} - \frac{1}{c^2}\frac{\partial^2 [rp(r,t)]}{\partial t^2} = 0 \tag{2.45}$$

可以令 $\Psi = rp(r,t)$,这样,式(2.45)与前面见到的式(2.32)在形式上相同,采用分离变量法并设其解的形式为

$$\Psi = R(r)T(t)$$

代入波动方程式(2.45)后,得到的矢径与时间方程分别为

$$\begin{cases} \dfrac{1}{R(r)}\dfrac{\mathrm{d}^2 R(r)}{\mathrm{d}r^2} = -k^2 \\ \dfrac{1}{c^2 T(t)}\dfrac{\mathrm{d}^2 T(t)}{\mathrm{d}t^2} = -k^2 \end{cases}$$

其通解

$$p(r,t) = \frac{A}{r} e^{j(\omega t - kr)} + \frac{B}{r} e^{j(\omega t + kr)}$$

考虑到在无限介质中的传播，没有反向波，$B = 0$，上式成为

$$p(r,t) = \frac{A}{r} e^{j(\omega t - kr)} \tag{2.46}$$

式（2.46）是均匀球面波的一般表式，系数 A 一般为复数，须根据边界条件确定。均匀球面波的振幅是 $\left| \dfrac{A}{r} \right|$。

2. 均匀球面波声场的质点振速

均匀球面波声场的质点振速可通过声压与振速的关系式（2.13）确定，有

$$u(r,t) = -\frac{1}{\rho} \int \frac{\partial p(r,t)}{\partial r} dt = \frac{1}{\rho c} \left(1 + \frac{1}{jkr} \right) p(r,t)$$

代入式（2.46）可得

$$u(r,t) = \frac{1}{\rho c} \left(1 + \frac{1}{jkr} \right) \frac{A}{r} e^{j(\omega t - kr)} \tag{2.47}$$

其幅值为

$$u_0 = \left| \frac{A}{\rho c} \left(\frac{1}{r} + \frac{1}{jkr^2} \right) \right|$$

与平面波的分析类似，均匀球面波声压和质点振速的幅值可通过声源表面的振幅确定。由于是均匀球面波，其声源为球形，并且声源表面的振动方式为脉动形式，假定已知球形声源的半径 r_a 和振幅 u_{a0}，因此，声源表面的质点速度可表示为 $u(r_a,t) = u_{a0} e^{j(\omega t - kr_a)}$。代入式（2.47），在声源表面处，应表示为

$$u(r_a,t) = \frac{1}{\rho c} \left(1 + \frac{1}{jkr_a} \right) \frac{A}{r_a} e^{j(\omega t - kr_a)} = u_{a0} e^{j(\omega t - kr_a)}$$

可得

$$A = \frac{jk\rho c r_a^2}{1 + jkr_a} u_{a0} = |A| e^{j\theta} \tag{2.48}$$

式中，$|A| = \dfrac{k\rho c r_a^2 u_{a0}}{\sqrt{1 + (kr_a)^2}}$，$\theta = \arctan \dfrac{1}{kr_a}$。这里的 θ 为附加相位，是由于在表示声源表面质点振速时是以声源球心作为参考点的。因此，由表面振速为 u_{a0} 的球形声源辐射的均匀球面波声场中，声压和质点振速函数的表示式分别为

$$p(r,t) = \frac{jk\rho c r_a^2}{(1 + jkr_a) r} u_{a0} e^{j(\omega t - kr)} \tag{2.49}$$

$$u(r,t) = \frac{jk r_a^2 u_{a0}}{(1 + jkr_a)} \frac{1 + jkr}{jkr^2} e^{j(\omega t - kr)} \tag{2.50}$$

3. 在远场条件下均匀球面波声场函数的表示式

从均匀球面波声压函数和质点振速函数的表示式可以看出，球面波的声压与振速幅值在远场时与传播距离 r 的一次方成反比，这是由于波阵面的球面扩展造成的。声压和质点振速函数的幅值由值 $|A|$ 确定，它不仅与声源表面振速 u_{a0} 有关，而且还与辐射声波的频率、声源半径等因素有关。

（1）当球源半径比较小或者声波频率比较低，满足 $kr_a \ll 1$ 时，趋于点源，相应的振幅因子

$|A|_L \approx k\rho c r_a^2 u_{a0}$;

（2）当半径较大或声波频率较高，满足 $kr_a \gg 1$ 时，振幅因子 $|A|_H \approx \rho c r_a u_{a0}$，显然 $|A|_L \ll |A|_H$。

以上两种情况说明，当表面振速一定时，声源愈大或辐射频率愈高，则产生的声压愈大。在实际应用中，若 $kr_a \leqslant \frac{\pi}{10}$ 时认为满足低频条件，若 $kr_a \geqslant 2\pi$ 时认为满足高频条件。而一般情况下都满足远场条件，这时，振速表示式中

$$\frac{1+\mathrm{j}kr}{\mathrm{j}kr^2} \xrightarrow{r \gg \lambda} \frac{1}{r}$$

这样就得出了均匀球面波在上述高、低频条件下远场的声压函数和质点振速函数的表示式。

在高频远场条件下（$kr_a \gg 1$，$kr \gg 1$）：

$$p(r,t) \approx \frac{\rho c r_a u_{a0}}{r} \mathrm{e}^{\mathrm{j}(\omega t - kr)}$$

$$u(r,t) \approx \frac{r_a u_{a0}}{r} \mathrm{e}^{\mathrm{j}(\omega t - kr)}$$

在低频远场条件下（$kr_a \ll 1$，$kr \gg 1$）：

$$p(r,t) \approx \frac{\mathrm{j}k\rho c r_a^2 u_{a0}}{r} \mathrm{e}^{\mathrm{j}(\omega t - kr)}$$

$$u(r,t) \approx \frac{\mathrm{j}kr_a^2 u_{a0}}{r} \mathrm{e}^{\mathrm{j}(\omega t - kr)}$$

例题 2-3　一半径为 a 的脉动球形声源向流体介质中辐射均匀球面波，在 $ka \ll 1$ 和 $ka \gg 1$ 的情况下，如果声源表面上的质点振速 u_{a0} 和声源的振动频率 ω 不变，而球源半径增加 1 倍时，其辐射的声压级改变了多少？

解　由式（2.49），半径为 a 的脉动球形声源在其声场中的声压函数的振幅为

$$p_0 = \left| \frac{\mathrm{j}k\rho c a^2}{(1+\mathrm{j}ka)r} u_{a0} \right|$$

相应的声压级为

$$\mathrm{SPL} = 20\lg \frac{p_e}{p_{ref}} = 20\lg \frac{p_0}{\sqrt{2}\, p_{ref}}$$

当在满足条件 $ka \ll 1$ 时，

$$p_0(a) = \left| \frac{\mathrm{j}k\rho c a^2}{(1+\mathrm{j}ka)r} u_{a0} \right| = \frac{|A|_L}{r} \approx \frac{k\rho c a^2}{r} u_{a0}$$

$$p_0(2a) = \left| \frac{\mathrm{j}k\rho c (2a)^2}{(1+\mathrm{j}2ka)r} u_{a0} \right| \approx 4\frac{k\rho c a^2}{r} u_{a0}$$

声压级的变化为

$$\Delta \mathrm{SPL} = 20\lg 4 = 12 \ \mathrm{dB}$$

当在满足条件 $ka \gg 1$ 时，

$$p_0(a) = \left| \frac{\mathrm{j}k\rho c a^2}{(1+\mathrm{j}ka)r} u_{a0} \right| = \frac{|A|_H}{r} \approx \frac{\rho c a}{r} u_{a0}$$

$$p_0(2a) = \left| \frac{\mathrm{j}k\rho c (2a)^2}{(1+\mathrm{j}2ka)r} u_{a0} \right| \approx 2\frac{\rho c a}{r} u_{a0}$$

声压级的变化为

$$\Delta \, \mathrm{SPL} = 20\lg 2 = 6 \ \mathrm{dB}$$

要注意,本例与前面的结论并不矛盾,只是在满足条件 $ka \ll 1$ 和 $ka \gg 1$ 的情况下得到的结果,仅仅说明在两种条件下,声源尺度的变化产生的结果大不相同,但后者声场产生的声压是远大于前者的。

4. 均匀球面波声场的声阻抗率和声强

由式(2.49)和式(2.50)得到均匀球面波声场的声阻抗率,根据声阻抗率的定义,有

$$z = \frac{p(r,t)}{u(r,t)} = \frac{\mathrm{j}kr}{1+\mathrm{j}kr}\rho c = \frac{(kr)^2}{1+(kr)^2}\rho c + \mathrm{j}\,\frac{kr}{1+(kr)^2}\rho c \tag{2.51}$$

也可表示为

$$z = \frac{\rho c k r}{\sqrt{1+(kr)^2}}\mathrm{e}^{\mathrm{j}\theta} = R + \mathrm{j}X = |z|\,\mathrm{e}^{\mathrm{j}\theta}$$

从声阻抗率的表示可见均匀球面波有这样一些特性:声场中任一点的声压与振速不同相,声压超前振速相位角 $\tan\theta = \dfrac{X}{R} = \dfrac{1}{kr} = \dfrac{\lambda}{2\pi r}$;声阻率和声抗率分别反映流体介质在声传播过程中对有功分量和无功分量的传输作用;均匀球面波声阻率 R、声抗率 X 随 kr 变化的趋势如图 2-6 所示。

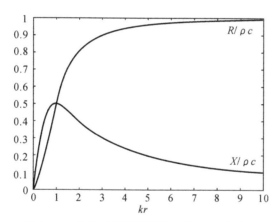

图 2-6　均匀球面波声阻抗率随 kr 变化曲线

由图 2-6 可知,当 $r \gg \lambda$,$R \sim \rho c$,$X \sim 0$ 时,$|z| \rightarrow \rho c$。这说明在远场条件下,均匀球面波的声阻抗率与平面波相同,这时,声压与振速同相位。

根据声强的定义,均匀球面波的声强可以表示为

$$\mathrm{Re}(p)\mathrm{Re}(u) = \frac{1}{2}\,\frac{1}{|z|}\left[\frac{|A|}{r}\right]^2[\cos(2\omega t - 2kr - \theta) + \cos\theta]$$

对上式积分可得

$$I = \frac{1}{2|z|}\left[\frac{|A|}{r}\right]^2\cos\theta$$

一般考虑远场的情况,在远场条件下 $|z| \rightarrow \rho c$,$\cos\theta \rightarrow 1$,那么远场的声强表示式为

$$I = \frac{1}{2\rho c}p_0^2(r) \tag{2.52}$$

式中，$p_0(r) = \dfrac{|A|}{r}$ 为距离声源 r 处声场中声压振幅，其中 A 的取值由式(2.48)确定。至此，完成了对均匀球面声波的分析，通过解波动方程求得了声压函数，进而又得到了质点振速、声阻抗率和声强等描述球面波声场的物理量。

2.5.3　均匀柱面波

1. 均匀柱面波波动方程的解

柱面波是指其波阵面以柱的轴线为轴的同心柱面(见图 2-7)。在柱坐标下，完整的波动方程为

$$\frac{1}{r}\frac{\partial}{\partial r}\left(r\frac{\partial p(r,\varphi,z,t)}{\partial r}\right) + \frac{1}{r^2}\frac{\partial^2 p(r,\varphi,z,t)}{\partial \varphi^2} + \frac{\partial^2 p(r,\varphi,z,t)}{\partial z^2} = \frac{1}{c^2}\frac{\partial^2 p(r,\varphi,z,t)}{\partial t^2}$$

$$(2.53)$$

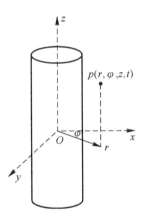

图 2-7　柱坐标示意图

这里只讨论柱面波中最简单的形式 —— 均匀柱面波，其波阵面上的振幅各向均匀。即声压和质点振速函数只是 r 和 t 的函数，于是，上述波动方程简化为

$$\frac{1}{r}\frac{\partial}{\partial r}\left(r\frac{\partial p(r,t)}{\partial r}\right) - \frac{1}{c^2}\frac{\partial^2 p(r,t)}{\partial t^2} = 0$$

同样采用分离变量法，设其解的形式为

$$p(r,t) = R(r)T(t)$$

代入波动方程后，得到矢径与时间方程，分别是

$$\frac{1}{R(r)}\frac{\mathrm{d}^2 R(r)}{\mathrm{d}r^2} + \frac{1}{rR(r)}\frac{\mathrm{d}R(r)}{\mathrm{d}r} = -k^2$$

$$\frac{1}{c^2 T(t)}\frac{\mathrm{d}^2 T(t)}{\mathrm{d}t^2} = -k^2$$

时间方程的解和前面得到的结论相同，不再讨论。这里着重讨论矢径方程。将矢径方程表示为

$$\frac{\mathrm{d}^2 R(r)}{\mathrm{d}r^2} + \frac{1}{r}\frac{\mathrm{d}R(r)}{\mathrm{d}r} + k^2 R(r) = 0 \tag{2.54}$$

这个方程是一类特殊数理方程 —— 贝塞尔方程。其通解是贝塞尔(Bessel)函数和纽曼(Neumann)函数的线性组合。

$$R(r) = AJ_0(kr) + BN_0(kr) \tag{2.55}$$

式中，$J_0(kr)$ 称为宗量为 kr 的零阶贝塞尔函数；$N_0(kr)$ 称为宗量为 kr 的零阶纽曼函数。图 2-8 分别给出了 $0 \sim 3$ 阶贝塞尔函数的图形和 $0 \sim 1$ 阶纽曼函数的图形，由图可知，贝塞尔函数、纽曼函数都是实函数，其振幅随距离起伏变化，当其宗量 x 很大时，贝塞尔函数和纽曼函数分别趋近于余弦和正弦函数。其渐进表达式为

$$J_0(x) \rightarrow \sqrt{\frac{2}{\pi x}} \cos\left(x - \frac{\pi}{4}\right)$$

$$N_0(x) \rightarrow \sqrt{\frac{2}{\pi x}} \sin\left(x - \frac{\pi}{4}\right)$$

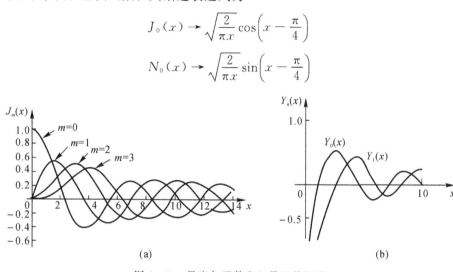

图 2-8　贝塞尔函数和纽曼函数图形
(a) 贝塞尔函数；　(b) 纽曼函数

因此，在远场条件下，它们的振幅趋近于 $\dfrac{1}{\sqrt{x}}$，并且它们之间具有确定的相位差 $\pi/2$。从数学上看，在远场条件下贝塞尔函数和纽曼函数之间的关系类似于正弦余弦关系，众所周知，欧拉公式正好反映指数函数和正弦余弦函数之间的关系，对于 $J(x)$ 和 $N(x)$ 也有类似的函数，称为汉克尔函数。这里给出零阶第一类和第二类汉克尔函数的表示式为

$$\left. \begin{array}{l} H_0^{(1)}(x) = J_0(x) + jN_0(x) \\ H_0^{(2)}(x) = J_0(x) - jN_0(x) \end{array} \right\} \tag{2.56}$$

当宗量 x 很大时，它们也有渐进表示式为

$$\left. \begin{array}{l} H_0^{(1)}(x) \xrightarrow{x \gg 1} \sqrt{\dfrac{2}{\pi x}} \, e^{j\left(x - \frac{\pi}{4}\right)} \\[2mm] H_0^{(2)}(x) \xrightarrow{x \gg 1} \sqrt{\dfrac{2}{\pi x}} \, e^{-j\left(x - \frac{\pi}{4}\right)} \end{array} \right\} \tag{2.57}$$

从波动的角度看，$H_0^{(1)}(x)$ 表示反向传播的波，$H_0^{(2)}(x)$ 表示正向传播的波。由于是无限介质，所以可以用零阶第二类汉克尔函数表示径向方程的解。则有

$$R(r) = AJ_0(kr) + BN_0(kr) \quad \Rightarrow$$
$$R(r) = A[J_0(kr) - jN_0(kr)] \quad \Rightarrow$$
$$R(r) = AH_0^{(2)}(kr)$$

将矢径方程和时间方程的解合并后得到均匀柱面波声压函数的表示式

$$p(r,t) = R(r)T(t) = A H_0^{(2)}(kr) e^{j\omega t} \tag{2.58}$$

2. 均匀柱面波声场的质点振速

由质点振速与声压函数的关系 $u(r,t) = -\dfrac{1}{\rho}\displaystyle\int \dfrac{\partial p(r,t)}{\partial r}\mathrm{d}t$ 可进一步求出均匀柱面波的质点振速函数，依据贝塞尔函数和汉克尔函数的递推公式，有

$$\frac{\mathrm{d}J_0(x)}{\mathrm{d}x} = -J_1(x)$$

$$\frac{\mathrm{d}N_0(x)}{\mathrm{d}x} = -N_1(x)$$

进而

$$-\frac{\mathrm{d}H_0^{(2)}(x)}{\mathrm{d}x} = J_1(x) - \mathrm{j}\,N_1(x) = H_1^{(2)}(x)$$

可得

$$u(r,t) = -\frac{1}{\rho}\int \frac{\partial p(r,t)}{\partial r}\mathrm{d}t = -\frac{Ak}{\rho}\int \left[\frac{\mathrm{d}}{\mathrm{d}(kr)}H_0^{(2)}(kr)\right]\mathrm{e}^{\mathrm{j}\omega t}\,\mathrm{d}t =$$

$$\frac{A\omega}{\rho c}\int H_1^{(2)}(kr)\mathrm{e}^{\mathrm{j}\omega t}\,\mathrm{d}t = -\mathrm{j}\frac{A}{\rho c}H_1^{(2)}(kr)\mathrm{e}^{\mathrm{j}\omega t} \tag{2.59}$$

3. 均匀柱面波声压函数与质点振速函数的振幅

声压函数和质点振速函数的振幅同样可通过声源表面振速幅值确定。由于是均匀柱面波，其声源为柱形，并且声源表面的振动方式为脉动形式，假定已知柱形声源的半径 r_a 和振幅 u_0，因此，声源表面的质点速度可表示为

$$u(r_a,t) = u_0\mathrm{e}^{\mathrm{j}\omega t}$$

代入式(2.59)，得到

$$A = \frac{\rho c u_0}{-\mathrm{j}\,H_1^{(2)}(kr_a)} \tag{2.60}$$

于是

$$p(r,t) = \mathrm{j}\frac{\rho c u_0}{H_1^{(2)}(kr_a)}H_0^{(2)}(kr)\mathrm{e}^{\mathrm{j}\omega t} \tag{2.61}$$

$$u(r,t) = \frac{u_0}{H_1^{(2)}(kr_a)}H_1^{(2)}(kr)\mathrm{e}^{\mathrm{j}\omega t} \tag{2.62}$$

式中，$H_1^{(2)}(kr_a)$ 的取值决定于柱形声源的半径与声波波长之比。

(1) 当声源半径 $r_a \gg \lambda$ 或者满足 $kr_a \gg 1$ 时称为高频条件，有

$$H_1^{(2)}(kr_a) \approx \frac{\mathrm{e}^{-\mathrm{j}\left(kr_a-\frac{3\pi}{4}\right)}}{\sqrt{\frac{\pi kr_a}{2}}} = \sqrt{\frac{2}{\pi kr_a}}\,\mathrm{e}^{-\mathrm{j}\left(kr_a-\frac{3\pi}{4}\right)}$$

于是

$$p(r,t) \xrightarrow[kr_a\gg1]{} \mathrm{j}\rho c u_0\sqrt{\frac{\pi kr_a}{2}}\,\mathrm{e}^{\mathrm{j}\left(kr_a-\frac{3\pi}{4}\right)}H_0^{(2)}(kr)\mathrm{e}^{\mathrm{j}\omega t}$$

$$u(r,t) \xrightarrow[kr_a\gg1]{} u_0\sqrt{\frac{\pi kr_a}{2}}\,\mathrm{e}^{\mathrm{j}\left(kr_a-\frac{3\pi}{4}\right)}H_1^{(2)}(kr)\mathrm{e}^{\mathrm{j}\omega t}$$

(2) 当声源半径 $r_a \ll \lambda$ 或者满足 $kr_a \ll 1$ 时称为低频条件，由于

$$J_1(kr_a) \xrightarrow[kr_a\to0]{} 0, \qquad N_1(kr_a) \xrightarrow[kr_a\to0]{} -\frac{2}{\pi kr_a}$$

因此

$$H_1^{(2)}(kr_a) \xrightarrow[kr_a \to 0]{} -jN_1(kr_a) \cong \frac{2}{\pi kr_a} e^{j\frac{\pi}{2}}$$

于是

$$p(r,t) \Longrightarrow_{kr_a \ll 1} \frac{\rho c \pi kr_a u_0}{2} H_0^{(2)}(kr) e^{j\omega t}$$

$$u(r,t) \Longrightarrow_{kr_a \ll 1} \frac{\pi kr_a u_0}{2} H_1^{(2)}(kr) e^{j\left(\omega t - \frac{\pi}{2}\right)}$$

在实际应用中，一般情况下都满足远场条件，与式（2.57）给出的 $H_0^{(2)}(kr)$ 渐近表示相同，在当宗量 x 很大时，$H_1^{(2)}(x)$ 也有渐近表示，即

$$H_1^{(2)}(x) \xrightarrow[x \gg 1]{} \sqrt{\frac{2}{\pi x}} e^{-j\left(x - \frac{3\pi}{4}\right)} \tag{2.63}$$

这样就得出了均匀柱面波在上述高、低频条件下远场的声压函数和质点振速函数的表示。

在高频远场条件下（$kr_a \gg 1, kr \gg 1$），有

$$p(r,t) \approx \rho c u_0 \sqrt{\frac{r_a}{r}} e^{j(\omega t - kr + kr_a)} \tag{2.64}$$

$$u(r,t) \approx u_0 \sqrt{\frac{r_a}{r}} e^{j(\omega t - kr + kr_a)} \tag{2.65}$$

低频远场条件下（$kr_a \ll 1, kr \gg 1$），有

$$p(r,t) \approx \rho c r_a u_0 \sqrt{\frac{\pi k}{2r}} e^{j\left(\omega t - kr + \frac{\pi}{4}\right)} \tag{2.66}$$

$$u(r,t) \approx r_a u_0 \sqrt{\frac{\pi k}{2r}} e^{j\left(\omega t - kr + \frac{\pi}{4}\right)} \tag{2.67}$$

由式（2.64）～式（2.67）可见，在远场条件下均匀柱面波的声压函数、质点振速函数的振幅均与 $\sqrt{r}$ 成反比，在高频条件下与声波的频率无关，而在低频条件下还与 $\sqrt{\omega}$ 成正比。

4. 均匀柱面波声场的声阻抗率和声强

均匀柱面波的声阻抗率可以表示为

$$z = \frac{p(r,t)}{u(r,t)} = \frac{AH_0^{(2)}(kr)}{-j\frac{A}{\rho c} H_1^{(2)}(kr)} = j\rho c \frac{H_0^{(2)}(kr)}{H_1^{(2)}(kr)} \tag{2.68}$$

可以进一步表示为

$$z = j\rho c \frac{J_0(kr) - jN_0(kr)}{J_1(kr) - jN_1(kr)} =$$

$$j\rho c \frac{[J_0(kr)J_1(kr) + N_0(kr)N_1(kr)] - j[N_0(kr)J_1(kr) - J_0(kr)N_1(kr)]}{J_1^2(kr) + N_1^2(kr)}$$

在远场条件下，有

$$z \xrightarrow[kr \gg 1]{} \frac{j\rho c \sqrt{\frac{2}{\pi kr}} e^{-j\left(kr - \frac{\pi}{4}\right)}}{j\sqrt{\frac{2}{\pi kr}} e^{-j\left(kr - \frac{\pi}{4}\right)}} = \rho c \tag{2.69}$$

这说明在远场均匀柱面波与平面波的特性相同。

均匀柱面波的声强可以表示为

$$I = \frac{1}{T}\int_0^T \mathrm{Re}(p)\mathrm{Re}(u)\mathrm{d}t = \frac{1}{2}\frac{|A|^2}{\rho c}\frac{2}{\pi k r} = \frac{|A|^2}{\pi k \rho c}\frac{1}{r} \tag{2.70}$$

这说明均匀柱面波声场中声强随距离 r 成反比的衰减,这是柱面波波阵面随 r 成正比扩大导致的。

例题 2-4 半径同为 a 的脉动球形和柱形声源向流体介质中辐射均匀球面波、柱面波,如果声源表面上的质点振速 u_0 和声源的振动频率 ω 不变,在 $ka \ll 1$ 和 $ka \gg 1$ 的情况下,其辐射的声压级各相差多少?

解 在 $ka \ll 1$ 条件下,均匀球面波和柱面波的声压函数幅值分别为

$$|p_1(r,t)| = \frac{k\rho c a^2 u_0}{r}, \quad |p_2(r,t)| = \rho c a u_0 \sqrt{\frac{\pi k}{2r}}$$

二者的声压级差为

$$\Delta \mathrm{SPL} = 20\lg\frac{|p_1(r,t)|}{|p_2(r,t)|} = 20\lg a\sqrt{\frac{2k}{\pi r}} \ \mathrm{dB}$$

在 $ka \gg 1$ 条件下,均匀球面波和柱面波的声压函数幅值分别为

$$|p_1(r,t)| = \frac{\rho c a u_0}{r}, \quad |p_2(r,t)| = \rho c u_0 \sqrt{\frac{a}{r}}$$

二者的声压级差为

$$\Delta \mathrm{SPL} = 20\lg\frac{|p_1(r,t)|}{|p_2(r,t)|} = 20\lg\sqrt{\frac{a}{r}} \ \mathrm{dB}$$

可以看出,在确定的作用距离 r 处,在低频条件下,声源的频率对球面波和柱面波均产生影响,它们的声压级差也与频率有关;在高频条件下,声源的尺度会影响其辐射能量,它们的声压级差也与声源尺度有关。

2.6 平面波在界面上的折射与反射

当声波在传播过程中遇到介质分界面时,由于两种介质的特性阻抗不同,声波在分界面上会产生反射和折射现象,这里仅就最简单的平面波入射到介质分界面的情况作一讨论。

2.6.1 分界面上折反射的一般情况(斜入射)

如图 2-9 所示,在 xOz 平面内,平面波以入射角 θ_i 自介质 $1(z_1 = \rho_1 c_1)$ 入射到介质 2 $(z_2 = \rho_2 c_2)$ 的界面上,声波经界面反射和折射,反射角和折射角分别是 θ_r, θ_t。

界面上下侧的声波可用相应的声压函数描述。

入射波: $\quad p_i(r,t) = A_1\mathrm{e}^{\mathrm{j}(\omega_i t - k_1 \cdot r)} = A_1\mathrm{e}^{\mathrm{j}(\omega_i t - k_1 x\sin\theta_i - k_1 z\cos\theta_i)}$

反射波: $\quad p_r(r,t) = B_1\mathrm{e}^{\mathrm{j}(\omega_r t - k_1 \cdot r)} = B_1\mathrm{e}^{\mathrm{j}(\omega_r t - k_1 x\sin\theta_r + k_1 z\cos\theta_r)}$ $\tag{2.71}$

折射波: $\quad p_t(r,t) = A_2\mathrm{e}^{\mathrm{j}(\omega_t t - k_2 \cdot r)} = A_2\mathrm{e}^{\mathrm{j}(\omega_t t - k_2 x\sin\theta_t - k_2 z\cos\theta_t)}$

在介质两侧的总声压函数分别为

$$p_1(r,t) = p_i(r,t) + p_r(r,t) = A_1\mathrm{e}^{\mathrm{j}(\omega_i t - k_1 x\sin\theta_i - k_1 z\cos\theta_i)} + B_1\mathrm{e}^{\mathrm{j}(\omega_r t - k_1 x\sin\theta_r + k_1 z\cos\theta_r)}$$

$$p_2(r,t) = p_t(r,t) = A_2\mathrm{e}^{\mathrm{j}(\omega_t t - k_2 x\sin\theta_t - k_2 z\cos\theta_t)}$$

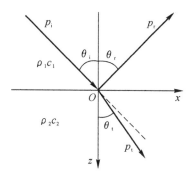

图 2 - 9　声波反射折射示意图

在分界面 $z=0$ 处,声压函数需满足的边界条件如下:

(1) 声压的连续性。介质 1 中的总声压与介质 2 中的总声压相等,即所谓压力平衡条件 $p_1(x,z,t)\big|_{z=0}=p_2(x,z,t)\big|_{z=0}$,于是

$$A_1 \mathrm{e}^{\mathrm{j}(\omega_i t-k_1 x\sin\theta_i)}+B_1 \mathrm{e}^{\mathrm{j}(\omega_r t-k_1 x\sin\theta_r)}=A_2 \mathrm{e}^{\mathrm{j}(\omega_t t-k_2 x\sin\theta_t)}$$

上式应对任意的 x,t 皆成立,其必要条件为等式两边各项中 x,t 的系数相等,则有 $\omega_i=\omega_r=\omega_t$,$k_1\sin\theta_i=k_1\sin\theta_r=k_2\sin\theta_t$。第一个式子说明,反射波和折射波具有与入射波相同的频率。第二个式子表明 $\theta_i=\theta_r$,这是反射定律,而

$$\frac{\sin\theta_i}{\sin\theta_t}=\frac{k_2}{k_1}=\frac{c_1}{c_2}=n$$

为折射定律,n 为折射率。

(2) 法向振速的连续性。介质 1 中垂直于界面的质点振速与介质 2 中垂直于界面的质点振速相等 $u_1(x,z,t)\big|_{z=0}=u_2(x,z,t)\big|_{z=0}$。

z 方向的振速为

$$u_z(x,z,t)=-\frac{1}{\rho}\int\frac{\partial p(x,z,t)}{\partial z}\mathrm{d}t$$

分别得到

$$u_{iz}=\frac{\cos\theta_i}{\rho_1 c_1}p_i,\quad u_{rz}=-\frac{\cos\theta_r}{\rho_1 c_1}p_r \quad 和 \quad u_{tz}=\frac{\cos\theta_t}{\rho_2 c_2}p_t$$

介质 1,2 中的法向振速相等 $u_{iz}+u_{rz}=u_{tz}$,即

$$\frac{\cos\theta_i}{\rho_1 c_1}A_1 \mathrm{e}^{\mathrm{j}(\omega_i t-k_1 x\sin\theta_i)}-\frac{\cos\theta_r}{\rho_1 c_1}B_1 \mathrm{e}^{\mathrm{j}(\omega_r t-k_1 x\sin\theta_r)}=\frac{\cos\theta_t}{\rho_2 c_2}A_2 \mathrm{e}^{\mathrm{j}(\omega_t t-k_2 x\sin\theta_t)}$$

于是由两组边界条件分别得到

$$\begin{cases}A_1 \mathrm{e}^{\mathrm{j}(\omega_i t-k_1 x\sin\theta_i)}+B_1 \mathrm{e}^{\mathrm{j}(\omega_r t-k_1 x\sin\theta_r)}=A_2 \mathrm{e}^{\mathrm{j}(\omega_t t-k_2 x\sin\theta_t)} \\ \dfrac{\cos\theta_i}{\rho_1 c_1}A_1 \mathrm{e}^{\mathrm{j}(\omega_i t-k_1 x\sin\theta_i)}-\dfrac{\cos\theta_r}{\rho_1 c_1}B_1 \mathrm{e}^{\mathrm{j}(\omega_r t-k_1 x\sin\theta_r)}=\dfrac{\cos\theta_t}{\rho_2 c_2}A_2 \mathrm{e}^{\mathrm{j}(\omega_t t-k_2 x\sin\theta_t)}\end{cases}$$

再将已经有的反射定律和折射定律代入,上式成为

$$\begin{cases}A_1+B_1=A_2 \\ \dfrac{\cos\theta_i}{\rho_1 c_1}A_1-\dfrac{\cos\theta_r}{\rho_1 c_1}B_1=\dfrac{\cos\theta_t}{\rho_2 c_2}A_2\end{cases}$$

用 R 表示反射系数,有

$$R = \frac{B_1}{A_1} = \frac{\rho_2 c_2 \cos\theta_i - \rho_1 c_1 \cos\theta_t}{\rho_2 c_2 \cos\theta_i + \rho_1 c_1 \cos\theta_t} \tag{2.72}$$

用 D 表示折射系数，有

$$D = \frac{A_2}{A_1} = \frac{2\rho_2 c_2 \cos\theta_i}{\rho_2 c_2 \cos\theta_i + \rho_1 c_1 \cos\theta_t} \tag{2.73}$$

或者

$$R = \frac{Z_{2n} - Z_{1n}}{Z_{2n} + Z_{1n}}, \quad D = \frac{2 Z_{2n}}{Z_{2n} + Z_{1n}}$$

式中，Z_{1n}, Z_{2n} 称为法向声阻抗率

$$Z_{1n} = \frac{\rho_1 c_1}{\cos\theta_i}, \quad Z_{2n} = \frac{\rho_2 c_2}{\cos\theta_t} \tag{2.74}$$

如果令 $m = \dfrac{\rho_2}{\rho_1}$，并考虑到 $n = \dfrac{c_1}{c_2}$，反射系数和折射系数又可表示为

$$\left. \begin{array}{l} R = \dfrac{m\cos\theta_i - \sqrt{n^2 - \sin^2\theta_i}}{m\cos\theta_i + \sqrt{n^2 - \sin^2\theta_i}} \\[4mm] D = \dfrac{2m\cos\theta_i}{m\cos\theta_i + \sqrt{n^2 - \sin^2\theta_i}} \end{array} \right\} \tag{2.75}$$

另外还有

$$1 + R = 1 + \frac{\rho_2 c_2 \cos\theta_i - \rho_1 c_1 \cos\theta_t}{\rho_2 c_2 \cos\theta_i + \rho_1 c_1 \cos\theta_t} = \frac{2\rho_2 c_2 \cos\theta_i}{\rho_2 c_2 \cos\theta_i + \rho_1 c_1 \cos\theta_t} = D$$

$$1 - R = 1 - \frac{\rho_2 c_2 \cos\theta_i - \rho_1 c_1 \cos\theta_t}{\rho_2 c_2 \cos\theta_i + \rho_1 c_1 \cos\theta_t} = \frac{2\rho_1 c_1 \cos\theta_t}{\rho_2 c_2 \cos\theta_i + \rho_1 c_1 \cos\theta_t} =$$

$$\frac{2\rho_1 c_1 \cos\theta_t}{\rho_2 c_2 \cos\theta_i + \rho_1 c_1 \cos\theta_t} \frac{\rho_2 c_2 \cos\theta_i}{\rho_2 c_2 \cos\theta_i} = \frac{Z_{1n}}{Z_{2n}} D$$

即

$$D = 1 + R, \quad \frac{Z_{1n}}{Z_{2n}} D = 1 - R \quad \rightarrow \quad R^2 + \frac{Z_{1n}}{Z_{2n}} D^2 = 1$$

2.6.2 特殊情况下的折反射问题

1. 平面波垂直入射到界面

当平面波垂直入射到界面时，如图 2-10 所示，入射波沿 z 轴负方向射入分界面，反射波和折射波分别向 z 轴正方向和负方向传播。

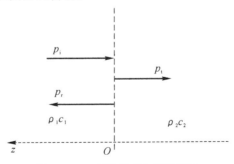

图 2-10 声波垂直入射示意图

这时,入射角 $\theta_i = 0$,则反射角、折射角 $\theta_r = \theta_t = 0$,于是,反射系数和折射系数分别是

$$R = \frac{Z_2 - Z_1}{Z_2 + Z_1}, \quad D = \frac{2Z_2}{Z_2 + Z_1} \tag{2.76}$$

反射系数和折射系数完全取决于介质的声阻抗率。

当 $Z_2 \to 0$ 时,称为绝对软边界。比如,声波由水中向空气中入射,属于这种情况,这时在边界上 $\rho_1 c_1 \gg \rho_2 c_2$,$R = -1$,$D = 0$,表示反射波振幅和入射波的振幅相等、相位相反,因而边界面上的总压力为零,能量全反射。

当 $Z_2 \to \infty$ 时,称为绝对硬边界。比如,声波由空气向水中,或者由水中向岩石、金属中入射等,这时在边界上 $\rho_1 c_1 \ll \rho_2 c_2$,$R = 1$,$D = 2$,表示声波入射到刚硬边界上时,能量全反射(可以证明,在边界上声压形成驻波,振幅是入射波的 1 倍,而质点振速为零,折射波无能量传输)。

由上述两种情况可见,介质的声阻抗率对声波的折射、反射有着决定性的影响,当两介质的声阻抗率相差愈大时,反射系数亦愈大;当两介质的声阻抗率接近时,反射波的能量亦愈小,入射波的能量能够很好地折射入第二种介质。

2. 全透射

当反射系数为零,全部入射能量进入第二种介质时称为全透射。由反射系数表达式,令 $R = 0$,得

$$m\cos\theta_i - \sqrt{n^2 - \sin^2\theta_i} = 0$$

令此时的入射角为 θ_b,则有

$$\theta_b = \arcsin\sqrt{\frac{m^2 - n^2}{m^2 - 1}}$$

θ_b 存在的条件是 $0 \leqslant \frac{m^2 - n^2}{m^2 - 1} \leqslant 1$,此条件成立有两种情况 $m > n > 1$ 或 $m < n < 1$,在实际中,仅个别情况能够发生。在氢气与空气的界面上满足上述条件,会发生全透射的现象。

3. 全内反射

由折射定律

$$\frac{\sin\theta_i}{\sin\theta_t} = \frac{c_1}{c_2} = n$$

当 $n \geqslant 1$,即 $c_1 \geqslant c_2$ 时,折射角 $\theta_t < \theta_i$,这时,声波以任何角度入射均有正常的折射波。而当 $n = \frac{c_1}{c_2} < 1$ 时,折射角 $\theta_t > \theta_i$,以至于当取 $\theta_i = \theta_{ic}$ 时,$\theta_t = \frac{\pi}{2}$,此时折射波沿着介质分界面传播,并且 $\sin\theta_t = \frac{\sin\theta_{ic}}{n} = 1$。当 $\theta_i > \theta_{ic}$ 时,$\sin\theta_t > 1$,折射角 θ_t 不是实角。这时在介质 2 中没有通常意义的折射波。可以证明,这时反射系数的绝对值恒等于 1,即 $|R| = 1$。因此称这种现象为全内反射,θ_{ic} 称为全反射角。

考察在 $\theta_i > \theta_{ic}$ 时的反射系数,根据反射系数的表式,有

$$R = \frac{m\cos\theta_i - \sqrt{n^2 - \sin^2\theta_i}}{m\cos\theta_i + \sqrt{n^2 - \sin^2\theta_i}}$$

当 $\theta_i > \theta_{ic}$,上式中 $\sqrt{n^2 - \sin^2\theta_i} = \pm j\sqrt{\sin^2\theta_i - n^2} = -j\sqrt{\sin^2\theta_i - n^2}$,正负号的选取是根据折射

波无穷远熄灭条件,即折射波在 $z \to -\infty$ 时,$p_t(r,t) \to 0$,或者说要求 $\lim\limits_{z \to -\infty} e^{jk_2 z\cos\theta_t} \to 0$ 注意到

$$n\cos\theta_t = \sqrt{n^2 - n^2\cos^2\theta_i} = \sqrt{n^2 - \sin^2\theta_i} \to \cos\theta_t = \frac{1}{n}\sqrt{n^2 - \sin^2\theta_i}$$

由于当 $\theta_i > \theta_{ic}$ 时 $\sqrt{n^2 - \sin^2\theta_i} = \pm j\sqrt{\sin^2\theta_i - n^2}$,所以 $\cos\theta_t = \pm j\dfrac{1}{n}\sqrt{\sin^2\theta_i - n^2}$,则

$$\lim\limits_{z \to -\infty} e^{jk_2 z\cos\theta_t} = \lim\limits_{z \to -\infty} e^{jk_2 z\left[\pm j\frac{1}{n}\sqrt{\sin^2\theta_i - n^2}\right]} = \lim\limits_{z \to -\infty} e^{\mp k_2 \frac{z}{n}\sqrt{\sin^2\theta_i - n^2}}$$

当 $\sqrt{n^2 - \sin^2\theta_i} = -j\sqrt{\sin^2\theta_i - n^2}$ 时,即有 $\lim\limits_{z \to -\infty} e^{k_2 \frac{z}{n}\sqrt{\sin^2\theta_i - n^2}} \to 0$。

于是,在 $\theta_i > \theta_{ic}$ 时,反射系数成为

$$R = \frac{m\cos\theta_i + j\sqrt{\sin^2\theta_i - n^2}}{m\cos\theta_i - j\sqrt{\sin^2\theta_i - n^2}} \tag{2.77}$$

可以表示为 $R = |R|e^{j2\varphi}$,其中 $|R| = 1$,$\varphi = \arctan\left[\dfrac{\sqrt{\sin^2\theta_i - n^2}}{m\cos\theta_i}\right]$。

可见,当入射角 $\theta_i > \theta_{ic}$ 时,反射系数成为复数,其绝对值恒等于1,声波反射时产生的相位跃变超前角为 2φ(入射波与反射波的相位差),其值与入射角和介质特性等因素有关。当入射角 $\theta_i = \theta_{ic}$ 时,$\varphi = 0$,$R = 1$,此时就是前述的全反射情况。当入射角 θ_i 由 θ_{ic} 变化到 $\pi/2$ 时,φ 由 $0 \to \pi/2$,反射系数由于相位角 2φ 由 $0 \to \pi$,则 R 由 $1 \to -1$。这意味着,当声波入射角与界面平行时,界面上的声压总和为零没有表面波传播。图 2-11 为 $m = 2.7$,$n = 0.83$ 情况下,反射系数的模和相位跳跃随入射角的变化,全反射角 $\theta_{ic} \approx 56°$。

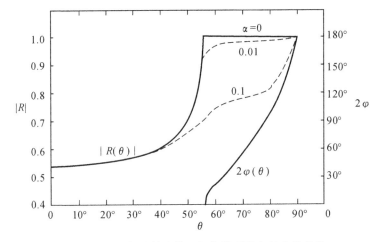

图 2-11 反射系数的模和相位跳跃随入射角的变化

2.6.3 非均匀平面波

当入射角大于全反射角时,折射系数并不为零,尽管在介质 2 中没有通常意义的折射波,但仍有波的存在。根据前面的讨论已经得到结论,在 $\theta_i > \theta_{ic}$ 时,反射系数表示为 $R = |R|e^{j2\varphi} = e^{j2\varphi}$,并且有 $D = 1 + R = 1 + e^{j2\varphi}$,且 $1 + e^{j2\varphi} = e^{j\varphi}[e^{-j\varphi} + e^{j\varphi}] = 2e^{j\varphi}\cos\varphi$,即可将折射系数表示为 $D = 2e^{j\varphi}\cos\varphi$,相应地,折射波的声压函数为

$$p_t(r) = A_2 e^{-jk_2 \cdot r} = DA_1 e^{-jk_2(x\sin\theta_t + z\cos\theta_t)}$$

由折射定律以及前述当 $\theta_i > \theta_{ic}$ 时，$k_2 \cos\theta_t = k_1 \sqrt{n^2 - \sin^2\theta_i} = -\mathrm{j}k_1 \sqrt{\sin^2\theta_i - n^2}$，上式可表示为

$$p_t(r) = DA_1 \mathrm{e}^{-\mathrm{j}k_2(x\sin\theta_t + z\cos\theta_t)} = 2A_1 \mathrm{e}^{\mathrm{j}\varphi}\cos\varphi \cdot \mathrm{e}^{-\mathrm{j}k_1 r\sin\theta_i}\mathrm{e}^{-k_1 z\sqrt{\sin^2\theta_i - n^2}} \tag{2.78}$$

式 (2.78) 的物理含义为，折射波 $p_t(r)$ 以落后入射波相位 φ 沿 x 正方向传播(传播因子是 $\mathrm{e}^{-\mathrm{j}(k_{1x}x - \varphi)}$)，同时沿 z 轴正方向以因子 $\mathrm{e}^{-k_1 z\sqrt{\sin^2\theta_i - n^2}}$ 衰减。记 $k_{1x} = k_1\sin\theta_i$ 为入射平面波波向量在 x 轴上的投影，即

$$k_{1x} = k_1\sin\theta_i = \frac{\omega}{c_1/\sin\theta_i} = \frac{\omega}{c_h} \tag{2.79}$$

式中，c_h 为折射波的波速，由于折射波是一个沿 x 方向传播，并且在 z 方向按照指数规律衰减的波，将其称为非均匀平面波。其传播速度 c_h 介于 c_1 和 c_2 之间，即

$$c_h = \frac{c_1}{\sin\theta_i} > c_1, \quad c_h = \frac{nc_2}{\sin\theta_i} < c_2$$

图 2-12 清楚地反映了非均匀平面波的特征。这种波可以在很多情况下出现，比如，声波由空气向水中入射，由水中向海底入射等，当入射角大于全反射角时，在下层介质中就产生了非均匀平面波。

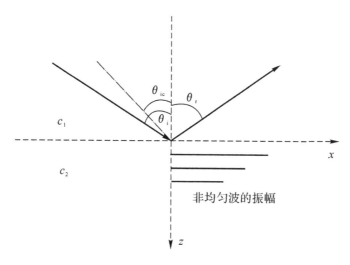

图 2-12　非均匀波示意图

既然非均匀平面波在下层介质中按照指数规律衰减，于是定义了一个参数 υ 来表示在介质 2 中的透射深度，实际上，就是 z 方向衰减因子的系数，则有

$$\upsilon = k_1\sqrt{\sin^2\theta_i - n^2} = \frac{\omega}{c_1}\sqrt{\sin^2\theta_i - \left(\frac{c_1}{c_2}\right)^2} \tag{2.80}$$

υ 愈小，非均匀平面波向介质 2 中的透射深度愈大。可以看出，低频声波产生的非均匀波透射的深度较大，入射角愈小(越接近临界角 θ_{ic})，透射深度也愈大。当 $\theta_i \to \theta_{ic}$ 时，$\upsilon \to 0$，折射波变为正常平面波，沿界面传播，且声速为

$$c_h = \frac{c_1}{\sin\theta_{ic}} = c_2 \tag{2.81}$$

2.6.4 声波在分界面上折反射时的能量关系

讨论分界面上的能量关系时采用声强折反射系数,入射波、反射波和折射波的声强分别表示为

$$I_i = \frac{A_1^2}{2\rho_1 c_1}, \quad I_r = \frac{A_2^2}{2\rho_1 c_1} = \frac{A_1^2 |R|^2}{2\rho_1 c_1}, \quad I_t = \frac{B_1^2}{2\rho_2 c_2} = \frac{A_1^2 |D|^2}{2\rho_2 c_2} \tag{2.82}$$

在垂直入射时

$$I_r + I_t = \frac{A_1^2 |R|^2}{2\rho_1 c_1} + \frac{A_1^2 |D|^2}{2\rho_2 c_2} = \frac{A_1^2 |R|^2 + \frac{\rho_1 c_1}{\rho_2 c_2} A_1^2 |D|^2}{2\rho_1 c_1} = \frac{A_1^2}{2\rho_1 c_1}\left[|R|^2 + \frac{Z_1}{Z_2} |D|^2 \right] \tag{2.83}$$

由前面得到的关系式:$R^2 + \dfrac{Z_1}{Z_2} D^2 = 1$,则有 $I_i = I_r + I_t$。

当斜入射时,由于折射波束宽度与入射波束宽度不相等,所以上式就不成立了。可以证明,无论入射角为何值,在分界面上入射波的能量等于反射波和折射波的能量之和。这里,给出 R 和 D 都是实数($\theta_i < \theta_{ic}$)的情况说明。

图 2 - 13 表示分界面上的情况,取入射面 AB,相应的入射波波阵面 AC,折射波波阵面 BE,取波阵面宽度为一个单位,则入射波和折射波波阵面的面积分别是

$$S_{AC} = S_{BD} = S_1 = AB \sin\left(\frac{\pi}{2} - \theta_i\right) = AB\cos\theta_i$$

$$S_{BE} = S_2 = AB \sin\left(\frac{\pi}{2} - \theta_t\right) = AB\cos\theta_t$$

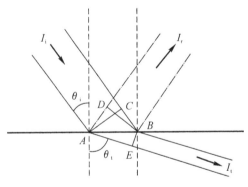

图 2 - 13　声波入射分界面示意图

则入射波、反射波和折射波的声能量(声功率)分别是

$$\left.\begin{aligned}
S_1 I_i &= AB\cos\theta_i \, \frac{A_1^2}{2\rho_1 c_1} \\
S_1 I_r &= AB\cos\theta_i \, \frac{A_1^2 R^2}{2\rho_1 c_1} \\
S_2 I_t &= AB\cos\theta_t \, \frac{A_1^2 D^2}{2\rho_2 c_2}
\end{aligned}\right\} \tag{2.84}$$

反射波和折射波的声能量之和为

$$S_1 I_r + S_2 I_t = \frac{1}{2} A B A_1^2 \left(R^2 \frac{\cos\theta_i}{\rho_1 c_1} + D^2 \frac{\cos\theta_t}{\rho_2 c_2} \right) \tag{2.85}$$

由于

$$R^2 + \frac{Z_{1n}}{Z_{2n}} D^2 = 1 \quad \rightarrow \quad \frac{\rho_2 c_2}{\cos\theta_t} R^2 + \frac{\rho_1 c_1}{\cos\theta_i} D^2 = \frac{\rho_2 c_2}{\cos\theta_t}$$

得到

$$\frac{\cos\theta_i}{\rho_1 c_1} R^2 + \frac{\cos\theta_t}{\rho_2 c_2} D^2 = \frac{\cos\theta_i}{\rho_1 c_1}$$

于是

$$S_1 I_r + S_2 I_t = \frac{1}{2} A B A_1^2 \left(R^2 \frac{\cos\theta_i}{\rho_1 c_1} + D^2 \frac{\cos\theta_t}{\rho_2 c_2} \right) = \frac{1}{2} A B A_1^2 \frac{\cos\theta_i}{\rho_1 c_1} = S_1 I_i$$

由于斜入射时,波阵面面积会有变化,则定义功率透射系数描述声能量对界面的透射能力,就是上面得到的折射波与入射波的声功率之比

$$T_w = \frac{W_t}{W_i} = \frac{S_2 I_t}{S_1 I_i} = \frac{Z_{1n}}{Z_{2n}} D^2 = \frac{4 \rho_1 c_1 \rho_2 c_2 \cos\theta_i \cos\theta_t}{(\rho_2 c_2 \cos\theta_i + \rho_1 c_1 \cos\theta_t)^2} \tag{2.86}$$

习　　题

1. 已知,两个声压幅值之比为 2,5,10,100,求它们声压级的差;若它们的声压级之差为 1 dB,3 dB,6 dB,10 dB 时,它们的声压幅值之比又是多少?

2. 房间内有 n 个人各自无关地说话,假如每个人单独说话时在某位置均产生声压级为 SPL_0 dB 的声音,那么,当 n 个人同时说话时在该位置上的总声压级是多少?

3. 一水下声源发射信号,在场点测得的声压级为 $SPL = 80$ dB,已知该点的海洋环境噪声级为 $NL = 70$ dB,问测试点处的信噪比是多少? 在场点向声源移动后测得的声压级提高到 $SPL = 90$ dB 时,信噪比提高了多少?

4. 在空气中,频率 $f_0 = 1$ kHz,$SPL = 0$ dB 的平面波声场中质点位移幅值、质点速度幅值、声压幅值及平均能量密度各为多少? 如果 $SPL = 120$ dB,上述各量又为多少? 为了使质点振速达到与声速(空气中)相同的数值,需多大声压级?

5. 如果在水中与空气中具有同样大小的平面波质点振速幅值,问水中的声强比空气中声强大多少倍?

6. 一水下传播的平面声波,测得某场点的声强为 $I = \frac{2}{3} \times 10^{-2}$ W/m²,其有效声压和声压级 SPL 各为多少? (参考声压 $p_{ref} = 1$ μPa;对于水:$\rho = 1\,000$ kg/m³)

7. 半径 $a = 5 \times 10^{-2}$ m 的脉动球形声源以工作频率 $f_0 = 5$ kHz 向水中辐射均匀球面波,设声源表面质点振速幅值 $|U_a| = 2 \times 10^{-2}$ m/s。问此声源在距其声学中心 $r = 20$ m 处产生的声压级 SPL 为多少[对于水:$\rho c = 1.5 \times 10^6$ kg/(m²·s)]?

8. 坐标原点有一点声源辐射均匀球面波,以距原点 r 处为参考点,求距离为 $2r,4r,10r$ 等位置上的声压级之差为多少? 在距原点 1 m 和 100 m 处,分别向 r 正方向移动 $r = 1$ m,得到的声压级变化量各为多少?

9. 一半径 $a = 0.1$ m、表面上的质点振速为 u_0 的脉动球形声源向水中($c = 1\,500$ m/s)辐射

均匀球面波,当声源的振动频率为 $f_1 = 15\text{ kHz}, f_2 = 0.75\text{ kHz}$ 时,分别满足高、低频辐射条件 $k_1 a \gg 1$ 和 $k_2 a \ll 1$,请问这两种情况下其远场的辐射声压级改变了多少?

10. 题设同第 7 题,换作脉动柱形声源且工作频率 $f_0 = 1\text{ kHz}$(均匀柱面波声场)后的结果是什么?

11. 题设同第 9 题,换作脉动柱形声源(均匀柱面波声场)后的结果是什么?

12. 平面波入射到两种介质的分界面上,上层和下层介质的声特性阻抗分别为 z_1, z_2,当满足什么条件时,该边界为绝对软、硬边界? 在垂直入射时相应的声压反射系数 R 和折射系数 D 是多少?

13. 求平面波由空气垂直入射于水面时、以及由水面垂直入射于空气时反射声压和声强透射系数。

14. 平面波由空气以 $\theta_i = 30°$ 入射于水面时折射波的折射角为多少? 分界面上反射波与入射波声压之比为多少? 平均声能量流透射系数为多少?

第3章 声呐方程及其应用

在由声源、接收器和介质构成的声传播空间中,可用声呐方程确定声波在流体介质中能量传播的规律。声呐方程是描述声呐系统发射与接收声波性能、信道影响和目标回波特性之间能量关系的基本方程。本章首先围绕声呐方程了解声呐的工作原理、基本参数与应用,再由后面各章讲述声呐参数和传播特性的关系。

3.1 声呐原理与声呐方程概述

3.1.1 声呐工作原理

声呐的工作方式一般分为主动和被动两种工作方式,下面以探测水下目标为例说明声呐的工作原理。

声呐的主动工作方式如同雷达一样,更形象地说主动声呐像一个"探照灯",所不同的只是它工作于水中,不是用电磁波而是利用声波去探测目标的。在主动工作方式下,声呐通过其信号产生与发射装置(发射机、声学基阵)向介质(海水)中发射具有一定功率和具有某种特征的声信号。这个信号在海洋信道中按照确定的规律传播,一方面,其能量逐渐衰减,另一方面还将受到信道中各种因素的干扰和影响。

当发射信号在介质中遇到障碍物(目标)时,声波与目标相互作用后会产生反射波和声散射,反射波作为回波信号再经由信道传至声呐信号接收装置(声学基阵、信号接收机)。在信号接收器接收信号过程中,同时还收到信道中的其他干扰信号。对于主动声呐而言,干扰信号有两类:一是介质中的噪声干扰;另一类是依赖于发射信号的非独立干扰——混响。主动声呐的接收机要在这些干扰的背景上检测出目标回波信号,从而达到其工作目的,图3-1和图3-2分别表示了主动声呐和被动声呐的工作方式与涉及的声呐参数。

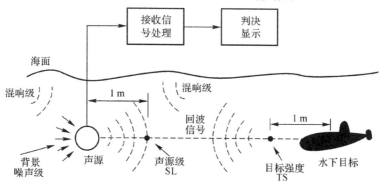

图3-1 主动声呐工作原理

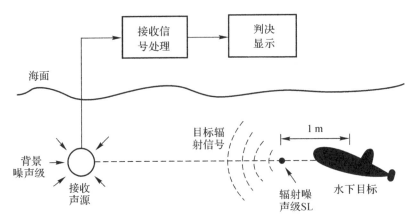

图 3-2 被动声呐工作原理

声呐的被动工作方式如同人耳，或者说如同收音机一样，它不发射信号，只通过在噪声背景环境下接收海洋中的目标辐射声波来确定目标的存在与否、目标的方位等特征。

3.1.2 声呐方程

声呐方程是声呐工作过程中所有对声呐工作有影响的参数之间的能量数值关系，或者说是一个基本等式。用一个较为概念化的定义来表述：声呐方程是根据声呐系统的信息流程，按照某种原则将声呐参数组合在一起而得到的一个"将介质、目标和设备的作用综合在一起"的关系式。

在声呐接收到的目标信号与背景干扰信号相抵后，刚好能够完成某种职能，比如，检测到一个水下目标，或者说在确定信噪比条件下达到了检测门限，这时，我们说声呐的信号符合确定的等式关系，这一等式关系就是所谓的声呐方程。比照生活中的例子，如探照灯刚好能够捕获到飞行物时、猎人隐约地听到猎物的动静时，则就是这类系统"刚好能够完成检测职能"的时刻。

设想用于某种目的的声呐（检测、识别目标和水声通信等等），每一种目的都有其自身所要求的信噪比，或者信号与背景的能量比。这一信噪比取决于所要完成的职能，也取决于系统所要求的性能（检测、虚警概率和误码率等等），当其接收信号时，随着有用信号的逐步增强，相当于这个信号在背景中逐渐增大。当信号能量大到与背景干扰相抵后刚好满足声呐完成该职能的最低要求时，就形成了上面所说的等式关系。以检测目标为例：

回波信号级－背景干扰级＝检测阈

这个等式关系就是声呐方程。一方面，需要说明的是等式中的"级"是用 dB 表示的单位，反映信号的能量。另一方面，以水下目标检测为例，当目标接近或远离声呐时，上述等式只在某一瞬时成立。在近距离上，回波信号能量将超过背景掩蔽能量，而在远距离上恰好相反。只有当等式成立的时刻，声呐所预定的功能正好实现。

声呐方程中涉及的基本参数及相关名词包括：

(1)声源级(SL,Source Level)；

(2)传播损失(TL,Transmission Loss)；

(3)目标强度(TS,Target Strength)；

（4）海洋环境噪声级（NL，Noise Level）；

（5）等效平面波混响级（RL，Reverberation Level）；

（6）接收指向性指数（DI，Directivity Index）；

（7）检测阈（DT，Detection Threshold）。

3.2　声呐方程的建立

本节以主动声呐系统为模型来建立主动声呐方程，稍后可方便地得出被动声呐方程。主动和被动工作方式的最大区别是，被动方式下声源级变为目标的辐射噪声级，传播损失只有单程，背景掩蔽级中不考虑混响干扰。

由前面所述，主动声呐完成某一职能涉及的三个因素：一是回波信号强度，二是背景干扰强度，三是接收机的检测标准。下面由此三个因素出发并根据上面所列关系导出主动声呐方程。

3.2.1　回波信号强度

设一无方向性水下声源，向介质中全向发射均匀球面声波（见图 3-3），定义距离声源的等效声学中心 1 m 处测出声强为发射信号声强 I_s，水下目标 T 是半径为 a 的刚性球体（$a \gg \lambda$），发射信号由声源传播至目标处后声强衰减为

$$I_T = \eta I_s \quad (0 < \eta < 1) \tag{3.1}$$

式中，η 为传播衰减因子。假定，远场条件下传播到目标处的声波为平面波，这一平面波入射到目标后被其截获的能量又全部以均匀球面波的形式反射出来（二次辐射）。目标从入射平面波截获的能量用声功率表示（截获声功率＝入射波声强×截获面积）

$$W_r = \eta I_s \pi a^2 \tag{3.2}$$

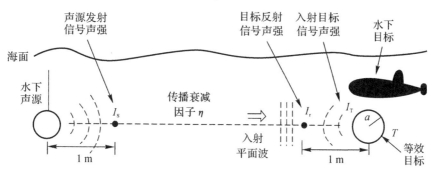

图 3-3　主动声呐探测示意图

这一能量被目标吸收后完全地二次辐射出去，则反射信号在距目标 1 m 处的声强为

$$I_r = \frac{W_r}{S|_{r=1\,m}} = \frac{\eta I_s \pi a^2}{4\pi \times 1^2} = \eta I_s \frac{a^2}{4} \tag{3.3}$$

如果声呐是收发合置的，反射波将沿入射波的路径反向传播回声呐接收装置，则声呐获得的回波信号声强为

$$I_e = \eta I_r = \eta^2 I_s \frac{a^2}{4} \tag{3.4}$$

对式（3.4）取分贝表示，等式两边同除参考声强后再取对数，得

$$10\lg \frac{I_e}{I_{ref}}=10\lg\left(\frac{I_S}{I_{ref}}\eta^2\frac{a^2}{4}\right)=10\lg \frac{I_S}{I_{ref}}+10\lg \eta^2+10\lg \frac{a^2}{4} \tag{3.5}$$

给上式各项以特定的符号并说明意义:

$$EL=10\lg \frac{I_e}{I_{ref}}$$

称为回波信号级,声呐接收到的回波信号声强的分贝表示。

$$SL=10\lg \frac{I_S}{I_{ref}}$$

为发射声源级,距声源等效声学中心 1 m 处测得的发射信号强度。

$$TL=-10\lg\eta$$

为传播衰减级(传播损失),发射信号传播到目标处或目标反射信号传播到接收器处的信号强度比的分贝数。

需要指出的是,传播衰减级是一个正值,按照上述定义有

$$TL=10\lg \frac{I_S(1\ m)}{I_T(r)}=10\lg \frac{I_r(1\ m)}{I_e(r)} \tag{3.6}$$

而衰减系数的定义正好相反,由式(3.1)得

$$\eta=\frac{I_T(r)}{I_S(1\ m)}=\frac{I_e(r)}{I_r(1\ m)} \tag{3.7}$$

因此 $TL=-10\lg\eta$。

$$TS=10\lg \frac{a^2}{4}$$

为目标强度级,是距目标声学中心 1 m 处的反射波与入射波声强之比的分贝数。实际上,前面已经看到:

$$\frac{a^2}{4}=\frac{I_r}{\eta I_S}$$

综上所述,得到回波信号级的表示式:

$$EL=SL-2TL+TS \tag{3.8}$$

式(3.8)表明:回波信号级由声源强度、传播损失和目标强度构成。

3.2.2 背景干扰强度

声呐在接收信号的过程中会受到海洋环境的干扰,接收的干扰信号有两类,包括噪声干扰和由主动声呐发射信号形成的混响干扰。

1.噪声干扰的能量表示——噪声级

噪声通常又可以分为环境背景噪声、自噪声、流噪声和电磁噪声等,对噪声信号的能量描述采用噪声级表示,其定义与声源级类似。由于噪声的能量具有频率分布特性,因此在定义和表示时又分为噪声频谱级(谱级)和噪声频带级(带级)。如果声呐系统在频率 f_0 附近 1 Hz 带宽内接收到噪声源的辐射噪声声强为 I_N,则作用到声呐上的噪声信号谱级定义为

$$NL_s=10\lg \frac{I_N}{I_{ref}} \tag{3.9}$$

式中,I_{ref} 为参考声强,谱级的单位是 dB re 1μPa·Hz·m,re 1μPa·Hz·m 表示参考声强的基准是由 1 μPa 的平面波声压在 1 Hz 频率带宽上距离噪声源 1 m 处测定。对于环境噪声,通

常不用考虑 1 m 的限制。Knudsen[4] 最早对 100 Hz～25 kHz 的海洋环境噪声作了总结,给出了 Knudsen 曲线如图 3-4 所示(其中海况可参见图 5-6),以后又有了不少改进和补充(参见图 8-18)。

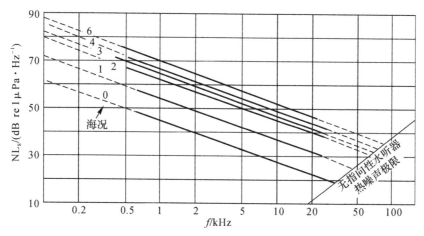

图 3-4　海洋环境噪声谱级随频率的分布

带级是 f_0 附近某一频带 Δf 内的噪声声强,如果在频带 Δf 内的噪声声强平均值是 I_N,则频带级可表示为

$$NL_B = 10\lg \frac{I_N \Delta f}{I_{ref}} = NL_s + 10\lg \Delta f \tag{3.10}$$

式中,Δf 的单位为 Hz。在建立声呐方程的过程中,默认声呐的带宽是 Δf,因此噪声级应当采用带级。

例题 3-1　采用一灵敏度级 $M_e L = -180$ dB 的声呐水听器观测海洋噪声,水听器输出经由放大量 $\beta = 80$ dB、频带宽度 $\Delta f = 50$ Hz 的滤波器处理后,观测的电压有效值为 $(V_e)_o = 100$ mV,问该海区噪声的带级、谱级和噪声声压有效值各为多少?

解　水听器接收电压灵敏度级是这样定义的

$$M_e L = 20\lg \frac{M_e}{(M_e)_{ref}}$$

其中,接收电压灵敏度 $M_e = V_e / p_N$ 表示当水听器在 Δf 内接收端噪声场声压有效值为 p_N 时其输出端的输出电压有效值为 V_e,参考值 $(M_e)_{ref} = 1(V)/1(\mu Pa)$,于是

$$M_e L = 20\lg \frac{V_e}{p_N} - 120$$

另外,$\beta = 20\lg \frac{(V_e)_o}{V_e}$,得到在 Δf 内水听器输入端声压有效值为

$$p_N = (V_e)_o 10^{-\frac{M_e L + 120 + \beta}{20}} = 0.01 \text{ (Pa)}$$

频带噪声级

$$NL_B = 20\lg \frac{p_N}{p_{ref}} = 20\lg \frac{0.01}{10^{-6}} = 80 \text{ (dB)}$$

相应的噪声谱级

$$NL_s = NL_B - 10\lg \Delta f = 63 \text{ (dB)}$$

由式(3.9),噪声声压有效值是对应于噪声谱级的,即

$$p_e = p_{ref}10^{\frac{NL_S}{20}} = 1.4 \times 10^{-3} (Pa)$$

当声呐系统接收信号具有方向性时应当对噪声级进行修正。

当声源发射或接收信号是具有方向性的,则称之为指向性。声呐系统接收信号是否具有指向性,对其受噪声干扰将有不同影响,其物理含义是显而易见的。没有指向性的接收器将从全方位接收噪声干扰;而具有指向性的接收器只从某些方位上接收到噪声干扰,即声呐系统的指向性可以对空间的噪声干扰进行一定的抑制。

为了描述声源的指向性,引入指向性指数 DI,单位是 dB,若声源无指向性则其 DI=0。先从接收信号的角度了解指向性指数这个参数的意义,图 3-5 表示了声源有无指向性时接收信号的空间响应差异。在声呐方程中用指向性指数 DI 表征声呐的指向性指标,从对噪声的抑制角度,这个参数的定义为

$$DI = NL - NL_D \tag{3.11}$$

式中,NL 表示无指向性接收器从各向同性噪声场中测得的噪声级;NL_D 表示具有指向性的声源从各向同性噪声场中接收到的噪声信号级。在一般情况下默认声呐系统具有指向性,因此其声源接收到的噪声级就是

$$NL_D = NL - DI \tag{3.12}$$

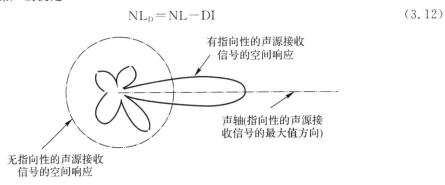

图 3-5　声呐系统的指向性示意图

2. 混响干扰的能量表示——混响级

对主动声呐系统而言,在发射信号后,海水介质中的微粒、各种散射物、海底和海面都会对声波产生反射(散射)。在声呐发射结束后开始接收信号,将收到由这些散射物产生的强度起伏的散射声干扰,称为混响。

定义混响是海洋介质中随机非均匀分布的散射体的散射波在主动声呐接收机输入端的响应。按照散射体的对混响能量的贡献范围,将混响划分为体积混响、海面混响和海底混响。对混响特性的讨论包括能量特性和统计特性,在建立声呐方程的过程中,只讨论其能量特性。

对混响能量描述采用混响级 RL 表示,其定义也与声源级类似,假定声呐发射信号后 t 时刻由介质散射的回波信号以等效平面波的形式被声呐接收,其声强为 I_B,则接收的混响级为

$$RL = 10lg\frac{I_B}{I_{ref}} \tag{3.13}$$

需要说明的是,混响干扰与声呐系统发射声波的传播距离有关,或者说混响随着声波传播距离的变化是变量,一般认为,体积混响级与传播距离的二次方成反比(如同球面波扩展规律),这样,对声呐系统而言,接收到的近距离回波信号受到混响的干扰较之远距离回波的混响

干扰要大。另外,由于混响是由发射信号产生的,其能量和信号特征均与声呐产生的信号相互关联,这是混响与噪声干扰的显著区别。

3.2.3　接收系统的检测能力——检测阈 DT

1. 检测阈

无论是主动声呐系统接收目标反射的回波信号、还是被动声呐系统接收目标辐射的声信号,总是在噪声或混响背景上进行检测的。对声呐系统来说,首先要判别的是在干扰背景上是否有信号存在,为了在数量上反映声呐系统的这种性能,给出一个能量判据称为检测阈 DT,其意义是,在某一给定的置信度(概率判据)下,声呐系统判断目标"有"或"无"时所需要的接收机输入端的信噪比(信混比),它可以表示为

$$DT = 10\lg \frac{S}{N} \tag{3.14}$$

式中,S 为接收系统输入端接收信号带宽内的信号功率;N 为接收系统输入端接收带宽内的噪声功率。下面将说明,检测阈 DT 是反映声呐系统信号处理能力的一个参数。

2. 检测指数

当接收机输入端确有目标信号时,可能做出"有目标"或"无目标"的判别,而接收机输入端没有信号时,也有这两种判别。在确有目标信号并且接收机也判别"有目标"的概率称为检测概率 $P(D)$,在没有目标信号而接收机错误判别"有目标"的概率称为虚警概率 $P(FA)$,那么,接收机在什么情况下去完成这种判决呢? 实际上,在判决过程中是需要规定一个"判决准则——阈值"的,超过阈值时才可以做出"有目标"判决。显然,这个阈值的设定必须具有合理性,阈值设定太高,只有目标回波强的信号才能被检测到;而阈值设定太低,则虚警太多。于是,定义了一个与阈值、检测概率、虚警概率相关的参数(类似阈值),称为检测指数 d,有

$$d = \frac{[M(S+N) - M(N)]^2}{\sigma^2} \tag{3.15}$$

式中,$M(S+N)$ 为接收机输出端测得的信号加噪声的均值;$M(N)$ 为输出噪声均值;同时假定噪声和信号加噪声都是服从高斯分布的,其均方差为 σ^2,由此可见,检测指数 d 实质上就是接收机输出端的信噪比。

反映检测指数、检测概率和虚警概率三者之间关系的曲线称为接收机工作特性(ROC)曲线,如图 3-6 所示。对于确定的检测指数值 d,检测概率和虚警概率具有明确的关系,或者说,ROC 曲线是以接收机输出信噪比为参量的 $P(D)-P(FA)$ 曲线。例如,当要求系统的检测概率 $P(D)=96\%$、虚警概率 $P(FA)=4\%$ 时;或 $P(D)=80\%$,$P(FA)=0.3\%$ 时,检测指数大约为 $d=14$。

根据接收机的特性可进一步确定检测阈 DT 的表示,按照在噪声背景下的信号确知(典型的例子是噪声背景条件下的主动声呐信号检测)和高斯白噪声背景下的信号完全未知(典型的例子是高斯白噪声背景下的被动声呐信号检测)两种情况,分别可以用检测指数 d、声呐发射信号的时宽 T 和接收机工作频带宽度 B 来表示检测阈,有

$$DT = 10\lg \frac{d}{2BT} \tag{3.16}$$

$$DT = 5\lg \frac{d}{BT} \tag{3.17}$$

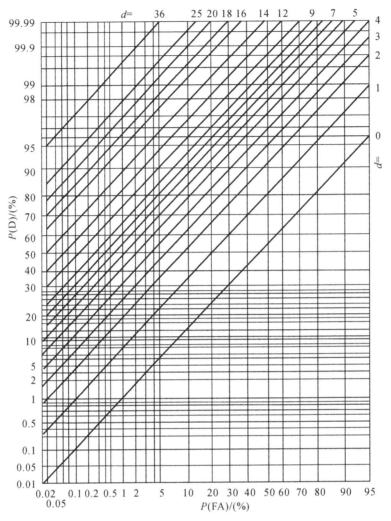

图 3-6 概率坐标下的接收机工作特性曲线

可以用图 3-7 表示声呐接收系统的结构。

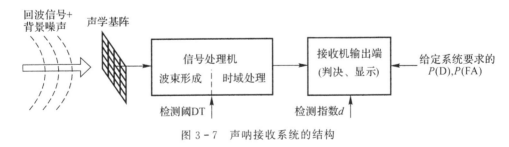

图 3-7 声呐接收系统的结构

由图 3-7 可进一步明确,DT 是在声呐信号处理机完成了波束形成获得空域处理增益后的信噪比。同时,这一信噪比又必须由系统后段的处理能力来确定,也就是说,需要根据声呐完成确定职能所要求的 $P(D)$,$P(FA)$ 和 d 去规定 DT 的取值大小。比如由 ROC 曲线和式 (3.16),同样结构的信号处理机,当要求在 $P(FA)=0.2$,$P(D)=0.5$ 时完成目标检测和要求

在 $P(\mathrm{FA})=0.01$、$P(\mathrm{D})=0.95$ 时完成目标检测,后者对 DT 的要求较前者高出 12 dB,从这一意义上说,DT 反映了声呐系统信号处理的能力。另外,由于 DT 的值与信号带宽、时宽密切相关,不同的声呐系统的信号处理结构大不相同,因此也不能笼统地说"DT 值越低,说明声呐系统的处理能力越强"。

需要指出的是,对于依靠视觉、听觉进行信号检测的系统,比如观测示波器等,有时也会用到"检测阈 DT"的表述,在这种情况下"检测阈 DT"又称为识别系数,是定义在接收机输出端的,相当于信号余量(SE,Signal Excess)。表示观测人员判断有信号所必需的最小输出信噪比。例如可能的要求是 DT≥3 dB 等等,但这个"检测阈 DT"是在获得了信号处理机增益的基础上定义的,不应与式(3.14)混淆。

3.2.4　声呐方程的建立

1. 主动声呐方程

假定声呐系统静止于水下,它的发射器和接收器为同一声源,声呐工作在各向同性的噪声背景中。由前所述,在噪声背景条件下的声呐方程给出了回波信号、背景噪声和检测条件之间的能量关系式,即

$$回波信号级－背景干扰级＝检测阈$$

通过前面的讨论,已经分别得到了这三项要素,代入后就是噪声背景下的主动声呐方程:

$$(\mathrm{SL}-2\mathrm{TL}+\mathrm{TS})-(\mathrm{NL}-\mathrm{DI})=\mathrm{DT} \tag{3.18}$$

当声呐工作在混响背景中时,式(3.18)的噪声背景变为混响背景,将 RL 取代 NL,得到混响背景下的主动声呐方程为

$$(\mathrm{SL}-2\mathrm{TL}+\mathrm{TS})-\mathrm{RL}=\mathrm{DT} \tag{3.19}$$

至于什么情况时应用噪声背景条件和混响背景条件下的声呐方程,可以通过图 3-8 说明。由于混响背景的强度是一个随距离变化的量,而噪声背景不随距离变化,因此在不同的距离上,两种干扰对回波信号的影响程度是不一样的。

另外,回波信号声强和混响信号声强随着距离的变化率也不同,简要说明如下:假定同一声源,其辐射声功率 W,如果不考虑介质的吸收损耗,在作用到水下目标后的回波信号声强可表示为

$$I_{\mathrm{e}}=A\frac{W}{(4\pi r^2)^2}k_{\mathrm{T}} \tag{3.20}$$

式中,A 为与距离无关的常数;k_{T} 是目标反射信号系数(其分贝值是目标强度);而同样距离的混响信号声强可表示为

$$I_{\mathrm{B}}=B\frac{W}{4\pi r^n}k_{\mathrm{V}} \tag{3.21}$$

式中,B 为与距离无关的常数;k_{V} 是介质散射信号系数(其分贝值是散射强度);n 依照散射介质为体积或界面取 2~3 或 4。于是,回波信号级与混响级相比较随距离的衰减更快,就形成图3-8所示的现象。

在图 3-8 所示噪声背景 Ⅰ 的情况下,当 $r \geqslant r_4$ 时,影响声呐的干扰以噪声为主,当 $r \leqslant r_4$ 时,影响声呐的干扰以混响为主;而在噪声背景 Ⅱ 的情况下,当 $r \geqslant r_1$ 时,影响声呐的干扰以噪声为主,当 $r \leqslant r_1$ 时,影响声呐的干扰以混响为主。

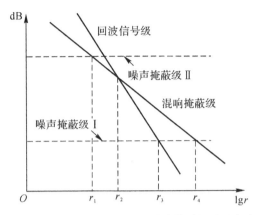

图 3-8　回波信号级、混响信号级和噪声信号级随距离变化曲线

例题 3-2　一主动声呐在噪声背景下探测水下目标,其自噪声级(谱级)为 $\mathrm{NL_{S1}}=55\ \mathrm{dB}$,海洋环境噪声级(谱级)为 $\mathrm{NL_{S2}}=50\ \mathrm{dB}$,声呐的发射信号声源级为 210 dB,指向性指数为 15 dB,其发射信号的脉冲宽度 $T=0.8\ \mathrm{s}$,工作频率带宽 $B=1\ \mathrm{kHz}$,设定检测概率 90% 时有 4% 的虚警概率,海洋中的声波传播损失按照 $\mathrm{TL}=20\lg r+3\ \mathrm{dB/km}$ 计算,问此声呐能否探测到 4 km 处目标强度为 8 dB 的水下目标?

解　根据主动声呐方程:

$$(\mathrm{SL}-2\mathrm{TL}+\mathrm{TS})-(\mathrm{NL}-\mathrm{DI})=\mathrm{DT}$$

按照题设,SL=210 dB,DI=15 dB,通过图 3-6 可查出检测指数为 $d=10$,假定这部声呐信号处理机决定的检测阈可由式(3.16)表示,有

$$\mathrm{DT}=10\lg\frac{d}{2BT}=-22\ (\mathrm{dB})$$

噪声干扰的计算要将两种噪声源的影响一起考虑,如果没有特别说明,一般都认为题设的噪声声强为工作带宽内的平均声强,因此总的噪声级为

$$\mathrm{NL}=10\lg(10^{\frac{\mathrm{NL_{s1}}}{10}}+10^{\frac{\mathrm{NL_{s2}}}{10}})+10\lg B=86.2\ (\mathrm{dB})$$

当声呐作用距离 $r=4\ \mathrm{km}$ 时,传播损失 $\mathrm{TL}=20\lg 4\,000+4\times3\approx84\ (\mathrm{dB})$。

这样,声呐方程等号左边的计算结果是

$$\mathrm{SL}-2\mathrm{TL}+\mathrm{TS}-\mathrm{NL}+\mathrm{DI}=-21.2\ (\mathrm{dB})$$

大于检测阈 DT,所以声呐在题设的条件下能够探测到该水下目标。

2. 被动声呐方程

当声呐工作在被动方式下,同样依照三个要素可建立被动声呐方程。这时,由于声呐不发射信号,声源级是由对方声源发射或由所要探测目标辐射的噪声产生的;此外,在被动工作时由于不发射信号,所以无混响干扰,信号只是单程传播。于是就得到被动声呐方程为

$$(\mathrm{SL}-\mathrm{TL})-(\mathrm{NL}-\mathrm{DI})=\mathrm{DT} \tag{3.22}$$

例题 3-3　一被动声呐在噪声背景下探测水下目标,已知在声呐工作频率上目标的辐射噪声谱级为 130 dB,海洋中的背景噪声级 $\mathrm{NL_s}=50\ \mathrm{dB}$,声波传播损失按照 $\mathrm{TL}=20\lg r+2\ \mathrm{dB/km}$ 计算。问:当声呐水听器的接收灵敏度级为 $\mathrm{MeL}=-180\ [\mathrm{dB\ re\ 1V/\mu Pa}]$、目标距离声呐 2 km 时声呐接收目标信号后的输出电压 V_e 为多少?

解　目标辐射声波传到场点产生的声压级是

$$SPL_T = SL - TL$$

相应的声压有效值为

$$p_e = p_{ref} \times 10^{\frac{SPL_T}{20}} = p_{ref} \times 10^{\frac{SL-TL}{20}}$$

而

$$V_e = p_e \times 10^{\frac{MeL+120}{20}}$$

于是

$$V_e = p_e \times 10^{\frac{MeL+120}{20}} = p_{ref} \times 10^{\frac{SL-TL}{20}} \times 10^{\frac{MeL+120}{20}} = p_{ref} \times 10^{\frac{SPL_T+MeL+120}{20}}$$

现在

$$SL = 130 \text{ (dB)}, \quad TL = 66 + 4 = 70 \text{ (dB)}$$

则

$$V_e = p_{ref} \times 10^{\frac{SPL_T+MeL+120}{20}} \approx 1 \text{ } \mu V$$

前面给出的是纯目标信号产生的输出电压,当考虑背景噪声时,二者须叠加作用,水听器接收端的声压级就是

$$SPL_{T+N} = 10 \lg \left(10^{\frac{SPL_T}{10}} + 10^{\frac{NL}{10}} \right) = 60.4 \text{ (dB)}$$

则

$$V_e = p_{ref} 10^{\frac{SPL_{T+N}+MeL+120}{20}} \approx 1.05 \text{ } (\mu V)$$

从另一角度看本例,当水听器未接收到目标信号时,其输出电压就是这个水听器在该频率上的背景噪声电压

$$(V_e)_N = p_{ref} 10^{\frac{NL+MeL+120}{20}} \approx 0.32 \text{ } (\mu V)$$

注意,在以上分析过程中未考虑声呐接收信号的工作频带宽度,如果规定了频带宽度,须作相应的修正。比如说,系统的带宽为 1 kHz,则水听器的背景噪声电压立刻升至 10 μV。

至此,完成了声呐方程的建立,从上面的例子中已经看到声呐方程在解决实际工程应用中的作用。

3.3　声呐方程的瞬态形式

在建立声呐方程的过程中采用回波信号级表示声呐发射、接收到回波信号后的声强是单位波阵面面积上的平均声功率。当声源的辐射为短脉冲信号,或者由于介质中的传播、目标的散射引起波形畸变和脉冲展宽时,这种对时间取平均得到的声强就会产生一定的误差。为此,可以将声强的表示式用能流密度的形式表示,回忆第 2 章的式(2.27)

$$I = \frac{\overline{E}}{S} = \overline{\varepsilon} c$$

式中,$\overline{\varepsilon}$ 是单位体积内的声能,上式如果改写为

$$I = \overline{\varepsilon} c = \frac{w^*}{T} \tag{3.23}$$

式中,w^* 为 T 时间间隔内的能流密度,这样就可将声源级按照这个能流密度来定义

$$SL = 10\lg w^* - 10\lg \tau_e \qquad (3.24)$$

现在就可将 w^* 认为是距离声源中心 1 m 处的能流密度,为了与原来声源级定义中参考声强对应,这个 w^* 应该取 1 s 时间区间内有效声压为 1 μPa 的平面波所产生的能流密度为参考; τ_e 是声源发射脉冲信号后声波在介质中传播的脉冲宽度,或是回声宽度。而声源在发射信号时产生的实际脉冲信号宽度为 τ_0,同样按照能流密度的定义,其"表观"声源级为

$$SL' = 10\lg w^* - 10\lg \tau_0 \qquad (3.25)$$

比较式(3.24)和式(3.25),供声呐方程使用的有效声源级为

$$SL = SL' + 10\lg(\tau_0/\tau_e) \qquad (3.26)$$

式中,τ_0 是声源产生"表观"声源级 SL' 时的发射信号脉冲宽度,对于长脉冲,$\tau_0 = \tau_e$,这种情况下 $SL = SL'$。而在短脉冲情况下,$\tau_0 < \tau_e$,有效声源级 SL 较 SL' 为小,所小的量为 $10\lg(\tau_0/\tau_e)$。从图 3-9 可以看出脉冲信号拖长的效应对声源级的影响,时宽 τ_0、声源级为 SL' 的短脉冲信号在声呐方程的计算中应当由声波在介质中传播的脉冲或回声时宽 τ_e 和有效声源级 SL 的等效脉冲信号取代。在保持能流密度声源级相同的情况下,这两个声源级的关系是

$$SL + 10\lg\tau_e = SL' + 10\lg\tau_0 \qquad (3.27)$$

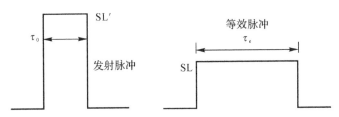

图 3-9　短脉冲信号的等效声源级

在声呐方程中,传播时的多途效应和目标反射过程的作用,使声源发射的脉冲信号在时间上被拖宽,导致声源级的降低。而方程中其他参数例如目标强度 TS 和传播损失 TL,尽管都是与声源发射信号声强相关联的量,但它们的取值是在长脉冲或连续波的情况下获得的,已把介质的多途效应及目标反射过程的作用包括了,因此不再考虑短脉冲情况下的修正。

3.4　声呐参数组合及声呐方程的应用

3.4.1　声呐参数组合

3.1 节已经介绍了声呐方程中涉及的声呐参数,通过学习,应不断地了解和掌握这些参数的意义和性质,以便在解决实际问题的过程中加以应用。本节将声呐参数作一归类和组合,实际上,并没有产生新的概念,只是这种组合在应用中经常会被提到。

声呐参数通常可以分为以下三类。

(1)由声呐设备自身所确定的参数,包括 SL——声源级、DT——检测阈、DI——指向性指数和 NL——自噪声级。

(2)由介质所确定的参数,包括 TL——传播衰减级、NL——背景噪声级和 RL——混响级。

（3）由目标所确定的参数,包括 TS——目标强度和 SL——目标辐射噪声级。

各参数的定义和物理意义前面已做了说明,这里不再赘述。

在实际应用中,为了方便,以及长期的使用习惯,常常对声呐方程中的诸参数作不同的组合,并给出相应的专用名称。在舰载声呐和其他声呐系统中有着测量和观测这些组合参数的装置与方法,以便迅速判断声呐的工作特性,我们只要了解一下这些概念即可。声呐参数的各种组合是:

回声信号级(EL,Echo Level):SL－2TL＋TS,主动声呐声源接收到的回声信号强度。

噪声掩蔽级:NL－DI＋DT,工作在噪声干扰中的声呐设备正常工作所需的最低信号级。

混响掩蔽级:RL＋DT,工作在混响干扰中的声呐设备正常工作所需的最低信号级。

回声余量(EE,Echo Excess):SL－2TL＋TS－(NL－DI＋DT),主动声呐回声级超过噪声掩蔽级的数量。

优质因数(FOM,Figure of Merit):SL－(NL－DI＋DT),对于被动声呐,该量规定最大允许单程传播损失;对于主动声呐,当 TS＝0 时,该量规定了最大允许双程传播损失。

品质因数(PF,Performance Figure):SL－(NL－DI),声源级与声呐接收换能器端测得的噪声级之差。

3.4.2　声呐方程的应用

声呐方程的应用可归纳为两大类,一类是为声呐系统系统的设计提供依据,另一类是对声呐的性能进行预报。

1.设计依据

在声呐系统的设计中,需要根据所要求的系统性能去确定一组声呐参数,以保证声呐完成确定的职能。一般情况下,系统的性能常常是在一定的海洋传播条件下用声呐作用距离来表达,这既可以根据给定的声源性能和传播条件去求解作用距离,也可由要求的作用距离去确定其他参数。

例题 3-4　以鱼雷导引头的主动声呐为例,它的工作频率是 f_0,在确定的航行深度和航速下其自身产生的自噪声是影响声呐工作的主要干扰源。假定其信号检测能力 DT＝－10 dB,要求能够在良好海洋环境下探测到 3 km 距离上 TS＝12 dB 的潜艇,应该对导引头的声呐提出什么要求?

解　显然,这是在规定了作用距离等一系列声呐参数要求后去确定声呐声源设计的问题,而作用距离是包含在传播损失中的,传播损失一般可表示为 $TL＝20\lg r＋ar×10^{-3}$,其中介质吸收系数 a[见式(5.13)定义]和自噪声级是与系统的工作频率密切相关的参数。如果在 f_0 附近某频段上工作的声呐在"良好海洋环境"下的 $α＝3.5$ dB/km,于是,TL＝80 dB;自噪声级(带级)可通过安装在导引头内的传感器测定,比如说达到 NL＝90 dB,在主动声呐方程中,与声源相关的参数就是

$$SL＋DI＝2TL－TS＋NL＋DT＝228 \text{ dB}$$

当在导引头设计中能够实现其空间处理增益(指向性指数)为 DI＝18 dB 时,必须确保声源级 SL≥210 dB;或如果能够实现声源级 SL＝215 dB,则其声学基阵的设计只须满足 DI≥13 dB,就可以达到设计要求。

2.性能预报

声呐性能预报作为一种"后验"方式,一般是在系统已经设计完成并已投入使用后,希望通过声呐方程预报在各种条件下的性能,或者验证其设计的性能是否达标。通常采用优质因数(FOM)作为性能预报参数,因为在声呐方程满足的瞬时,优质因数等于传播损失,所以它给出了一个实时的作用距离指示,在此距离上声呐检测到了目标,或者完成了其他规定的职能。

对于被动声呐方程,FOM定义为目标参数为 SL 时的优质因数,这里的目标参数是指目标辐射噪声声源级,有

$$FOM = SL - NL + DI - DT = TL \tag{3.28}$$

在噪声背景下的主动声呐方程中,FOM 定义为目标参数为 TS 时的优质因数,有

$$FOM = SL + TS - NL + DI - DT = 2TL \tag{3.29}$$

一旦声呐系统的设计完成,在确定的干扰条件(比如自噪声级)和目标条件(辐射噪声级或目标强度)下其 FOM 就是确定值,预报作用距离时,使传播损失等于 FOM,然后根据具体的传播环境进行换算即可。

例题 3 - 5 以舰艇上装载的探潜声呐为例,一潜艇航行过程中的低频段辐射噪声级平均为 130 dB,被远处这个频段上侦听的探潜声呐捕获。侦听声呐在该频段的工作带宽 $B = 1$ kHz,接收信号时宽(能量累积时长)$T = 8$ s,指向性指数 DI $= 18$ dB,当检测概率为 60%、虚警概率为 10% 时,试预报该声呐的作用距离。

解 其检测指数按照图 3-6 就是 $d = 3$,声呐检测阈可按照式(3.17)计算:

$$DT = 5\lg \frac{d}{BT} \approx -17 \text{ dB}$$

如果海区在声呐工作频段上的背景噪声谱级 $NL_s = 45$ dB,FOM 就可确定为

$$FOM = SL - NL + DI - DT = 130 - 75 + 18 + 17 = 90 \text{ dB}$$

现在,按照声呐具有的优质因数即可方便地预报它对这个目标的作用距离,比如说,海区的传播特性是球面扩展加上低频段介质吸收损耗(见图 5-3)可表示为

$$TL = 20\lg r + 0.01r \times 10^{-3}$$

则根据 $TL = FOM = 90$ dB 得到探潜声呐捕获潜艇的作用距离 $r = 30$ km。

声呐性能预报的另一项功能是预测声呐系统的最佳工作频率,这个"最佳"一般是特指针对作用距离的,事实上在特定的传播条件和目标特性情况下,声呐在不同频率上探测目标时,往往能够发现在某一频率点可实现最大作用距离,这一频率便是声呐在该传播条件和目标特性下的最佳频率。由于优质因数所表示的声呐参数均和频率相关,而在确定的传播条件下,传播损失又是频率和作用距离的函数,这样,在等式 $TL = FOM$ 两端对频率求导,并令 $dr/df = 0$,就得到满足最大作用距离条件下的频率方程,其解就是所求最佳频率。假定传播损失的表达式为

$$TL = 20\lg r + m f^n r \times 10^{-3} = FOM$$

其中,m,n 都是常数,上式微分后令 $dr/df = 0$,得

$$mn f_0^{n-1} r_0 \times 10^{-3} = \frac{d(FOM)}{df}$$

式中,f_0 为所求最佳频率;r_0 为最大作用距离;$\frac{d(FOM)}{df}$(dB/kHz)是优质因数随频率的变化率。由于 FOM 随 f 的变化量以 dB/kHz 计量不方便,在实际应用中,FOM,SL 包括 DI 等参

数的变化率用每倍频程上的分贝数更加通用,因此将其单位由 dB/kHz 转换为 dB/oct。根据倍频程带宽 Δf 与中心频率 f_0 之间的关系:$\Delta f = f_0/\sqrt{2}$,于是

$$\frac{f_0}{\sqrt{2}}\frac{\mathrm{d}(\mathrm{FOM})}{\mathrm{d}f}(\mathrm{dB/kHz}) = \frac{\mathrm{d}(\mathrm{FOM})}{\mathrm{d}f}(\mathrm{dB/oct})$$

这样上式表示为

$$\frac{mn}{\sqrt{2}}f_0^n r_0 = \frac{\mathrm{d}(\mathrm{FOM})}{\mathrm{d}f}$$

式中,FOM 随 f 的变化率 $\frac{\mathrm{d}(\mathrm{FOM})}{\mathrm{d}f}$ 的单位为 dB/oct;f_0 和 r_0 的单位分别是 kHz 和 km,求得的最佳频率为

$$f_0 = \left[\frac{\sqrt{2}}{mnr_0}\frac{\mathrm{d}(\mathrm{FOM})}{\mathrm{d}f}\right]^{\frac{1}{n}}(\mathrm{kHz})$$

f_0 作为 r_0 和 $\frac{\mathrm{d}(\mathrm{FOM})}{\mathrm{d}f}$ 的函数是随着这两个参数的变化而改变的,$\frac{\mathrm{d}(\mathrm{FOM})}{\mathrm{d}f}$ 确定后,f_0 就成为在最大作用距离下的最佳频率。

例题 3-6 还是以例题 3-5 的探潜声呐为例,设潜艇辐射噪声在该海区的传播损失规律为 $\mathrm{TL}=20\lg r+0.01f^2 r\times 10^{-3}$,试确定探潜声呐在对该潜艇的发现距离 $r_0=30$ km 时的最佳工作频率 f_0。

解 根据最佳频率表示式,代入参数 $n=2, m=0.01$,得到

$$f_0 = \left[\frac{\sqrt{2}}{2\times 0.01 r_0}\frac{\mathrm{d}(\mathrm{FOM})}{\mathrm{d}f}\right]^{\frac{1}{2}}(\mathrm{kHz})$$
$$\mathrm{FOM}=\mathrm{SL}-\mathrm{NL}+\mathrm{DI}-\mathrm{DT}$$

式中,辐射噪声级 SL、海洋背景噪声级 NL 和指向性指数 DI 都是频率的函数。一般情况下,潜艇的在低频段辐射噪声级随 f 变化率(参见表 8-2)为 -6 dB/oct,海洋背景噪声级 NL 随 f 变化率(见图 3-4)为 -5 dB/oct,如果探潜声呐采用线列阵,其 DI 随 f 变化率 $+3$ dB/oct (见图 4-16)。对频率微分后

$$\frac{\mathrm{d}(\mathrm{FOM})}{\mathrm{d}f}=\frac{\mathrm{d}(\mathrm{SL})}{\mathrm{d}f}-\frac{\mathrm{d}(\mathrm{NL})}{\mathrm{d}f}+\frac{\mathrm{d}(\mathrm{DI})}{\mathrm{d}f}-\frac{\mathrm{d}(\mathrm{DT})}{\mathrm{d}f}\approx -6+5+3+0=2\ (\mathrm{dB/oct})$$

于是,由 f_0 的表达式,取 $r_0=30$ km,得到 $f_0=2.17$ kHz。

习 题

1.在信号+噪声场中进行信号测量,已知信号与噪声互不相关,信号声压级为 SPL,测得总声压级为 SNL,二者的声压级之差为 $\Delta S_L=\mathrm{SNL}-\mathrm{SPL}(\mathrm{dB})$。问总声压级与噪声声压级之差 $\Delta \mathrm{SN}_L=\mathrm{SNL}-\mathrm{NL}$ 为多少?

2.对于有指向性声呐系统,其指向性因数为 R,如果其辐射声功率为 W,该声呐系统的辐射声源级为多少?若系统的接收指向性指数为 DI_R,给出其在主动工作方式下受噪声限制的声呐方程表示式。

3.收发合置主动式声呐全向发射声功率 $P_a=1$ kW 的声信号,目标距离 $r=2$ km,目标强

度 TS=15 dB;声传播以球面扩展方式并伴有 1 dB/km 的吸收损失。求声呐接收到的回波信号级。

4. 一潜艇在 $f_0=3$ kHz 的频率上辐射噪声声源级 120 dB,被一自噪声级 53 dB 的被动声呐探测到,设该声呐的指向性指数 DI=13 dB、检测阈—15.5 dB,此频段的海洋背景噪声级 62 dB。那么:

(1)当海洋中的声波传播损失按照 TL=20lg$r$ 计算时,该声呐可以探测到此水下目标的最大距离是多少?

(2)当传播损失按照 TL=20lg$r$+αr 计算,α=0.1 dB/km 时,最大检测距离又是多少?

5. 工作频率 $f_0=10$ kHz 的声呐对某水下目标的最大探测距离为 2 km,设影响探测的环境因素是噪声而非混响,传播损失为 TL=60+20lg$R$+αR,其中作用距离 R 的单位是 km,吸收系数 α=1 dB/km。请分析:

(1)如果声呐将声源级提高 10 dB,对此目标的探测距离变为多少?

(2)如果声呐的声源级不变,但将工作频率降为 $f_0=5$ kHz,此时 α=0.2 dB/km,这时对此目标的探测距离又变为多少?

6. 一回波重发器(假定其无指向性)在水下一定距离上模拟一强度为 TS 的目标回波。用声源级 SL 的声呐照射该回波重发器,假设传播损失是球面扩展加 3 dB/km 的吸收,当声呐与回波重发器相距 r=1 000 m 和 r=100 m 时,回波重发器应辐射的声功率之比是多少?

7. 一无指向性声学诱饵在一定距离上模拟 TS=25 dB 的水下目标回波。用声源级 SL=210 dB 的声呐照射该诱饵,假设传播损失是球面扩展加 3 dB/km 的吸收,当声呐与诱饵相距 r=1 km 时,诱饵应辐射的声功率是多少?

8. 一声呐系统在噪声与混响背景下检测信号,如果要求系统接收的回声信号级 EL 必须大于干扰级(见图 3-8),则在确定的混响背景和不同的噪声背景条件下,系统的最大作用距离 r_{max} 分别为多少? 相应的声呐方程为哪种类型?

第4章 声源的辐射与接收

本章开始将详细讨论声呐方程中各参数所涉及的基本问题。本章主要讲述声源的辐射与声波接收。要详细分析声源的辐射是非常复杂的问题，就最简单的球形和柱形声源来说，也可以由脉动、摆动和表面振动不等幅不同相等多种振动方式产生的辐射形式。再比如，对于平面辐射器，也须考虑是否具有障板、辐射表面的振动是均匀还是任意分布等产生的声辐射，当然还有任意形状声源的声辐射，等等。在此，仅讨论最基本和具有代表性的情况。

4.1 点声源与任意声源的声场

讨论点声源的辐射在理论上有很重要的意义。这是由于大多数任意形状的声源在低频（波长远大于声源尺度）辐射时可视为点声源；而当不满足低频条件时，根据惠更斯原理可以将声源表面分为许多小面积声源，每个面元视为等效点声源，声场的确定就可以由声源上所有点源在场点的辐射声场叠加完成。作为声源声辐射的基本问题，本节还要对辐射过程中声源与流体介质相互作用的问题进行讨论，由此引入辐射阻抗的概念，为声源在辐射声波时产生辐射声功率和无功声抗的分析奠定基础。

4.1.1 点声源

在讨论点声源的辐射前先引入声源强度的概念。

1. 声源强度

在流体力学中，将流场中某一确定封闭曲面 S 与 S 上每一点流体速度法向分量 u_n 的乘积称为通过 S 的流量，或者"容积速度"（见图 $4-1$），表示为

$$Q = Su_n \tag{4.1}$$

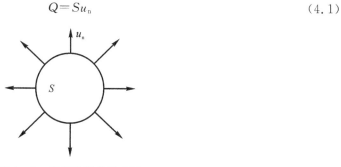

图 $4-1$ 容积速度的示意图

为了更方便地表示声场，声学中也常用容积速度的幅值表示声源的辐射量，即声源强度。

对于一个脉动球形声源,如果其半径是 r_a,声源表面上的质点振速幅值为 u_{a0},则该声源的声源强度定义为

$$Q_0 = Su_r = 4\pi r_a^2 u_{a0} \tag{4.2}$$

式中,S 是声源辐射面的面积;$u_r = u_0$ 是声源表面上的法向振速幅值。

现在采用声源强度来表示脉动球形声源的声场,由第 2 章已给出的式(2.46)、式(2.48),脉动球形声源产生的均匀球面波声场为

$$p(r,t) = \frac{A}{r} e^{j(\omega t - kr)}$$

式中

$$A = \frac{jk\rho c r_a^2}{1 + jkr_a} u_{a0} = |A| e^{j\theta}$$

并且

$$|A| = \frac{k\rho c r_a^2 u_{a0}}{\sqrt{1 + (kr_a)^2}}, \quad \theta = \arctan\frac{1}{kr_a}$$

代入上面声源强度的表达式(4.2)后就有

$$|A| = \frac{Q_0}{4\pi} \frac{\rho ck}{\sqrt{1 + (kr_a)^2}} \tag{4.3}$$

于是,脉动球形声源的声压函数又可表示为

$$p(r,t) = \frac{Q_0}{4\pi r} \frac{\rho ck}{\sqrt{1 + (kr_a)^2}} e^{j(\omega t - kr + \theta)} \tag{4.4}$$

有了容积速度的表达式便可以方便地表示一些特殊声源的声场,比如点源的声场。

2. 点声源的声场

当脉动球形声源的半径 $r_a \to 0$ 时,有

$$\left.\begin{array}{l} kr_a \ll 1 \\ \theta = \arctan\dfrac{1}{kr_a} = \dfrac{\pi}{2} \end{array}\right\} \tag{4.5}$$

这时,球形声源就退化为一个点声源,其声压函数表示为

$$p(r,t) = jk\rho c \frac{Q_0}{4\pi r} e^{j(\omega t - kr)} = j\frac{k\rho c}{4\pi r} u_r S e^{j(\omega t - kr)} \tag{4.6}$$

式中,$Q_0 = Su_r = 4\pi r_a^2 u_0$ 表示点声源的声源强度。相应的,点声源声场中的质点振速可以表示为

$$\left.\begin{array}{l} u(r,t) = \dfrac{1}{\rho c}\left(1 + \dfrac{1}{jkr}\right)\dfrac{A}{r} e^{j(\omega t - kr)} = \dfrac{1}{\rho c}\left(1 + \dfrac{1}{jkr}\right) p(r,t) \\ u(r,t) = \dfrac{1 + jkr}{4\pi r^2} Q_0 e^{j(\omega t - kr)} = \dfrac{1 + jkr}{4\pi r^2} u_r S e^{j(\omega t - kr)} \end{array}\right\} \tag{4.7}$$

例题 4-1 两个简谐同频、声源强度相同且振动相位相反的点声源相距 d 排列在 x 轴上,如图 4-2 所示,当 $d \ll \lambda$ 时被称为偶极子声源。求此声源远场 M 点的声压函数表示式。

解 由式(4.6)单个脉动简谐点源在远场产生的声压函数可表示为

$$p(r,t) = jk\rho c \frac{Q_0}{4\pi r} e^{j(\omega t - kr)}$$

则源＋和源－在远场产生的合成声场为

$$p(r,t)=A\left(\frac{1}{r_+}\mathrm{e}^{\mathrm{j}(\omega t-kr_+)}-\frac{1}{r_-}\mathrm{e}^{\mathrm{j}(\omega t-kr_-)}\right)$$

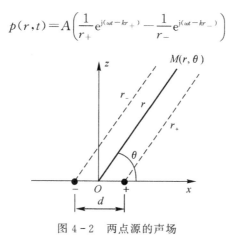

图 4 - 2　两点源的声场

由于 $r\gg d$，两源的振幅部分相差极微

$$\frac{1}{r_+}\approx\frac{1}{r_-}=\frac{1}{r}$$

而相位因子的差异必须考虑。

由于

$$r_+=r-\frac{d}{2}\cos\theta,\quad r_-=r+\frac{d}{2}\cos\theta$$

并且 $kd\ll1$，于是

$$p_M(r,\theta)=\frac{A}{r}\left[\mathrm{e}^{-\mathrm{j}k\left(r-\frac{d}{2}\cos\theta\right)}-\mathrm{e}^{-\mathrm{j}k\left(r+\frac{d}{2}\cos\theta\right)}\right]=$$

$$\frac{A\mathrm{e}^{-\mathrm{j}kr}}{r}\left\{\left[\cos\left(\frac{kd}{2}\cos\theta\right)+\mathrm{j}\sin\left(\frac{kd}{2}\cos\theta\right)\right]-\left[\cos\left(\frac{kd}{2}\cos\theta\right)-\mathrm{j}\sin\left(\frac{kd}{2}\cos\theta\right)\right]\right\}$$

即有

$$p_M(r,\theta)=\frac{A\mathrm{e}^{-\mathrm{j}kr}}{r}\left[\mathrm{j}2\sin\left(\frac{kd}{2}\cos\theta\right)\right]=\frac{\mathrm{j}Akd}{r}\cos\theta\mathrm{e}^{-\mathrm{j}kr}$$

声压振幅为

$$p_0=|p_M(r,t)|=k^2\rho cd\frac{Q_0}{4\pi r}\cos\theta$$

与点源相比较，振幅增加了 $kd\cos\theta$，说明这种声源的声场是具有方向性的，在 x 方向有最大值；同时当 $d<\lambda/8$ 时其最大值方向的声压幅值也不及单个点源。

根据点声源声压和质点振速的表达式可以进一步地导出点源的声强，由声强定义式(2.30)，有

$$I=\frac{1}{T}\int_0^T\mathrm{Re}(p)\mathrm{Re}(u)\mathrm{d}t$$

点源声压函数和质点振速函数的实部分别是

$$\mathrm{Re}[p(r,t)]=\mathrm{Re}\left[\mathrm{j}k\rho c\frac{Q_0}{4\pi r}\mathrm{e}^{\mathrm{j}(\omega t-kr)}\right]=-\frac{k\rho cQ_0}{4\pi r}\sin(\omega t-kr)$$

$$\mathrm{Re}[u(r,t)]=\mathrm{Re}\left[\frac{1+\mathrm{j}kr}{4\pi r^2}Q_0\mathrm{e}^{\mathrm{j}(\omega t-kr)}\right]=\frac{Q_0}{4\pi r^2}[\cos(\omega t-kr)-kr\sin(\omega t-kr)]$$

于是

$$I = \frac{1}{T}\int_0^T \mathrm{Re}(p)\mathrm{Re}(u)\mathrm{d}t = \frac{1}{T}\int_0^T \frac{k^2 \rho c \boldsymbol{Q}_0^2}{(4\pi r)^2}\sin^2(\omega t - kr)\mathrm{d}t =$$

$$\frac{k^2 \rho c \boldsymbol{Q}_0^2}{(4\pi r)^2}\frac{1}{\omega T}\int_{-kr}^{\omega T - kr}\sin^2 x\,\mathrm{d}x = \frac{1}{2}\frac{k^2 \rho c \boldsymbol{Q}_0^2}{(4\pi r)^2}$$

其结果为

$$I = \frac{1}{2}\rho c u_0^2 \left(\frac{r_a}{r}\right)^2 (kr_a)^2 \tag{4.8}$$

在第 2 章描述均匀球面波的声压和质点振速函数时曾经提到了点源的问题,当时是从声压和振速函数的角度说明了点源声场中声压函数非常小的结果。现在看得到结论是与前面一致的,从声强的表示式可见,当声源表面振速一定时,I 正比于频率 f 的二次方和声源半径 a 的四次方。因此,点声源的辐射声强很微弱,在实际应用中很少使用。但是,点声源的理论具有非常重要的意义,下面可以看到,它是求解任意声源声场的基础。

4.1.2 任意形状声源的声场

有了点声源声源强度的表示式后可以方便地表示任意声源的声场,将以上讨论推广到更加一般的情况,对于一个任意形状的声源 S,其表面上各点振动的振速和相位分布都是各不相同的。因此,可以将声源表面 S 分为无限多个微小面积元 $\mathrm{d}S$,如图 4-3 所示,每个面元 $\mathrm{d}S$ 上各点的振速和相位均是相同的。这样,所有面元 $\mathrm{d}S$ 都视为点源,在这个任意声源表面上的 $A(x',y',z')$ 处的点源振动规律表示为

$$u = u_A(x',y',z')\mathrm{e}^{\mathrm{j}[\omega t - \varphi(x',y',z')]} \tag{4.9}$$

式中,$u_A(x',y',z')$ 是面积元的振动速度幅值;$\varphi(x',y',z')$ 是面积元的振动初相位,二者均是位置的函数。

于是,面积元的声源强度为

$$\mathrm{d}\boldsymbol{Q}_0 = u_A(x',y',z')\mathrm{d}S$$

这一声源在距其距离为 h 的空间场点 $M(x,y,z)$ 产生的声压表示为

$$\mathrm{d}p = \mathrm{j}k\rho c\frac{\mathrm{d}\boldsymbol{Q}_0}{4\pi h}\mathrm{e}^{\mathrm{j}[\omega t - kh - \varphi(x',y',z')]} \tag{4.10}$$

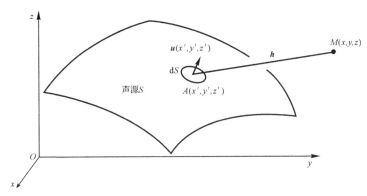

图 4-3　任意形状声源的声场

声源 S 上所有面积元对场点的声压均有贡献,因此该声源在场点产生的声压函数可由式(4.10)对声源表面积分得到:

$$p = \mathrm{j}\frac{k\rho c}{4\pi}\iint_S \frac{u_A(x',y',z')}{h}\mathrm{e}^{\mathrm{j}[\omega t-kh-\varphi(x',y',z')]}\mathrm{d}S \tag{4.11}$$

上述利用点声源的声场对声源表面取和的方法原则上可以确定任意形状辐射面声源的声场,理论上,这是亥姆霍兹(Helmholtz)积分公式的表述[8]。

在实际情况下,声源以向半空间的辐射居多,例如,后面提到的嵌于障板上向半空间辐射的球形声源声场问题(见例4-2),这类情况下,式(4.11)成为

$$p = \mathrm{j}\frac{k\rho c}{2\pi}\iint_S \frac{u_A(x',y',z')}{h}\mathrm{e}^{\mathrm{j}[\omega t-kh-\varphi(x',y',z')]}\mathrm{d}S \tag{4.12}$$

至此,了解了两种求解声源辐射声场的方法:第一种是求解波动方程并满足边界条件的解(定解问题),第二种就是刚才介绍的利用点源辐射叠加的方法。

4.1.3　声源的辐射阻抗

声源在水中辐射产生声场的过程中必然与介质间有相互作用,辐射阻抗是反映声源与介质间相互作用力的重要参数,下面以最简单的脉动球形声源为例来引入声源辐射阻抗的概念。

当声源辐射声波时,其辐射表面在振动过程中推动介质使之产生形变,把机械能传递给介质,形成辐射声能,同时它亦受到介质的反作用力。介质对声源的反作用表现在两个方面:

(1)增加了系统的阻尼。表示声源这个振动系统上存在着能量的损耗,所损耗的能量转化为声能,以声波的形式传输出去。

(2)在系统中增加了一项惯性作用。由于叠加的这个惯性作用,对声源的影响相当于在这个振动系统本身的质量上附加了一个辐射质量,附加质量的存在如同介质层黏附于声源表面,随着声源一起振动,这样就增加了系统的惯性。

如果半径为 a 的声源表面声压为 p_a,则流体介质的反作用力可表示为

$$F_r = -Sp_a \tag{4.13}$$

式中,S 为声源表面积;负号表示作用力是与声压变化方向相反的。对于脉动球源,其声压函数的表式为

$$p(r,t) = \frac{\mathrm{j}k\rho c}{1+\mathrm{j}ka}\frac{Q_0}{4\pi r}\mathrm{e}^{\mathrm{j}(\omega t-kr)} \tag{4.14}$$

在声源表面上

$$p_a = \frac{\mathrm{j}k\rho c}{1+\mathrm{j}ka}\frac{aQ_0}{4\pi a^2}\mathrm{e}^{\mathrm{j}(\omega t-ka)} = \frac{\mathrm{j}ka\rho c}{1+\mathrm{j}ka}u_a$$

作用力又表示为

$$F_r = -Sp_a = -S\frac{\mathrm{j}ka\rho c}{1+\mathrm{j}ka}u_a = -\left[\rho c\frac{(ka)^2+\mathrm{j}ka}{1+(ka)^2}S\right]u_a = -z_s u_a \tag{4.15}$$

根据振动理论,当一个机械振动系统在激励力 F_m 作用下产生了振动速度 u_m,那么这个力与振速的比值称为这个振动系统的机械阻抗,有

$$z_m = \frac{F_m}{u_m}$$

很显然 z_m 能够反映这个振动系统将激励 F_m 转化为振动特征量 u_m 的能力,因此成为表征振动系统性能的重要参数。

回到式(4.15)中,这时,声源作为一个振动系统,其激励力(表示为 $-F_r$)与声源表面的振

速 u_a 的比值正是这样的参数,表示为

$$z_s = R_s + jX_s \qquad (4.16)$$

称为辐射阻抗,其单位是 N·s/m 或者 kg/s,R_s 和 X_s 分别是辐射阻和辐射抗,有

$$R_s = \frac{(ka)^2}{1+(ka)^2}\rho c S, \quad X_s = \frac{ka}{1+(ka)^2}\rho c S \qquad (4.17)$$

现在来看辐射阻抗的物理含义:辐射阻抗是一个描述声源在辐射声波时特性的物理量,它与声源的尺度 a、工作频率(与 k 有关)、辐射面积 S 以及与辐射表面相接触的介质特性 ρc 有关。当声源振动产生声辐射时,它要带动辐射面周围的介质一起运动,相当于在声源上附加了一个力阻抗。这种由于声辐射引起的附加于声源的力阻抗称为辐射力阻抗,简称辐射阻抗。声源在辐射时受辐射阻抗的作用,在克服 R_s 做功的过程中将损耗在 R_s 上的能量转化为声能并以声波的形式向介质中传播。辐射抗 X_s 在声源的辐射过程中并不消耗能量,只在振动过程中起到储能的作用,可将 X_s 表示为

$$X_s = \omega M_s \qquad (4.18)$$

式中,M_s 称为共振质量,表示声源在振动过程中由于推动辐射面周围介质需要克服介质的惯性作用,相当于在声源自身质量上附加了一块质量随声源一起运动,因此,声源辐射声波的过程中由辐射阻抗形成了两个问题:

第一,由 R_s 形成辐射有功分量,以辐射声功率描述

$$W_a = \frac{1}{2} R_s u_{a0}^2 \qquad (4.19)$$

第二,由 X_s 形成无功分量,以共振质量描述

$$M_s = \frac{X_s}{\omega} \qquad (4.20)$$

将 X_s 的表达式代入,有

$$X_s = \frac{ka}{1+(ka)^2}\rho c S \quad \rightarrow \quad \frac{X_s}{\omega} = \frac{\rho a S}{1+(ka)^2}$$

对于球源来说,其体积 $V = \frac{4}{3}\pi a^3$,则上式中 $aS = 4\pi a^3 = 3V$。

于是

$$M_s = \frac{X_s}{\omega} = \frac{3M_0}{1+(ka)^2} \qquad (4.21)$$

由于 ρ 是介质密度,所以式中 M_0 是球源排开同体积介质的质量。

图 4-4 给出了辐射阻抗随频率尺度因子 ka 的变化趋势。

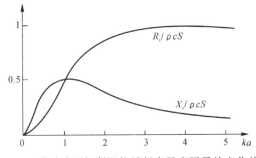

图 4-4 脉动球源辐射阻抗随频率尺度因子的变化趋势

对于低频脉动球源,$ka \ll 1$,这时,$R_s \approx \rho c S(ka)^2$,$X_s \approx \rho c Ska$,$M_s \approx 3M_0$;

对于大尺度高频脉动球源,$ka \gg 1$,这时 $R_s \approx \rho c S$,$X_s \approx 0$,$M_s \approx 0$;球源的辐射阻最大,辐射声功率也大,且几乎没有辐射抗。

例题 4 - 2　球形声源嵌于障板上向半空间辐射的问题。振动频率为 1 kHz、半径 $r_a = 0.15$ m 的半球面声源向水中辐射均匀球面波,如图 4 - 5 所示,在距离球心 $r = 5$ m 处产生了 160 dB 的声压级。问声源表面质点振速和位移的幅值分别是多少? 声源的辐射声功率又是多少?

解　球形声源被嵌于障板上向半空间辐射,这时其声源强度为

$$Q_{\text{semi}} = 2\pi r_a^2 u_r = 2\pi r_a^2 u_a$$

由于向半空间辐射,产生的声场为

$$p(r,t) = \frac{Q_{\text{semi}}}{2\pi r} \frac{\rho c k}{\sqrt{1+(kr_a)^2}} e^{j(\omega t - kr + \theta)}$$

在场点 M 声压振幅的有效值为

$$p_e = \frac{Q_{\text{semi}}}{2\sqrt{2}\pi r} \frac{\rho c k}{\sqrt{1+(kr_a)^2}}$$

场点的声压级为

$$\text{SPL} = 20\lg \frac{p_e}{p_{\text{ref}}} = 160 \quad (\text{dB})$$

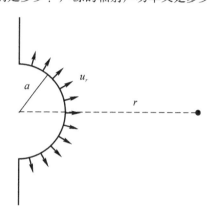

图 4 - 5　球形声源向半空间辐射

可确定 $p_e = p_{\text{ref}} \times 10^8$。

于是

$$u_a = \frac{\sqrt{2}\, r\sqrt{1+(kr_a)^2}}{k\rho c r_a^2} p_{\text{ref}} \times 10^8 = \frac{\sqrt{2} \times 5 \times \sqrt{1+(0.15k)^2}}{0.15^2 \times k \times 1.5 \times 10^6} \times 10^2 = 5.9 \times 10^{-3} \quad (\text{m/s})$$

声源表面质点位移的幅值为

$$\xi_a = \frac{u_a}{\omega} = 9.4 \times 10^{-7} \quad (\text{m})$$

声源的辐射声功率为

$$W_a = \frac{1}{2} R_s u_{a0}^2$$

式中

$$R_s = \frac{(kr_a)^2}{1+(kr_a)^2} \rho c S$$

于是

$$W_a = \frac{1}{2} \frac{(kr_a)^2}{1+(kr_a)^2} \rho c S u_{a0}^2 = 1.045 \quad (\text{W})$$

4.2　等间隔直线阵的声场

严格地说,直线阵的问题属于水声换能器与基阵的理论[9],考虑到海洋声传播与声学基阵在多个点源形成声场方面的衔接,本节对这一问题作一简要的阐述。当然,亦可作为第一节点声源辐射声场的应用,把它视为一种声源的辐射问题讨论。首先,给出声源(阵列)指向性方面的一些基本概念。

4.2.1 声源(阵列)指向性的基本概念

在第 3 章介绍声呐方程时引入了指向性和指向性指数的概念,当时没有深入讨论,现在一并说明。

1. 声源(阵列)的指向性和指向性函数

声源(阵列)的指向性是表征其发射、接收信号空间响应能力的,用指向性函数 $D(\varphi,\theta)$ 描述这一特性,其中 φ,θ 分别为声源(阵列)的声学中心至场点的方位角和俯仰角,指向性函数又可以细分为发射指向性函数和接收指向性函数。

(1)发射指向性函数。当声源发射声波时,在其远场、以声中心至场点矢径 r 为半径的球面上各点所产生的声压函数幅值与该球面上声压最大值处声压函数幅值的比值称为发射指向性函数,表示为

$$D(\varphi,\theta)=\frac{|p(\varphi,\theta)|}{|p(\varphi_0,\theta_0)|}\tag{4.22}$$

(2)接收指向性函数。当声源处于各向同性自由场声压的声场中接收声波时,其在任意方向上接收响应与最大值方向上接收响应的比值称为该声源的接收指向性函数,表示为

$$D(\varphi,\theta)=\frac{|V(\varphi,\theta)|}{|V(\varphi_0,\theta_0)|}\tag{4.23}$$

一般情况下,声源(声学基阵)都具有"互易性",即其发射响应和接收响应具有确定的关系,并且在各个方向上也是如此,于是,声源的发射指向性函数和接收指向性函数基本是相同的。因此,如不做特殊说明,将其统称为指向性函数。

2. 指向性图

将指向性函数用图形表示时称为指向性图,其纵坐标是 $D(\varphi,\theta)$ 的值,可以用幅度,也可用分贝值 $20\lg D(\varphi,\theta)$ 表示。

指向性图也有两种坐标表示,一种是在直角坐标系中,一种是在极坐标系中,当在确定的定向平面内讨论指向性时,给出的是二维指向性图。图 4-6 所示是不同坐标系下的指向性图,$D(\theta)$ 的值是以分贝表示的,这时角坐标符号可依使用习惯选取。在指向性图中指向性函数由最大值下降到最小值处所形成的声压分布称为波束(主波束),最大值方向称为波束的主轴方向(声轴方向)。

3. 指向性因数和指向性指数

这两个参数也是描述声源(声学基阵)指向性的,特别是指向性指数,已作为一项声呐参数在声呐方程中反映,因此,需要对其进行说明。

指向性因数 R_θ:描述声源发射(接收)声能量集中程度的物理量,定义为声源在远场最大响应方向上的声强与同距离上的某参考声强之比。一般地,参考声强用该距离上各个方向上的平均声强表示。从图 4-7 可见,声源辐射声场在不同方向上大不相同,声轴上具有极大值;而在同一距离上声源辐射的平均声强在图中用虚线标出。指向性因数 R_θ 表示为

$$R_\theta=\frac{I_{max}}{I}\tag{4.24}$$

在同一距离上声源辐射的平均声强为

$$\bar{I}=\frac{1}{4\pi r^2}\iint_S I(\varphi,\theta)\,\mathrm{d}S\tag{4.25}$$

于是

$$R_\theta = \frac{I_{max}}{I} = \frac{4\pi I_{max}}{\iint_S I(\varphi,\theta)\sin\theta\mathrm{d}\theta\mathrm{d}\varphi} = \frac{4\pi I_{max}}{\int_0^{2\pi}\mathrm{d}\varphi\int_0^\pi I(\varphi,\theta)\sin\theta\mathrm{d}\theta} \tag{4.26}$$

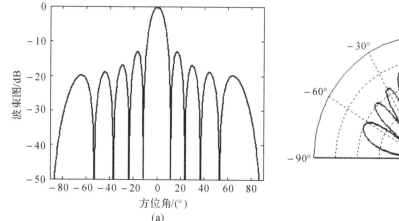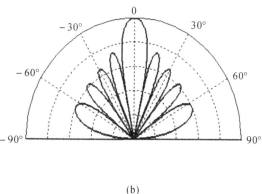

图 4-6　指向性图的表示形式

（a）直角坐标；　（b）极坐标

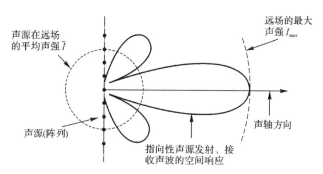

图 4-7　声源（阵列）指向性指数示意图

由于在远场,有

$$I(\varphi,\theta) \to \frac{p_e^2(\varphi,\theta)}{\rho c}$$

式(4.26)又可表示为

$$R_\theta = \frac{4\pi}{\int_0^{2\pi}\mathrm{d}\varphi\int_0^\pi \frac{I(\varphi,\theta)}{I_{max}}\sin\theta\mathrm{d}\theta} = \frac{4\pi}{\int_0^{2\pi}\mathrm{d}\varphi\int_0^\pi \left[\frac{|p(\varphi,\theta)|}{|p|_{max}}\right]^2\sin\theta\mathrm{d}\theta} \tag{4.27}$$

而

$$\frac{|p(\varphi,\theta)|}{|p|_{max}} = \frac{|p(\varphi,\theta)|}{|p(\varphi_0,\theta_0)|} = D(\varphi,\theta)$$

于是

$$R_\theta = \frac{4\pi}{\int_0^{2\pi}\mathrm{d}\varphi\int_0^\pi D^2(\varphi,\theta)\sin\theta\mathrm{d}\theta} = \frac{4\pi}{\int_0^{2\pi}\mathrm{d}\varphi\int_0^\pi b(\varphi,\theta)\sin\theta\mathrm{d}\theta} \tag{4.28}$$

式中,$b(\varphi,\theta)=D^2(\varphi,\theta)$ 称为功率指向性函数。根据互易性,声源的发射、接收指向性因数都可由式(4.28)表示,以后不再说明。

有了指向性因数的概念,立即就能得出指向性指数。指向性指数是指向性因数的分贝值,有

$$DI = 10\lg R_\theta = 10\lg \frac{4\pi}{\int_0^{2\pi}\mathrm{d}\varphi\int_0^{\pi}b(\varphi,\theta)\sin\theta\mathrm{d}\theta} \tag{4.29}$$

当声场是关于 z 轴对称时,声压或指向性函数不随方位角 φ 变化,式(4.29)可简化为

$$DI = 10\lg \frac{2}{\int_0^{\pi}D^2(\varphi,\theta)\sin\theta\mathrm{d}\theta} = 10\lg \frac{2}{\int_0^{\pi}b(\varphi,\theta)\sin\theta\mathrm{d}\theta} \tag{4.30}$$

从上述分析可见,指向性反映了声源对声场的空间响应特性,在声源的辐射声场确定后,就可根据声压函数求得指向性函数,进而得到指向性因数和指向性指数。从图4-7也可大致地看出,如果一个声源在声轴方向上的声强是平均声强的4倍,则它的指向性指数大致为6 dB。

4.波束和波束宽度

衡量波束性能优劣的主要参数之一是波束宽度,在波束上声压振幅相对于最大值下降0.707倍的两点之间的角宽度称为 -3 dB 波束宽度,表示为 $\Theta_{-3\,\mathrm{dB}}$。以二维的情况为例,-3 dB 波束宽度满足

$$D\left(\frac{\Theta_{-3\,\mathrm{dB}}}{2}\right)=0.707 \tag{4.31}$$

类似于 -3 dB 波束宽度的定义,声压振幅相对于最大值下降0.5倍的两点间角宽度称为 -6 dB 波束宽度,表示为 $\Theta_{-6\,\mathrm{dB}}$。-6 dB 波束宽度满足

$$D\left(\frac{\Theta_{-6\,\mathrm{dB}}}{2}\right)=0.5 \tag{4.32}$$

图4-8给出了具有指向性声源的波束以及上述两种定义下的波束宽度的意义,图中 $D(\theta)$ 的值是以幅度表示的。

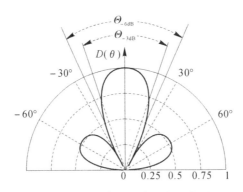

图 4-8　波束和波束宽度示意图

4.2.2　点源直线阵的辐射声场

点源的辐射声场已在4.1节作了介绍,现在讨论点源形成直线阵后的声场与指向性等问题。如果有两个以上的点源(频率、振幅和相位均相同)以等间隔按照直线排列就形成"等间

隔直线阵",当所有阵元同时向空间辐射时,则声场中任意点的声压是多个点源各自辐射声波的叠加,在简谐波的情况下,这种叠加不是简单的幅值上的代数和,还需考虑多个声源辐射声波在叠加点处的相位关系。可以用一个简单的例子来说明声源(阵列)形成指向性的道理。

如图 4-9 所示,两个相同点源相距 $d=\lambda$ 排列,在它们的辐射远场产生叠加声场。在两点源连线的中垂线方向(z 方向,$\theta=0°$),两点源的声压函数具有同相位,因而,合成声压幅值总是 $2p_0$。而在偏离该方向,比如说在 $\theta=30°$ 方向上,相同的波阵面上的合成声压总是反相的,因而,合成声压总是 0。

这样,在这两个点源的合成声场中形成了声压的重新分布,或者说形成了空间的不同响应即指向性,其指向性图类似于图 4-8。从图 4-9 可见,两点源在 θ 方向上的相位差是由于到达远场所传播的距离不等所导致的,两个阵元在声波传播到远场产生的距离差称为声程差,用 δ 表示,有

$$\delta = d\sin\theta \tag{4.33}$$

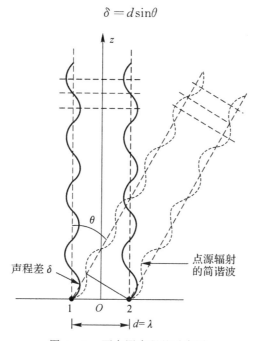

图 4-9 两点源声程差示意图

1. 点源直线阵的声场

设点源直线阵由 N 个点源以间距 d 排列构成,如图 4-10 所示,各阵元以相同方式(同频率、同相位振动,振幅相等)向空间辐射声波。在 xOz 平面内远场观测点 $M(r,\theta)$ 的声压函数是所有阵元辐射声场的叠加。用 $p_n(r,\theta)$ 表示第 n 号阵元的辐射声压函数,各阵元在场点的声压函数是

$$\left.\begin{aligned}
p_1(r,\theta) &= p_0 e^{j(\omega t-kr)} \\
p_2(r,\theta) &= p_0 e^{j[\omega t-k(r-\delta)]} = p_0 e^{j(\omega t-kr)} e^{jk\delta} = p_1(r,\theta) e^{j\Delta\varphi} \\
p_3(r,\theta) &= p_0 e^{j[\omega t-k(r-2\delta)]} = p_0 e^{j(\omega t-kr)} e^{j2k\delta} = p_1(r,\theta) e^{j2\Delta\varphi} \\
&\quad\cdots\cdots \\
p_N(r,\theta) &= p_0 e^{j(\omega t-kr)} e^{j(N-1)k\delta} = p_1(r,\theta) e^{j(N-1)\Delta\varphi}
\end{aligned}\right\} \tag{4.34}$$

其中

$$\Delta\varphi = k\delta = \frac{2\pi}{\lambda}d\sin\theta \tag{4.35}$$

为相邻两阵元辐射声波在 M 点的相位差,于是,点源直线阵在远场 M 点的声压可表示为

$$p(r,\theta) = \sum_{n=1}^{N} p_n(r,\theta) = \sum_{n=1}^{N} p_1(r,\theta)e^{j(n-1)\Delta\varphi} \tag{4.36}$$

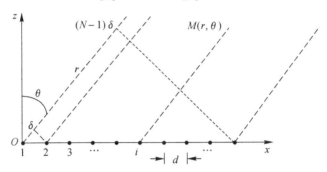

图 4-10 点源直线阵的辐射声场

2.点源直线阵的指向性

由式(4.34),阵列声场声压的极大值在 $\theta=0°$ 即法线方向,其值为

$$p(r,0) = \sum_{n=1}^{N} p_n(r,0) = \sum_{n=1}^{N} p_1(r,\theta) = Np_1(r,\theta) \tag{4.37}$$

于是,按照指向性函数的定义,得到了等间隔点源直线阵的指向性函数为

$$D(\theta) = \frac{|p(r,\theta)|}{|p(r,0)|} = \frac{1}{N}\left|\sum_{n=1}^{N} e^{j(n-1)\Delta\varphi}\right| \tag{4.38}$$

注意到 $\sum_{n=1}^{N} e^{j(n-1)\Delta\varphi}$ 是等比数列 $1,e^{j\Delta\varphi},(e^{j\Delta\varphi})^2,(e^{j\Delta\varphi})^3,\cdots,(e^{j\Delta\varphi})^{N-1}$ 的前 N 项和

$$\sum_{n=1}^{N} e^{j(n-1)\Delta\varphi} = \frac{e^{jN\Delta\varphi}-1}{e^{j\Delta\varphi}-1} = \frac{e^{jN\frac{\Delta\varphi}{2}}}{e^{j\frac{\Delta\varphi}{2}}}\frac{e^{jN\frac{\Delta\varphi}{2}}-e^{-jN\frac{\Delta\varphi}{2}}}{e^{j\frac{\Delta\varphi}{2}}-e^{-j\frac{\Delta\varphi}{2}}} = e^{j\frac{N-1}{2}\Delta\varphi}\frac{\sin\left(N\frac{\Delta\varphi}{2}\right)}{\sin\left(\frac{\Delta\varphi}{2}\right)}$$

最终得到

$$D(\theta) = \frac{1}{N}\left|\frac{\sin\left(N\frac{\pi d}{\lambda}\sin\theta\right)}{\sin\left(\frac{\pi d}{\lambda}\sin\theta\right)}\right| \tag{4.39}$$

式(4.39)即为等间隔直线阵的指向性函数。

3.点源直线阵指向性函数分析和指标参数

作为例子,分析一个10元等间隔直线阵的特性,阵元间距 $d=1.5\lambda$,图4-11是这个阵列在 $-90°\sim90°$ 范围内的指向性图,其指向性函数为

$$D(\theta) = \frac{1}{10}\frac{\sin\left(\frac{10\pi}{\lambda}d\sin\theta\right)}{\sin\left(\frac{\pi}{\lambda}d\sin\theta\right)}$$

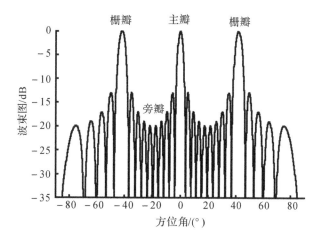

图 4 - 11　等间隔线列阵的指向性图($N = 10, d = 1.5\lambda$)

　　(1) 主瓣、栅瓣位置与避免栅瓣出现的条件。从上式或普遍情况下的式(4.39)可见,当分子分母同时为零时,指向性函数 $D(\theta)$ 取得极大值 1,此时各点源在这些方向上的声压同相叠加,合成声压振幅出现极大值。即当

$$\frac{\pi d}{\lambda}\sin\theta = \pm m\pi, \quad m = 0, 1, \cdots$$

也就是

$$\theta = \arcsin\left(\pm m\frac{\lambda}{d}\right), \quad m = 0, 1, \cdots \tag{4.40}$$

时,存在 $D(\theta) = 1$。式中,$m = 0$ 时所对应的 $\theta = 0°$ 的方向为主瓣方向,相应的波束称为主瓣;$m = 1, 2, \cdots$ 时所对应的一系列 θ 方向称为栅瓣方向,相应的波束称为栅瓣或副极大。

　　栅瓣出现的原因在于指向性函数 $D(\theta)$ 是周期性函数,从而造成指向性函数会在不同的 θ 方向上重复出现极大值。对于发射而言,栅瓣会引起声能量上的泄露,而对于接收而言,栅瓣又会引起目标方位上的混淆。因此,在指向性图中应避免栅瓣的出现。由式(4.39)可见,等间隔线列阵阵元间距 d 中包含了多少个波长,在阵列前方(第 Ⅰ 象限)就产生多少个栅瓣。要使阵列前方不产生栅瓣必须使 $d < \lambda$,用阵元数表示比较方便,即有

$$\frac{d}{\lambda} \leqslant \frac{N-1}{N} \tag{4.41}$$

　　(2) 零点位置。式(4.39)中当分子为零,而分母不为零时,指向性函数 $D(\theta)$ 取得极小值 0,此时各点源在这些方向上的声压反相叠加,合成声压振幅出现极小值。即当

$$\frac{N\pi d}{\lambda}\sin\theta = \pm m\pi, \quad m = 1, 2, \cdots \tag{4.42}$$

且

$$\frac{\pi d}{\lambda}\sin\theta \neq \pm m\pi, \quad m = 1, 2, \cdots \tag{4.43}$$

时,$D(\theta) = 0$,对应的角度就是零点位置,则

$$\theta = \arcsin\left(\pm m\frac{\lambda}{Nd}\right), \quad m = 1, 2, \cdots, \quad 且 \ m \neq N \ 的整数倍 \tag{4.44}$$

(3) 方向锐度角 Θ_0。有了极小值方位后,可以给出另一个描述波束宽度的参量,称为方向锐度角 Θ_0。定义为波束主瓣两侧第一个极小值之间的夹角 $2\theta_{m=1}$,有

$$\Theta_0 = 2\theta_{m=1} = 2\arcsin\left(\frac{\lambda}{Nd}\right) \tag{4.45}$$

(4) 波束宽度 $\Theta_{-3\,dB}$。按照 $-3\,dB$ 波束宽度的定义式(4.31),在 $\Theta_{-3\,dB}/2$ 方向,指向性函数为

$$\frac{1}{N}\frac{\sin\left(N\frac{\pi d}{\lambda}\sin\frac{\Theta_{-3\,dB}}{2}\right)}{\sin\left(\frac{\pi d}{\lambda}\sin\frac{\Theta_{-3\,dB}}{2}\right)} = 0.707 \tag{4.46}$$

由于是超越方程,解这个方程得到 $\Theta_{-3\,dB}$ 的表达式是比较困难的,在大多数应用场合根据给定参数 N 和 d 通过计算机去求解 $\Theta_{-3\,dB}$ 已经非常容易了,但为了表述上更直观,常常需要给出方程的解析解表达式,这在小角度的情况下是可行的。令 $\frac{\pi d}{\lambda}\sin\frac{\Theta_{-3\,dB}}{2} = x$,则有

$$\sin(Nx) = 0.707N\sin x$$

级数展开后取前两项,则有

$$Nx - \frac{1}{3!}(Nx)^3 \approx 0.707Nx$$

解得 $Nx \approx 1.33$,即

$$N\frac{\pi d}{\lambda}\sin\frac{\Theta_{-3\,dB}}{2} \approx 1.33$$

得到

$$\Theta_{-3\,dB} = 2\arcsin\left(0.42\frac{\lambda}{Nd}\right) \tag{4.47}$$

如需要还可求得

$$\Theta_{-6\,dB} = 2\arcsin\left(0.55\frac{\lambda}{Nd}\right) \tag{4.48}$$

由式(4.45)、式(4.47)与式(4.48)可以看出,阵元个数 N 越大,波束越尖锐。

(5) 旁瓣位置与旁瓣级。从前面的分析可以看出,在主瓣和第一级栅瓣之间有 $N-1$ 个极小值,每相邻两个极小值之间的方向上声波的叠加既不同相、亦不反相,因而在极大和极小值之间取值,称其为旁瓣,旁瓣的峰值称为次极大。在两个极大值之间共产生 $N-2$ 个旁瓣,可近似地认为,旁瓣峰值的方向是相邻极小值方向的分角线,出现的方向为

$$\theta_\nu = \arcsin\left[\pm\left(m+\frac{1}{2}\right)\frac{\lambda}{Nd}\right], \quad m = 1,2,\cdots \tag{4.49}$$

相应地可确定各旁瓣的峰值为

$$D(\theta_\nu) = \left|\frac{1}{N\sin\left[\left(m+\frac{1}{2}\right)\frac{\pi}{N}\right]}\right|, \quad m = 1,2,\cdots \tag{4.50}$$

$D(\theta_\nu)$ 的分贝值称为旁瓣级。对于确定的阵元数 N,线列阵的旁瓣幅值分布是对称的,即 $m=1$ 和 $m=N-2$ 时得到最大旁瓣,依次向中间减小。实际应用中最关心的是最大旁瓣的幅值,其分贝值称为最大旁瓣级。当 $m=1$ 时得到最大旁瓣级

$$M_{dB} = 20\lg[D(\theta_\nu)] = 20\lg\frac{1}{\left|N\sin\frac{3\pi}{2N}\right|} \tag{4.51}$$

可以看出,等间隔直线阵的最大旁瓣级的值仅与阵元个数 N 有关,随阵元数目的增加而减小,当 N 较大时,有

$$\sin\frac{3\pi}{2N} \rightarrow \frac{3\pi}{2N}$$

$$M_{dB} = 20\lg\frac{1}{\left|N\sin\frac{3\pi}{2N}\right|} \approx 20\lg\frac{2}{3\pi} \rightarrow -13.5(dB) \tag{4.52}$$

4. 等间隔直线阵的指向性因数和指向性指数

为了简便,将直线阵的阵元布置在 z 轴上,如图 4-12 所示。这时指向性函数是关于 z 轴对称的,如果还是以场点方向与 z 轴的夹角 θ 作为指向性参数,则相邻阵元在场点的声程差变为 $\delta = d\cos\theta$,于是

$$R_\theta = \frac{4\pi}{\int_0^{2\pi}d\varphi\int_0^{\pi}\left[\frac{|p(\varphi,\theta)|}{|p|_{max}}\right]^2\sin\theta d\theta} = \frac{2}{\int_0^{\pi}D^2(\theta)\sin\theta d\theta} \tag{4.53}$$

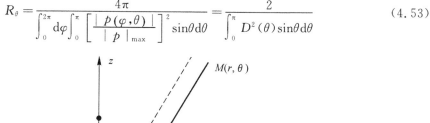

图 4-12　直线阵的阵元布置在 z 轴时的指向性分析

由等间隔直线阵的指向性函数表达式(4.39),代入 $D(\theta)$ 并令

$$x = \frac{\pi d}{\lambda}\cos\theta$$

$$\int_0^{\pi}D^2(\theta)\sin\theta d\theta = \int_0^{\pi}\frac{\sin^2\left(\frac{N\pi}{\lambda}d\cos\theta\right)}{N\sin^2\left(\frac{\pi}{\lambda}d\cos\theta\right)}\sin\theta d\theta = \int_{\frac{\pi d}{\lambda}}^{-\frac{\pi d}{\lambda}}\frac{\sin^2(Nx)}{N\sin^2(x)}\left(-\frac{\lambda}{\pi d}\right)dx$$

可求得[9]

$$R_\theta = \frac{N}{1 + \frac{2}{N}\sum_{i=1}^{N-1}\frac{N-i}{i\frac{2\pi d}{\lambda}}\sin\left(i\frac{2\pi d}{\lambda}\right)} \approx N \tag{4.54}$$

等间隔直线阵的指向性指数为

$$DI = 10 \lg R_\theta \approx 10 \lg N \qquad (4.55)$$

5. 点源直线阵在实际应用中的例子

由以上对点源直线阵的分析可见,多个相同的声源按照一定规律排列形成阵列后会使其声场的形式产生很大变化,最为显著的特点就是形成了指向性,获得了信噪比增益。从发射信号的角度看,具有指向性的声源辐射声场能量更加集中,提高了声源在声轴方向的声强[参见式(4.97)];从接收信号的角度看,阵列在接收空间某一信源的信号时,一方面,提高了接收信号的响应,另一方面,根据声波到达方向的波束响应是能够判断信源方位的。因此,等间隔线列阵作为一种最基本的阵列在工程实际中得到了非常广泛的应用,现以空间声源的定向为例来简单说明点源直线阵在实际中的应用。

如图4-13所示为阵元数 $2N$ 的等间隔直线阵。在 θ 方向(阵列波束覆盖范围内)有一信号源发射声波,阵列收到信号后可以判断出信源的大致方位,比如说在阵列声轴方向 $\Theta_{-3\,dB}$ 范围内。由于波束具有一定宽度,这样测定信源的方向是非常粗糙的,所以需要采用更加精确的信源方位角测定方法。由式(4.35)可知,对于等间隔直线阵,相邻两个阵元接收 θ 方向信源信号时具有相位差 $\Delta\varphi$,而相位差又反映了它们接收信号的时延 τ,有

$$\Delta\varphi = \omega\tau = \frac{2\pi}{\lambda} d \sin\theta \qquad (4.56)$$

也就是

$$\tau = d\sin\theta / c \qquad (4.57)$$

这样,利用两个阵元接收信源声波信号时的时延就可以测定声波到达方向,这就是二元测向的基本模型。

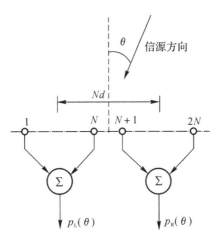

图 4-13　分裂波束原理图

从式(4.57)又可看出,由于 $\Delta\tau \propto d\Delta\theta$,要能够对信源方位的微小变化做出灵敏反应,一方面要提高接收信号的信噪比,另一方面又要使 d 尽可能大。等间隔直线阵由于有多个阵元接收信号,在其波束方向显著提高了信噪比,如果再进一步增加作为二元测向系统的孔径 d,就可以达到上述要求,基于线列阵的分裂波束定向就是其中最为经典的一种方法[7]。

例题4-3　分裂波束测向。以均匀线列阵为例来说明分裂波束的形成,如图4-13所示由

2N 阵元构成的等间隔线列阵,可以将线列阵分为两个阵元数都是 N 的子阵,图中,θ 为信号的入射角,由 1 至 N 的阵元输出求和后得到左子阵的波束输出 $p_L(\theta)$,由 $N+1$ 至 2N 的阵元输出求和后得到右子阵的波束输出 $p_R(\theta)$。在 θ 较小(不超出子阵的波束宽度)的情况下,把 $p_L(\theta)$ 和 $p_R(\theta)$ 看作是两个假想基元的输出,于是,由这个等间隔线列阵构造出一个新的二元定向单元,称之为"分裂波束定向单元"。两个假想基元的位置为左右子阵的等效声学中心,其间距为 $D=Nd$,于是两个基元的输出 $p_L(\theta)$ 和 $p_R(\theta)$ 之间的时延就是

$$\tau = \frac{Nd}{c}\sin\theta \tag{4.58}$$

得到信源波达方向的计算结果为

$$\theta = \arcsin\left(\frac{c}{Nd}\tau\right) \tag{4.59}$$

当线列阵的阵元数较多时,这个二元定向单元在获得由子阵创造的信噪比同时还显著地增加了孔径,达到了更加精准测向的目的。

对于本例,假定阵元数 $2N=20$,阵元间距 $d=0.25$ m,分裂波束 $p_L(\theta)$ 和 $p_R(\theta)$ 的输出信号时延 $\tau=0.5$ ms,由式(4.59)测得信源波达方向 $\theta \approx 17.5°$。

基于上述思想,又产生了"分裂波束互谱定向"等众多阵列信号处理方法,由于超出本书内容,不再赘述。

4.2.3　均匀连续线阵的指向性

当点源等间隔直线阵的阵元间距 $d \to 0$,阵元数 $N \to \infty$,且 $Nd \to L$ 时,就变为长度 L 的均匀连续线阵(细柱状声源)。它的指向性函数等均可由点源直线阵得到。

指向性函数为

$$D(\theta) = \lim_{\substack{d \to 0 \\ N \to \infty \\ Nd \to L}} \left| \frac{\sin\left(N\frac{\pi d}{\lambda}\sin\theta\right)}{N\sin\left(\frac{\pi d}{\lambda}\sin\theta\right)} \right| = \left| \frac{\sin\left(\frac{\pi L}{\lambda}\sin\theta\right)}{\frac{\pi L}{\lambda}\sin\theta} \right| \tag{4.60}$$

这是众所周知的 $\mathrm{sinc}(x)$ 函数,令 $D\left(\frac{\Theta_0}{2}\right)=0$ 和 $D\left(\frac{\Theta_{-3\,dB}}{2}\right)=0.707$,可以求出均匀连续线阵的方向锐度角和波束宽度:

$$\Theta_0 = 2\arcsin\left(\frac{\lambda}{L}\right), \quad \Theta_{-3\,dB} = 2\arcsin\left(0.44\frac{\lambda}{L}\right) \tag{4.61}$$

从均匀连续线阵指向性函数的表示式中可以看出,在第 Ⅰ,Ⅱ 象限中只有一个主极大(主瓣),没有栅瓣出现。与等间隔直线阵的分析相同,可以求得均匀连续线阵指向性因数和指向性指数分别为

$$R_\theta = \frac{2}{\int_0^\pi \frac{\sin^2\left(\frac{\pi L}{\lambda}\sin\theta\right)}{\left(\frac{\pi L}{\lambda}\sin\theta\right)^2}\sin\theta d\theta} \approx \frac{kL}{\pi - \frac{2}{kL} - \frac{2\sin(kL)}{kL} + \frac{4\cos(kL)}{(kL)^3}} \tag{4.62}$$

$$\text{DI} \approx 10\lg(kL) - 10\lg\left[\pi - \frac{2}{kL} - \frac{2\sin(kL)}{kL} + \frac{4\cos(kL)}{(kL)^3}\right] \tag{4.63}$$

一般情况下,当 $L > 2\lambda$,或 $kL > 4\pi$ 时,近似地 $R_\theta \approx \dfrac{kL}{\pi} = \dfrac{2L}{\lambda}$,这时相对式(4.63)的计算 R_θ 的误差约为 $\pm 5\%$,DI 的误差不大于 ± 0.2 dB,因此通常均匀连续线阵的指向性指数采用

$$\text{DI} \approx 10\lg\frac{2L}{\lambda} \tag{4.64}$$

如果考虑小尺度线阵的情况,当 $L > 0.8\lambda$ 时,采用 $R_\theta \approx 2L/\lambda$ 和式(4.64)计算直线阵的指向性因数和指向性指数,则 R_θ 的误差不大于 $\pm 10\%$,DI 的误差不大于 ± 0.5 dB。

4.3　活塞型平面声源的声辐射

作为第一节亥姆霍兹(Helmholtz)积分公式的应用,本节将介绍一种应用非常广泛并且极为重要的声源——嵌于无限大障板上(障板的作用是为了隔离声源的"前、后向"辐射,尤其以低频情况为显著)的活塞型平面声源,讨论其向半空间的辐射问题。

4.3.1　圆面活塞声源的辐射声场

图 4-14(a)所示是一个单面圆面活塞辐射声源,辐射面上所有质点的振动是沿着法向(z 轴方向)并且是同相位的。当辐射面振动时,在上半空间建立声场如图 4-14(b)所示,现分析场点 $M(r,\theta)$ 声压函数的表示。

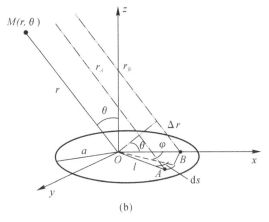

(a)　　　　　　　　　　　　　　　　　(b)

图 4-14　单面圆活塞声源的辐射声场

(a)圆面活塞声源;　(b)声场分析图

M 点与声源中心 O 的距离为 r,与 z 轴的夹角为 θ,辐射面上所有点的振速幅值为 u_0。在辐射面上取微元 $\mathrm{d}S = l\mathrm{d}l\mathrm{d}\varphi$,它在场点产生的声压是

$$\mathrm{d}p = \mathrm{j}k\rho c\,\frac{u_0\,\mathrm{d}s}{2\pi r_A}\mathrm{e}^{\mathrm{j}(\omega t - kr_A)} \tag{4.65}$$

式中,r_A 为 $\mathrm{d}S$ 到场点 M 的矢径,在远场条件下 $r \gg a$(半径),则 r_A 可表示为

$$r_A \approx r_B = r + \Delta r, \quad \Delta r = l\cos\varphi\sin\theta$$

这样式（4.65）中的分母和指数函数分别为

$$2\pi r_A \approx 2\pi r, \quad \mathrm{e}^{-\mathrm{j}kr_A} \approx \mathrm{e}^{-\mathrm{j}k(r+l\cos\varphi\sin\theta)}$$

微元在场点产生的声压为

$$\mathrm{d}p = \mathrm{j}k\rho c\,\frac{u_0}{2\pi r}\mathrm{e}^{-\mathrm{j}kr}\,\mathrm{e}^{-\mathrm{j}kl\cos\varphi\sin\theta}l\,\mathrm{d}l\,\mathrm{d}\varphi$$

省略 $\mathrm{e}^{\mathrm{j}\omega t}$，整个辐射面在场点产生的声压函数为

$$p(r,\theta) = \mathrm{j}k\rho c\,\frac{u_0}{2\pi r}\mathrm{e}^{-\mathrm{j}kr}\int_0^a l\,\mathrm{d}l\int_0^{2\pi}\mathrm{e}^{-\mathrm{j}kl\cos\varphi\sin\theta}\,\mathrm{d}\varphi \tag{4.66}$$

根据 n 阶贝塞尔函数的积分公式

$$J_n(x) = \frac{1}{2\pi\mathrm{j}^n}\int_0^{2\pi}\mathrm{e}^{\mathrm{j}x\cos\varphi}\cos(n\varphi)\,\mathrm{d}\varphi$$

这样

$$\int_0^{2\pi}\mathrm{e}^{-\mathrm{j}kl\cos\varphi\sin\theta}\,\mathrm{d}\varphi = 2\pi J_0(kl\sin\theta)$$

另一方面，由贝塞尔函数具有的递推公式

$$\int xJ_0(x)\,\mathrm{d}x = xJ_1(x)$$

于是

$$p(r,\theta) = \mathrm{j}k\rho c\,\frac{u_0}{2\pi r}\mathrm{e}^{-\mathrm{j}kr}\int_0^a 2\pi J_0(kl\sin\theta)l\,\mathrm{d}l = \frac{\mathrm{j}k\rho c}{r}\,\frac{u_0\mathrm{e}^{-\mathrm{j}kr}}{(k\sin\theta)^2}\int_0^{ka\sin\theta}xJ_0(x)\,\mathrm{d}x =$$

$$\frac{\mathrm{j}k\rho c}{r}\,\frac{u_0\mathrm{e}^{-\mathrm{j}kr}}{(k\sin\theta)^2}ka\sin\theta J_1(ka\sin\theta) = \frac{\mathrm{j}k\rho cSu_0}{2\pi r}\,\frac{2J_1(ka\sin\theta)}{ka\sin\theta}\mathrm{e}^{-\mathrm{j}kr} \tag{4.67}$$

式中，S 是圆面活塞的表面积，最终的表达式为

$$p(r,\theta) = \frac{\mathrm{j}k\rho cSu_0}{2\pi r}\left[\frac{2J_1(ka\sin\theta)}{ka\sin\theta}\right]\mathrm{e}^{\mathrm{j}(\omega t-kr)} \tag{4.68}$$

在远场，声强满足关系式

$$I(r,\theta) = \frac{1}{2\rho c}p_0^2(r,\theta)$$

于是

$$I(r,\theta) = \frac{\rho ck^2a^4u_0^2}{8r^2}\left[\frac{2J_1(ka\sin\theta)}{ka\sin\theta}\right]^2$$

当 $\theta=0$ 时，得到声轴上的声压振幅

$$p(r,0) = \frac{k\rho ca^2u_0}{2r} \tag{4.69}$$

4.3.2　圆面活塞声源的辐射方向性

1. 指向性函数

由圆面活塞声源的声压函数表达式和式（4.69），可得声源的指向性函数为

$$D(\theta) = \frac{p(r,\theta)}{p(r,0)} = \left|\frac{2J_1(ka\sin\theta)}{ka\sin\theta}\right| \tag{4.70}$$

鉴于这种声源的应用比较广泛，其指向性函数又具有特殊性，图 4-15 和表 4-1 分别给出一阶贝塞尔函数与其宗量比曲线以及常用值以供备查。

表 4 - 1　　一阶贝塞尔函数与其宗量比的常用值

x	$2J_1(x)/x$	x	$2J_1(x)/x$	x	$2J_1(x)/x$
0.0	1.000 0	3.0	0.226 0	8.5	0.064 3
0.2	0.995 0	3.2	0.163 3	9.0	0.054 5
0.4	0.980 2	3.4	0.105 4	9.5	0.033 9
0.6	0.955 7	3.6	0.053 0	10.0	0.008 7
0.8	0.922 1	3.8	0.006 8	10.5	−0.015 0
1.0	0.880 1	4.0	−0.033 0	11.0	−0.032 1
1.2	0.830 5	4.5	−0.102 7	11.5	−0.039 7
1.6	0.712 4	5.0	−0.131 0	12.0	−0.037 2
1.8	0.646 1	5.5	−0.124 2	12.5	−0.026 5
2.0	0.576 7	6.0	−0.092 2	13.0	−0.010 8
2.2	0.505 4	6.5	−0.047 3	13.5	0.005 6
2.4	0.433 5	7.0	−0.001 3	14.0	0.019 1
2.6	0.362 2	7.5	0.036 1	14.5	0.026 7
2.8	0.292 7	8.0	0.058 7	15.0	0.027 3

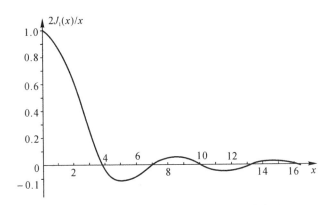

图 4 - 15　　一阶贝塞尔函数与其宗量比曲线图

2. 方向锐度角 Θ_0 和旁瓣级

由图 4 - 15,当 $ka\sin\theta = 3.83$ 时,$D(\theta)$ 取得第一个极小值,因此,得到活塞声源的方向锐度角

$$\Theta_0 = 2\arcsin\left(\frac{3.83}{ka}\right) = 2\arcsin\left(0.61\frac{\lambda}{a}\right) \qquad (4.71)$$

另外,可计算当 $x = 5.2$ 时,$2J_1(x)/x = -0.132$,得到指向性图的最大旁瓣级

$$M_{dB} = -17.6 \ (dB) \qquad (4.72)$$

3. −3 dB 波束宽度 $\Theta_{-3\,dB}$

由波束宽度的定义:

$$D\left(\frac{\Theta_{-3\,\mathrm{dB}}}{2}\right)=0.707$$

令

$$\frac{2J_1\left(ka\sin\dfrac{\Theta_{-3\,\mathrm{dB}}}{2}\right)}{ka\sin\dfrac{\Theta_{-3\,\mathrm{dB}}}{2}}=0.707$$

解得

$$ka\sin\frac{\Theta_{-3\,\mathrm{dB}}}{2}=1.62$$

于是

$$\Theta_{-3\,\mathrm{dB}}=2\arcsin\left(\frac{1.62}{ka}\right)=2\arcsin\left(0.26\,\frac{\lambda}{a}\right) \tag{4.73}$$

4. 指向性因数和指数

由指向性因数的定义 $R_\theta=\dfrac{I_{\max}}{\bar I}$，在声轴方向可以得到声强的极大值为

$$I_{\max}(r,\theta)=\frac{\rho c k^2 a^4 u_0^2}{8r^2}\left[\frac{2J_1(ka\sin\theta)}{ka\sin\theta}\right]^2\bigg|_{\theta=0}=\frac{\rho c k^2 a^4 u_0^2}{8r^2} \tag{4.74}$$

另一方面

$$\bar I=\frac{W}{4\pi r^2}=\frac{1}{4\pi r^2}\iint_S I(r,\theta)\,\mathrm dS$$

考虑到声源只在上半空间辐射，且声场对 z 轴是对称的，有

$$\iint_S I(r,\theta)\,\mathrm dS=\int_0^{2\pi}\mathrm d\varphi\int_0^{\pi/2}I(r,\theta)r^2\sin\theta\,\mathrm d\theta=2\pi r^2\int_0^{\pi/2}I(r,\theta)\sin\theta\,\mathrm d\theta$$

$$\int_0^{\pi/2}I(r,\theta)\sin\theta\,\mathrm d\theta=\int_0^{\pi/2}\frac{\rho c k^2 a^4 u_0^2}{8r^2}\left[\frac{2J_1(ka\sin\theta)}{ka\sin\theta}\right]^2\sin\theta\,\mathrm d\theta$$

积分

$$\int_0^{\pi/2}\left[\frac{2J_1(ka\sin\theta)}{ka\sin\theta}\right]^2\sin\theta\,\mathrm d\theta=\frac{2}{(ka)^2}\left[1-\frac{J_1(2ka)}{ka}\right]$$

于是

$$\bar I=\frac{W}{4\pi r^2}=\frac{1}{4\pi r^2}\iint_S I(r,\theta)\,\mathrm ds=\frac{I_{\max}}{(ka)^2}\left[1-\frac{J_1(2ka)}{ka}\right]$$

指向性因数为

$$R_\theta=\frac{I_{\max}}{\bar I}=\frac{(ka)^2}{\left[1-\dfrac{J_1(2ka)}{ka}\right]} \tag{4.75}$$

在低频条件下，圆面活塞声源退化为点源，即当 $ka\ll1$ 时，由一阶贝塞尔函数的展开式

$$J_1(x)=\frac{x}{2}-\frac{x^3}{2^2\times4}+\frac{x^5}{2^2\times4^2\times6}-\cdots$$

可确定

$$\lim_{x\to0}\frac{J_1(2x)}{x}=\lim_{x\to0}\frac{1}{x}\left\{\frac{2x}{2}-\frac{8x^3}{2^2\times4}+\cdots\right\}=1-\frac{x^2}{2}$$

代入式(4.75)有

$$R_\theta = \frac{(ka)^2}{\left[1 - \dfrac{J_1(2ka)}{ka}\right]} \approx \frac{(ka)^2}{\left\{1 - \left[1 - \dfrac{(ka)^2}{2}\right]\right\}} = 2$$

相应地,有

$$\mathrm{DI} = 10\lg R_\theta = 3 \ (\mathrm{dB})$$

在高频条件下 $ka \gg 1$,由图 4-15 可见 $\dfrac{2J_1(x)}{x} \to 0$,因此 $\dfrac{J_1(2ka)}{ka} \to 0$,这时,圆面活塞形声源具有很高的指向性,指向性因数和指数分别为

$$R_\theta \approx (ka)^2 = \frac{4\pi S}{\lambda^2}$$

$$\mathrm{DI} = 10\lg R_\theta = 20\lg ka \tag{4.76}$$

作为应用比较多的两种声源,图 4-16 对高频或大孔径条件下直线阵和圆面活塞形声源的指向性指数进行比较,作为例子,图中的虚直线连接所设阵形的孔径与工作频率,对应于线阵和平面圆阵的指向性指数值分别约为 9 dB 和 22 dB。可以看出,当工作频率以倍频程增加时,指向性指数的增量线阵大约是 3 dB,圆面活塞约为 6 dB。

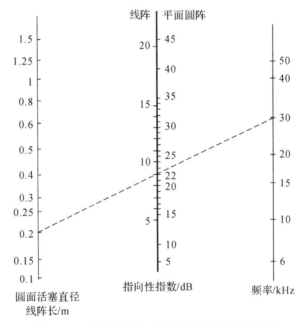

图 4-16　活塞声源与直线阵的指向性指数比较

4.3.3　圆面活塞声源的辐射阻抗

有关辐射阻抗的概念已在第一节做了说明,现在对圆面活塞形声源的辐射阻抗进行分析。首先还是看声源辐射,其辐射表面受到介质的反作用力

$$F_r = -Sp_a \tag{4.77}$$

与球面声源不同,圆面活塞形声源表面上的声压不再是均匀的了。这一点初看起来有些奇怪,实际上,声源表面上任意一点的声压均是由声源上其他部分的辐射在这一点的贡献,场

点的位置不同,作用的距离也将不同。但又可以看出,这个声压的分布是关于圆心对称的。因此,作用力的求解将复杂很多,是一个双重积分的过程,这里做一简介。

圆面活塞形声源辐射时,设其表面上任意点 M_i 处的声压为 δp_i,作用于点邻近面元 ΔS_i 上的力为 $\delta p_i \Delta S_i$,整个声源表面所受之力就是

$$F_r = -\sum_i \delta p_i \Delta S_i$$

另一方面,要看 δp_i 怎样计算。声源表面上任意一个面元 ΔQ_p 振动时将在场点 M_i 处产生的声压为 δp_{pi},它可用点源的声压函数表示出(略去 $\mathrm{e}^{\mathrm{j}\omega t}$):

$$\delta p_{pi} = \mathrm{j}\frac{k\rho c u_0}{2\pi r_{pi}}\Delta Q_p \mathrm{e}^{-\mathrm{j}k r_{pi}} \tag{4.78}$$

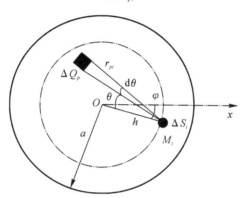

图 4 - 17　活塞声源的辐射阻抗分析图

整个圆面在 M_i 点的声压 δp_i 为上式对全圆面取和

$$\delta p_i = \sum_p \delta p_{pi} = \mathrm{j}\frac{k\rho c u_0}{2\pi}\sum_p \frac{\mathrm{e}^{-\mathrm{j}k r_{pi}}}{r_{pi}}\Delta Q_p$$

于是,声源表面上所受的作用力就是

$$F_r = -\sum_i \delta p_i \Delta S_i = -\mathrm{j}\frac{k\rho c u_0}{2\pi}\sum_i \sum_p \frac{\mathrm{e}^{-\mathrm{j}k r_{pi}}}{r_{pi}}\Delta Q_p \Delta S_i$$

上式对面积元的求和是双重的,即对每一对面积元 ΔQ_p,ΔS_i 要取两次和。其意义是当 ΔQ_p 发射作用于 ΔS_i 和 ΔS_i 发射作用于 ΔQ_p 都对总的声压有贡献,但取和时以下两个值是相等的,即

$$\frac{\mathrm{e}^{-\mathrm{j}k r_{pi}}}{r_{pi}}\Delta Q_p \Delta S_i \leftrightarrow \frac{\mathrm{e}^{-\mathrm{j}k r_{ip}}}{r_{ip}}\Delta S_i \Delta Q_p$$

因此在上式取和的过程中可以让每一对面积元只出现一次(不重复取和),再将求和的结果加倍即可,上式乘 2 后表示为

$$F_r = -\mathrm{j}\frac{k\rho c u_0}{\pi}\sum_i \sum_p \frac{\mathrm{e}^{-\mathrm{j}k r_{pi}}}{r_{pi}}\Delta Q_p \Delta S_i \quad (i \neq p)$$

写作积分就是

$$F_r = -\mathrm{j}\frac{k\rho c u_0}{\pi}\iint_S \mathrm{d}S \iint_S \frac{\mathrm{e}^{-\mathrm{j}k r}}{r}\mathrm{d}Q \tag{4.79}$$

在积分过程中,当考虑面积元 $\mathrm{d}Q$ 辐射在 $\mathrm{d}S$ 上产生的声压时,只需取 $\mathrm{d}S$ 所在位置 M_i 点圆周以内的贡献,即 $\mathrm{d}Q$ 的积分域是以所在点 M_i 为边界的圆面内,而不需考虑圆面外辐射面的贡

献。当 M_i 由圆心 O 变化到活塞面圆周上(半径为 a)时,式(4.79)中的两个面积分就实际只考虑了面元间的一次相互作用。

令 M_i 点的矢径为 h ,与 $\mathrm{d}Q$, $\mathrm{d}S$ 连线 r_{pi} 的夹角为 θ ,注意到面积元 $\mathrm{d}Q$ 是以 $\mathrm{d}S$ 为参照积分的,而 $\mathrm{d}S$ 则是以圆心为参照积分的。因此积分元

$$\mathrm{d}Q = r\mathrm{d}\theta\mathrm{d}r, \quad 其积分域\ r:0 \sim 2h\cos\theta, \quad \theta:-\frac{\pi}{2} \sim \frac{\pi}{2}$$

$$\mathrm{d}S = h\mathrm{d}\varphi\mathrm{d}h, \quad 其积分域\ h:0 \sim a, \quad \varphi:0 \sim 2\pi$$

式(4.79)成为

$$F_r = -\mathrm{j}\,\frac{k\rho c u_0}{\pi}\int_0^a h\mathrm{d}h\int_0^{2\pi}\mathrm{d}\varphi\int_{-\pi/2}^{\pi/2}\mathrm{d}\theta\int_0^{2h\cos\theta}\frac{\mathrm{e}^{-\mathrm{j}kr}}{r}r\mathrm{d}r$$

式中

$$\int_0^{2h\cos\theta}\mathrm{e}^{-\mathrm{j}kr}\,\mathrm{d}r = \frac{1}{\mathrm{j}k}\left[1 - \mathrm{e}^{-2\mathrm{j}kh\cos\theta}\right]$$

$$\int_{-\pi/2}^{\pi/2}\mathrm{e}^{-2\mathrm{j}kh\cos\theta}\,\mathrm{d}\theta = 2\left[\int_0^{\pi/2}\cos(2kh\cos\theta)\,\mathrm{d}\theta - \mathrm{j}\int_0^{\pi/2}\sin(2kh\cos\theta)\,\mathrm{d}\theta\right]$$

括号中的两个积分分别是零阶贝塞尔函数和零阶修正贝塞尔函数,即

$$\int_0^{\pi/2}\cos(Z\cos\theta)\,\mathrm{d}\theta = \frac{\pi}{2}J_0(Z), \quad \int_0^{\pi/2}\sin(Z\cos\theta)\,\mathrm{d}\theta = \frac{\pi}{2}K_0(Z)$$

这两个特殊函数的级数表示式分别是

$$J_0(Z) = \sum_{m=0}^{\infty}\frac{(-1)^m}{(m!)^2}\left(\frac{Z}{2}\right)^{2m} = 1 - \frac{\left(\frac{Z}{2}\right)^2}{1!} + \frac{\left(\frac{Z}{2}\right)^4}{2!} - \cdots$$

$$K_0(Z) = \frac{2}{\pi}\sum_{m=0}^{\infty}(-1)^m\frac{(Z)^{2m+1}}{[(2m+1)!!]^2} = \frac{2}{\pi}\left[\frac{Z}{1!} - \frac{(Z)^3}{(3\times1)^2} + \frac{(Z)^5}{(5\times3\times1)^2} - \cdots\right]$$

于是

$$\int_{-\pi/2}^{\pi/2}\frac{1}{\mathrm{j}k}(1 - \mathrm{e}^{-2\mathrm{j}kh\cos\theta})\,\mathrm{d}\theta = \frac{\pi}{\mathrm{j}k}\left[1 - J_0(2kh) + \mathrm{j}K_0(2kh)\right]$$

上式继续积分就是

$$\frac{2\pi^2}{\mathrm{j}k}\int_0^a[1 - J_0(2kh) + \mathrm{j}K_0(2kh)]h\mathrm{d}h = \frac{(\pi a)^2}{\mathrm{j}k}\left[1 - \frac{2J_1(2ka)}{2ka} + \mathrm{j}\,\frac{2K_1(2ka)}{(2ka)^2}\right]$$

其中,用到了贝塞尔函数的递推公式:

$$\frac{\mathrm{d}}{\mathrm{d}x}[x^nJ_n(x)] = x^nJ_{n-1}(x)$$

$$\int_0^a J_0(2kh)h\mathrm{d}h = \frac{1}{(2k)^2}\int_0^{2ka}xJ_0(x)\mathrm{d}x = \frac{1}{(2k)^2}\int_0^{2ka}\mathrm{d}[xJ_1(x)] = \frac{1}{(2k)^2}\left.[xJ_1(x)]\right|_0^{2ka} = \frac{a}{2k}J_1(2ka)$$

$$\int_0^a K_0(2kh)h\mathrm{d}h = \frac{1}{(2k)^2}K_1(2ka) = a^2\frac{K_1(2ka)}{(2ka)^2}$$

最终

$$F_r = -\mathrm{j}\,\frac{k\rho c u_0}{\pi}\left\{\frac{(\pi a)^2}{\mathrm{j}k}\left[1 - \frac{2J_1(2ka)}{2ka} + \mathrm{j}\,\frac{2K_1(2ka)}{(2ka)^2}\right]\right\} =$$

$$-\rho c u_0 S\left[1 - \frac{2J_1(2ka)}{2ka} + \mathrm{j}\,\frac{2K_1(2ka)}{(2ka)^2}\right] \tag{4.80}$$

式中,$S = \pi a^2$ 是圆面活塞声源的表面积。辐射阻抗是声源表面所受反作用力与振速的比即

$$z_s = \frac{-F_r}{u_0 e^{j\omega t}} = R_s + jX_s = \rho c S \left[1 - \frac{2J_1(2ka)}{2ka} + j\frac{2K_1(2ka)}{(2ka)^2} \right] \quad (4.81)$$

相应地

$$R_s = \rho c S \left[1 - \frac{2J_1(2ka)}{2ka} \right], \quad X_s = \rho c S \frac{2K_1(2ka)}{(2ka)^2} \quad (4.82)$$

同样可将辐射抗表示为共振质量 $X_s = \omega M_s$,图 4 - 18 给出了单向辐射圆面活塞声源辐射阻抗随参量 ka 的变化趋势。

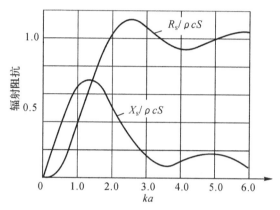

图 4 - 18   置于无限障板上的圆面活塞声源辐射阻抗

实际应用中,往往考虑以下两种情况:

(1) 高频条件 $ka \gg 1$,工程上只需满足 $ka \geqslant 2\pi$ 即可,在这种情况下分别有

$$\lim_{x \to \infty} J_1(x) = \sqrt{\frac{2}{\pi x}} \cos\left(x - \frac{3\pi}{4}\right) \to 0, \quad \lim_{x \to \infty} K_1(x) = \frac{2x}{\pi}$$

$$z_s \approx \rho c S \left[1 + j\frac{2}{\pi ka} \right] \to \rho c S \quad (4.83)$$

说明在高频条件下圆面活塞声源的辐射阻抗趋于平面波辐射阻抗,辐射阻 $R_s = \rho c S$,辐射抗 $X_s \to 0$。

(2) 低频条件 $ka \ll 1$,工程上只需满足 $ka \leqslant \frac{\pi}{10}$ 即可,在这种情况下分别有

$$\lim_{x \to 0} J_1(x) = \frac{x}{2} \left[1 - \frac{1}{2} \left(\frac{x}{2}\right)^2 \right], \quad \lim_{x \to 0} K_1(x) = \frac{2}{3\pi} x^3$$

$$z_s \approx \rho c S \left[\frac{1}{2}(ka)^2 + j\frac{8ka}{3\pi} \right] \quad (4.84)$$

在低频条件下圆面活塞声源的辐射阻 R_s 与频率 ω 的二次方成正比,$R_s = \frac{1}{2}\rho c S (ka)^2$,由辐射抗反映的共振质量

$$M_s = \frac{X_s}{\omega} = \frac{8}{3}\rho a^3 \quad (4.85)$$

4.3.4   圆面活塞声源的辐射声功率

第一节已经提到,从声源的角度看,辐射声功率就是消耗在辐射声阻上的机械功率。如果

声源表面质点振速的幅值为 u_0,由式(4.19),可得

$$W_a = \frac{1}{2}u_0^2 R_s = \frac{1}{2}u_0^2 \rho c S \left[1 - \frac{2J_1(2ka)}{2ka}\right] \tag{4.86}$$

当满足高频条件时

$$W_a \approx \frac{1}{2}u_0^2 \rho c S \tag{4.87}$$

当满足低频条件时

$$W_a \approx \frac{1}{2}u_0^2 \rho c S \times \frac{1}{2}(ka)^2 \tag{4.88}$$

例题 4-4 UUV 探测声呐的声源可视为直径 200 mm 的平面圆阵(障板上单面辐射的活塞声源),其辐射声功率 500 W,$f_0 = 25$ kHz。求:

(1) 声源表面的质点振速幅值;

(2) 辐射产生的共振质量;

(3) 声轴方向距离声源 1 m 和 10 m 处的声压级;

(4) 声源的指向性指数及下降 3 dB 和 6 dB 的波束宽度。

解 由题设,声源的辐射可视为满足高频条件

$$W_a = \frac{1}{2}\rho c S u_0^2 \quad \rightarrow \quad u_0 = \sqrt{\frac{2W_a}{\rho c S}} \approx 0.146\,(\text{m/s})$$

在高频条件下共振质量很小,由式(4.83),有

$$M_s = \frac{2\rho c S}{\pi k a \omega} = 0.018\,(\text{kg})$$

由式(4.69),声轴方向的声压振幅为 $p_0 = \dfrac{\rho c S k u_0}{2\pi r}$。

相应的声压级

$$p_e(1\text{ m}) \approx 8.1 \times 10^4\,(\text{Pa}) \rightarrow \text{SPL}(1\text{ m}) \approx 218\,(\text{dB})$$

$$p_e(10\text{ m}) \approx 8.1 \times 10^3\,(\text{Pa}) \rightarrow \text{SPL}(10\text{ m}) \approx 198\,(\text{dB})$$

指向性指数

$$\text{DI} \approx 20\lg(ka) = 20.4\,(\text{dB})$$

−3 dB 波束宽度

$$\Theta_{-3\text{ dB}} = 2\arcsin\left(\frac{1.62}{ka}\right) \approx 17.8°$$

−6 dB 波束宽度:由

$$20\lg D(\theta) = -6\,(\text{dB}) \rightarrow D(\theta) \approx 0.5$$

即

$$\frac{2J_1\left[ka\sin\left(\dfrac{\Theta_{-6\text{ dB}}}{2}\right)\right]}{ka\sin\left(\dfrac{\Theta_{-6\text{ dB}}}{2}\right)} = 0.5$$

查表 4-1 可知,满足上式 $ka\sin\left(\dfrac{\Theta_{-6\text{ dB}}}{2}\right) \approx 2.2$

$$\Theta_{-6\text{ dB}} = 2\arcsin\left(\frac{2.2}{ka}\right) \approx 24.3°$$

4.3.5　矩形活塞声源的声辐射

与圆形活塞声源一样,矩形活塞声源也是一种平面声源,声源表面在信号源的激励下沿着 z 方向作等幅同相振动,在上半空间产生声场。它既可以单独作为声源使用,又可作为阵元,按照确定形状排列形成各种形式的阵列使用,在工程中的应用非常广泛。

矩形活塞声源的辐射声场的确定和圆面活塞声源辐射声场类似,如图 4-19 所示,矩形活塞的边长分别是 a,b,面元 dS 相对声学中心 O 的声程差为

$$\Delta r = \boldsymbol{l}_{\mathrm{dS}} \cdot \boldsymbol{e} = x e_x + y e_y$$

相应的相位差为

$$\Delta \varphi_{\mathrm{dS}} = k\Delta r = k(\boldsymbol{l}_{\mathrm{dS}} \cdot \boldsymbol{e}) = k(x\cos\alpha\sin\theta + y\sin\alpha\sin\theta)$$

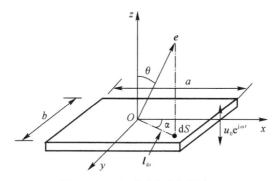

图 4-19　矩形活塞式辐射声源

面元 ds 在场点 $M(r,\theta)$ 产生的声场为

$$\mathrm{d}p = \mathrm{j}k\rho c \,\frac{u_0\,\mathrm{d}S}{2\pi r_{\mathrm{dS}}}\mathrm{e}^{\mathrm{j}(\omega t - k r_{\mathrm{dS}})}$$

由于 $r = r_{\mathrm{dS}} + \Delta r$,得

$$\mathrm{d}p = \mathrm{j}k\rho c \,\frac{u_0\,\mathrm{d}x\,\mathrm{d}y}{2\pi r}\mathrm{e}^{\mathrm{j}(\omega t - k r)}\,\mathrm{e}^{-\mathrm{j}k\Delta r}$$

$$p(\alpha,\theta) = \frac{\mathrm{j}k\rho c u_0}{2\pi r}\mathrm{e}^{\mathrm{j}(\omega t - k r)}\int_{-\frac{a}{2}}^{\frac{a}{2}}\int_{-\frac{b}{2}}^{\frac{b}{2}}\mathrm{e}^{-\mathrm{j}k(x\cos\alpha\sin\theta + y\sin\alpha\sin\theta)}\,\mathrm{d}x\,\mathrm{d}y$$

得到矩形活塞声源在常规(旁射)方式下的辐射声场表示式为

$$p(\alpha,\theta) = \frac{\mathrm{j}k\rho c S u_0}{2\pi r}D(\alpha,\theta)\mathrm{e}^{\mathrm{j}(\omega t - k r)} \tag{4.89}$$

式中,S 是矩形活塞声源的辐射面积;$D(\alpha,\theta)$ 是这种声源的指向性函数,有

$$D(\alpha,\theta) = \frac{\sin\left(\dfrac{ka}{2}\cos\alpha\sin\theta\right)}{\dfrac{ka}{2}\cos\alpha\sin\theta}\frac{\sin\left(\dfrac{kb}{2}\sin\alpha\sin\theta\right)}{\dfrac{kb}{2}\sin\alpha\sin\theta} \tag{4.90}$$

对于不同的定向平面,指向性参数略有不同,当 $\alpha = 0°, \pi/2$ 时对应 xOz, yOz 定向平面,是其常规(旁射)指向性,分别为

$$D(0,\theta) = \frac{\sin\left(\dfrac{ka}{2}\sin\theta\right)}{\dfrac{ka}{2}\sin\theta}, \quad D\left(\frac{\pi}{2},\theta\right) = \frac{\sin\left(\dfrac{kb}{2}\sin\theta\right)}{\dfrac{kb}{2}\sin\theta} \tag{4.91}$$

具有与长度为 a,b 连续线阵相同的指向性参数为

$$\Theta_0 = 2\arcsin\left(\frac{\lambda}{a}\right), \quad \Theta_{-3\,\text{dB}} = 2\arcsin\left(0.44\,\frac{\lambda}{a}\right) \tag{4.92}$$

当 $\theta = \pi/2$ 时,声源的辐射在 xOy 定向平面,这种情况称为平面阵的端射。在端射情况下的指向性函数为

$$D\left(\alpha,\frac{\pi}{2}\right) = \frac{\sin\left(\frac{ka}{2}\cos\alpha\right)}{\frac{ka}{2}\cos\alpha}\,\frac{\sin\left(\frac{kb}{2}\sin\alpha\right)}{\frac{kb}{2}\sin\alpha}$$

进一步可确定矩形活塞声源在常规(旁射)方式下的指向性指数为

$$\text{DI} = 10\lg R_\theta = 10\lg\frac{4\pi S - 2\lambda\sqrt{S} + 2\lambda^2}{\lambda^2} \tag{4.93}$$

4.4 辐射声源级

对于声源而言,辐射声功率 W_a 是说明其性能优劣的重要参数,它与声源上施加的电功率、声源自身性能(电声转换效率、输入输出阻抗、辐射阻抗等因素)密切相关,因此,这个参数不易获取和测量。在工程水声中,用另一个参数 —— 辐射声源级 SL 表征声源的性能,SL 与 W_a 之间具有确定的关系并且易于测试确定,因此 SL 成为声呐方程和实际应用中表征声源性能的重要参数。

4.4.1 声源的辐射声源级

定义:距声源等效声学中心 1 m 处声源辐射声波的声强与参考声强比的分贝值称为该声源的辐射声源级,用 SL 表示。首先讨论无指向性声源,根据定义,其 SL 的表示式为

$$\text{SL} = 10\lg\frac{I(1\text{m})}{I_{\text{ref}}} = 20\lg\frac{p_e(1\text{m})}{p_{\text{ref}}} \tag{4.94}$$

式中,$I(1\text{ m})$,$p_e(1\text{ m})$ 是距离声源等效声学中心 1 m 处测得的声源辐射声波声强和声压有效值;I_{ref}、p_{ref} 为声强和声压参考值,由上式可见,辐射声源级 SL 可通过声源辐射声场的声压函数确定。

再看声源级 SL 与辐射声功率 W_a 之间的关系,对于无指向性声源,其辐射声功率与声强之间的关系为

$$W_a = 4\pi r^2 I(r) = 4\pi r^2\,\frac{p_e^2(r)}{\rho c} \tag{4.95}$$

式中,W_a 是球面 $4\pi r^2$ 上的平均辐射声功率。当 $r = 1\text{ m}$ 时,$W_a = 4\pi I(1\text{ m})$。代入 SL 定义式可得到

$$\text{SL} = 10\lg\frac{I(1\text{ m})}{I_{\text{ref}}} = 10\lg W_a - 10\lg I_{\text{ref}} - 10\lg 4\pi$$

由于 $I_{\text{ref}} = \frac{2}{3}\times 10^{-18}\,(\text{W/m}^2)$,常数 $10\lg 4\pi I_{\text{ref}} = -180 + 9.23 \approx -170.8$,于是无指向性声源的辐射声源级为

$$\text{SL} = 10\lg W_a + 170.8 \tag{4.96}$$

当声源是具有指向性的,通常用其声轴方向的声强定义辐射声源级,如果声源的指向性因数是 R_θ,则轴向声强为

$$I_{\max}(1\ \mathrm{m}) = R_\theta \bar{I} = R_\theta \frac{W_\mathrm{a}}{4\pi}$$

代入 SL 定义式可得

$$\mathrm{SL} = 10\lg \frac{I_{\max}(1\mathrm{m})}{I_\mathrm{ref}} = 10\lg \frac{R_\theta \bar{I}(1\ \mathrm{m})}{I_\mathrm{ref}} = 10\lg W_\mathrm{a} + 10\lg R_\theta - 10\lg 4\pi I_\mathrm{ref}$$

声源的指向性指数 $\mathrm{DI} = 10\lg R_\theta$,于是

$$\mathrm{SL} = 10\lg W_\mathrm{a} + \mathrm{DI} + 170.8 \tag{4.97}$$

从上节的例题 4-4 可见,该声源的辐射声功率和指向性指数分别为 500 W,20.4 dB,代入上式后得到其声源级 SL = 218 dB,这也正是该声源距声轴方向 1 m 处的声压级。

需要说明的是,通常在进行声场测量时,对 $I(1\ \mathrm{m})$,$p_\mathrm{e}(1\ \mathrm{m})$ 并不一定要在距声源 1 m 处去测量,而必须考虑满足远场条件。即是说,在远场条件下测得 $p_\mathrm{e}(r)$ 后,再按照球面波衰减规律折成 $p_\mathrm{e}(1\ \mathrm{m})$ 即可。

4.4.2　限制声源辐射功率的因素

一般而言,为了有效增加声信号的探测和作用范围,人们总是希望提高声源的辐射声功率,除了发射机电子技术上实现的问题外,增加声源的辐射声功率还受到声辐射过程其他因素的影响,其中最主要的有空化现象和近场效应。

1. 空化现象

当不断增加声源发射声波的功率到一定程度时,在声源表面会产生气泡,这种现象称为声源的空化。产生这种现象的物理原因是,当声源大功率辐射时,贴近声源表面的水分子将受到巨大的交变声压作用。在声压负半周,水分子受到的压强为 $P_0 - p$,它可能会撕开水分子间的结合而形成气泡。气泡的存在使介质的特性产生变化(声特性阻抗减小),降低了辐射声功率,时还会增加声波的散射与吸收,影响辐射的效果。

在声压正半周,水分子受到的压强为 $P_0 + p$,它可能会压破气泡,产生声脉冲波动,加上气泡自身的非线性振动形成所谓的空化噪声。

从对声源辐射的影响角度,主要关心的是辐射时产生的负压值,一般用平面波声强或大气压的单位定义这个负压值,称为空化阈,用 I_c 或 p_c 表示。可以用一个数据说明一下空化阈的大小:在标准大气压下(海平面),海水在工作频率 $f = 15\ \mathrm{kHz}$ 辐射声源的作用下,其空化阈的测试数据是 $0.5 \sim 2.0\ \mathrm{atm}$ [①](声压幅值),相当于平面波声强是

$$I_\mathrm{c} = \frac{p_\mathrm{c}^2}{2\rho c} = \frac{(0.5 \times 10^5 \sim 2.0 \times 10^5\ \mathrm{Pa})^2}{2 \times 1.5 \times 10^6} = 0.083 \times 10^4 \sim 1.3 \times 10^4\ (\mathrm{W/m^2}) \tag{4.98}$$

此外空化现象还受到声源所在处静水压力 P_0 的影响,与水中的含气量、声波作用时间和工作频率等均有密切关系。例如,以 $1 \sim 2$ ms 的脉冲宽度发射声源,在 $14 \sim 30$ kHz 频段上的空化阈大致分布在 $1 \sim 2$ W/cm² 的范围内。

了解了空化阈的概念后,在设计声源时,要控制其辐射声功率在一定范围内,一般是

---

① 1 atm = 101.325 kPa

$W_{\max} \leqslant I_c S$，其中 S 为声源表面积。实际上，功率超过空化阈后非但不能提高辐射能量，反而会降低声功率并引起其他不良反应。

2. 近场效应

当众多声源组合成阵列（例如前面介绍的线列阵）时，特别在声源之间间隔较小的情况下（密排），各个源振动的相互影响以及相位上的差别可能会导致整个声源辐射效果的下降。这种源与源之间的影响称为近场效应（互辐射阻抗）。比如，两个声源组成阵，当彼此相位相差较大时，近场效应可以使一个声源辐射的能量完全被另一个声源所接收，而在远场几乎没有辐射。

4.5   声波的接收

当声源仅仅作为接收器使用时，其称为水听器。在声场中置入一个水听器后，在声压的作用下，其工作面产生振动并转换成电信号输出。声源的接收声波问题主要是讨论声波在声源表面上的效果，包括声源表面的声压（直接入射波和散射波的叠加）、接收声波的失真（接收压力系数与接收声场畸变）以及接收的指向性。前两个问题在本书中不作分析，这里仅讨论接收的指向性。

声源接收指向性的概念与辐射时完全类似，只不过评价的是在接收不同方向入射的声信号时输出端呈现的响应变化。设想一个声源在距接收器远场 R 处发射声信号，当声源在以接收器为中心、R 为半径的球面上不同位置发射时，由于接收器具有方向性，所以获得的信号响应是不同的。

如果用 $V(\theta, \varphi)$ 表示声源接收到来自远场 (θ, φ) 方向上声信号后输出端的电压值，而 $V(\theta_0, \varphi_0)$ 表示声源接收到来自远场最大信号响应方向 (θ_0, φ_0) 声信号后输出端的电压值，则可给出以下接收指向性函数的定义：

$$D(\theta, \varphi) = \frac{|V(\theta, \varphi)|}{|V(\theta_0, \varphi_0)|} \tag{4.99}$$

接收器指向性的指标除了用指向性函数描述外，还可以用指向性因数和指向性指数来表示。在第3章例题3-1中曾经给出水听器接收灵敏度的定义：若声场中声压有效值为 p_e，当水听器置入后其输出端的输出电压有效值为 V_e，则该水听器接收电压灵敏度表示为 $M_e = V_e / p_e$。

现在考虑一个具有指向性的水听器和一个无指向性水听器置于相同的各向同性噪声场中接收噪声信号，指向性水听器在声轴方向上的接收灵敏度与无指向性水听器相同，其他方向则受到其指向性函数的约束，因此它接收噪声信号后的输出电压将小于无指向性水听器的输出电压。它们的输出噪声功率（相当于输出电压二次方值）之比定义为指向性水听器的接收指向性因数，有

$$R_\theta = \frac{N_{nd}}{N_d} \tag{4.100}$$

即无指向性水听器较之指向性水听器在各向同性噪声场中接收到的噪声功率要大 R_θ 倍。R_θ 的分贝表示就是指向性指数，即

$$DI = 10 \lg R_\theta$$

$$\mathrm{DI}=10\lg\frac{N_{\mathrm{nd}}}{N_{\mathrm{d}}}=10\lg\frac{V_{\mathrm{nd}}^2}{V_{\mathrm{d}}^2} \qquad (4.101)$$

式中，N_{nd}，N_{d} 分别表示无指向性和指向性接收水听器的输出噪声功率；V_{nd}^2，V_{d}^2 分别是二者输出电压的均方值。

设各向同性噪声场中单位立体角内的噪声功率为 N_0（或者说噪声功率角密度），则无指向性水听器在全空间接收的噪声功率为

$$N_{\mathrm{nd}}=\int_{4\pi}N_0\,\mathrm{d}\Omega=4\pi N_0$$

而指向性水听器在全空间接收的噪声功率为

$$N_{\mathrm{d}}=\int_{4\pi}N_0\frac{V^2(\theta,\varphi)}{V^2(\theta_0,\varphi_0)}\mathrm{d}\Omega=\int_{4\pi}N_0 b(\theta,\varphi)\,\mathrm{d}\Omega$$

式中，$b(\theta,\varphi)=\dfrac{V^2(\theta,\varphi)}{V^2(\theta_0,\varphi_0)}=D^2(\theta,\varphi)$ 是声强或功率指向性函数。

于是

$$\mathrm{DI}=10\lg\frac{N_{\mathrm{nd}}}{N_{\mathrm{d}}}=10\lg\frac{4\pi}{\int_{4\pi}b(\theta,\varphi)\mathrm{d}\Omega} \qquad (4.102)$$

将单位立体角用图 4 - 20 表示，如图取单位球面，则单位立体角

$$\mathrm{d}\Omega=\sin\theta\mathrm{d}\theta\mathrm{d}\varphi \qquad (4.103)$$

则有

$$\mathrm{DI}=10\lg\frac{4\pi}{\int_0^{2\pi}\mathrm{d}\varphi\int_0^{\pi}b(\theta,\varphi)\sin\theta\mathrm{d}\theta} \qquad (4.104)$$

这与前面在介绍声辐射时得到的发射指向性指数是完全相同的，当声场是关于 z 轴对称的，即声压函数或指向性不随 φ 变化时，式(4.104)可进一步简化为

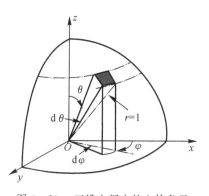

图 4 - 20　三维空间中的立体角元

$$\mathrm{DI}=10\lg\frac{2}{\int_0^{\pi}D^2(\theta)\sin\theta\mathrm{d}\theta}=10\lg\frac{2}{\int_0^{\pi}b(\theta)\sin\theta\mathrm{d}\theta} \qquad (4.105)$$

习　　题

1. 一水下声源发射信号在距其 10 m 处测得的声压级为 SPL＝100 dB，如果将其视为一半径为 0.1 m、振动频率为 100 Hz 的脉动球源，问此球源的声源强度是多少？

2. 半径为 0.1 m 的脉动球源在无限媒质中辐射 100 Hz 的球面声波，试求该球源在空气中和水中辐射的共振质量。

3. 半径为 0.05 m 的脉动球源向水中辐射频率为 5 kHz 的均匀球面声波，在不考虑介质的吸收损耗情况下，已知在距球源中心 1 km 处场点产生的声压幅值为 $\sqrt{2}$ Pa，试求：

(1)场点的声强和球源的辐射声功率；

(2)球源表面的质点振速幅值;

(3)声源的辐射阻抗和共振质量。

4.两个频率相同、源强度相等、相位差为 π/2 的脉动球形声源相距 d 时,求其远场的声压函数表式;若分别有 $d=\lambda/2$ 和 $d=\lambda/4$,求此系统的指向性函数。

5.10 个相同点声源以间距 d 均匀排列成直线阵,分别计算 $d=\lambda/2$ 和 $d=2\lambda$ 时阵的指向性参数(主瓣方向、栅瓣位置、最小值个数、方向锐度角、波束宽度和最大旁瓣级),并绘出指向性图。

6.在无限大障板上半径 $a=1.5$ cm 的圆面活塞辐射器以 $f_0=5$ kHz 的频率、160 dB 的声源级向水中辐射声波,在距活塞声轴方向 20 m 处的声压幅值为多少? 声源的辐射声功率和同振质量又是多少?

7.圆面活塞形声源向水中辐射声波,在工作频率 f_0 上声波波长与活塞半径 a 的关系为 $\lambda=0.5a$,试确定该声源辐射声波的方向锐度角 Θ_0、-3 dB 宽度 $\Theta_{-3\,\mathrm{dB}}$、旁瓣级 M_{dB} 和指向性指数 DI。

8.半径同为 a 的半球形和圆面声源置于障板上向半空间辐射,两个声源振动频率和表面振速均相同且满足低频辐射条件。问:

(1)在远场声轴方向两个声源的声压之比;

(2)两个声源的辐射声功率之比。

9.设计工作频率为 15 kHz 的均匀直线水听器,要求其 -3 dB 波束宽度 $\Theta_{-3\,\mathrm{dB}}=6°$,试求这个接收线阵的长度。

第5章 海洋中的声传播

5.1 海洋的基本声学特性

一方面由于声在海水中传播是其他形式能量传播无法取代的最好方式,所以得到了广泛应用;但另一方面,海洋又是一个非常复杂、不稳定的声传播信道,声的传播将受到自然、地理条件和随机因素的影响,造成水声信号延迟、失真、损耗和起伏等变化。这些问题的研究综合为海洋中的声传播问题,与其说是水声学问题,不如说其本身就是一门学科——海洋声学。本章将讨论其最基本的问题。

5.1.1 海洋中的声速分布

声波在海水中的传播速度是一项非常重要的声学参数,它对海水中的声传播特性产生了很大的影响。在海水这样的流体介质中,声波是以纵波的形式传播的,声速的平均值大致为1 500 m/s,由第 2 章式(2.15)声速的定义,有

$$c=\sqrt{\left(\frac{\partial p}{\partial \rho}\right)_s}=\frac{1}{\sqrt{\rho\beta}} \tag{5.1}$$

海水密度 ρ 和绝热压缩系数 β 都是温度、盐度和压力的函数,因此声速要受到海水温度、盐度和压力的影响,从而引起了声速的相应变化。一般地说,声速随温度、盐度和压力的增加而增加,其中,温度对声速的影响最大,但没有明确的解析式表示它们之间的关系,通常采用的是通过试验获取数据形成的经验公式。目前较为精准的是 Wilson 建立的声速经验公式[10]

$$c=1\ 449.14+\Delta c_T+\Delta c_S+\Delta c_P+\Delta c_{TSP} \tag{5.2}$$

式(5.2)后面四项分别是温度、压力、盐度和混合修正系数,修正的范围是

$\Delta c_T=4.572\ 1T-4.453\ 2\times10^{-2}T^2-2.604\ 5\times10^{-4}T^3+7.985\ 1\times10^{-6}T^4$

$\Delta c_P=1.602\ 72\times10^{-1}P+1.026\ 8\times10^{-5}P^2+3.5216\times10^{-9}P^3-3.3603\times10^{-12}P^4$

$\Delta c_S=1.397\ 99(S-35)+1.692\ 02\times10^{-3}(S-35)^2$

$\Delta c_{STP}=(S-35)(-1.1244\times10^{-2}T+7.771\ 1\times10^{-7}T^2+7.701\ 6\times10^{-5}P-$
$\qquad 1.294\ 3\times10^{-7}P^2+3.158\times10^{-8}PT+1.579\times10^{-9}PT^2)+$
$\qquad P(-1.860\ 7\times10^{-4}T+7.481\ 2\times10^{-6}T^2+4.528\ 3\times10^{-8}T^3)+$
$\qquad P^2(-2.529\ 4\times10^{-7}T+1.856\ 3\times10^{-9}T^2)+P^3(-1.964\ 6\times10^{-10}T)$

式(5.2)的适用范围 T:$-4\sim30$℃;P:$1\sim1\ 000$kg/cm²;①S:$0\sim37$‰。

---

① 1 大气压$=1.013\times10^5$ N/m²≈1.033 kg(力)/cm²;1 kg/cm²$=0.98\times10^5$ N/m²$=0.098\times10^6$ N/m²$=0.1$ MPa。

在上述公式基础上，又有了更加简明的经验公式[11]

$$c = 1\,449.2 + 4.6T - 0.055T^2 + 0.000\,29T^3 + (1.34 - 0.01T)(S - 35) + 0.016z \quad (5.3)$$

式中，z 为海水深度，m，其余与上面相同。

从以上声速的经验公式可见，海水中的声速不是均匀的，是时间空间函数，但根据实际测量数据分析，在一般水声传播范围和有限时间内，声速在水平方向上的变化不是十分显著，而主要随海水深度变化。按照这样的考虑，声速就可以表示为深度的单变量函数，即

$$c = c(z) = f[T(z), S(z), P(z)] \quad (5.4)$$

声速对 z 求导数得到声速随海水深度的变化率，称为声速梯度，单位是 s^{-1}，有

$$g = \frac{\mathrm{d}c(z)}{\mathrm{d}z} \quad (5.5)$$

将声速梯度与某个确定声速（一般取海面的声速）的比值称为相对声速梯度，单位是 m^{-1}，表示为

$$a = \frac{1}{c_0}\frac{\mathrm{d}c(z)}{\mathrm{d}z} \quad (5.6)$$

描述海水中的声速随深度的变化特性时，最好将海洋划分为如图 5-1 所示的一系列水平分层介质，图中每一分层介质的深度和厚度随着地理位置和其他因素都会有很大变化。

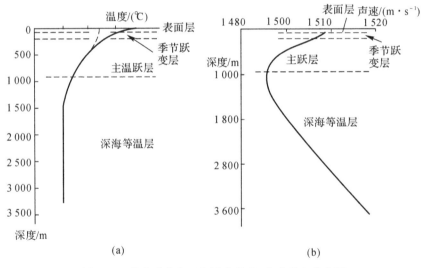

图 5-1　北半球某海区海洋中温度、声速垂直分布图
(a)温度随深度分布；　(b)声速随深度分布

图 5-1(a)表示海水中的温度随深度的变化特性，从海洋表面向下延伸的几十米深度形成了表面层，这一层海水受局部气候甚至一天中不同时刻气候以及人类活动的影响很大，在平静的海况下，海水温度随着深度迅速降低导致声速为负梯度。在暴风雨天气，海水受风吹搅拌等比较激烈，经过充分混合后在相当长的时间内会形成等温层(图中虚线部分)，声速的变化在式(5.3)中仅剩下最后一项由 $0.016z$ 所确定的微弱正梯度。

表面层以下的海水温度受风暴或昼夜循环等瞬变因素的影响较小，但随季节却有很大的变化，此层称为季节温度跃变层，在北半球中纬度海区此层的深度延伸到 $300\ \mathrm{m}$ 左右并具有声速负梯度特征。

第三层具有稳定的深度-温度结构,随着深度增大海水温度逐渐减小直到其最低值,声速也呈现平稳的下降趋势,此层称为主温度跃变层。当声速在主温度跃变层沿深度下降到最小值时,在这一深度上,声速随温度的减小与随深度的增大相平衡,中纬度海区这一深度位置的典型值大约在 1 km,标志着此层的底部或最后一层的顶部。

最后一层由于海水温度基本均匀不变而被称为深海等温层,这一层的深度一直延伸到海底,声速随着深度而增加,因此形成了逐渐趋于 0.016 s^{-1} 的声速梯度。

综上所述,典型的海洋声速垂直方向分布具有显著的四层结构,表面层、季节温度跃变层、主跃变层和深海等温层,图 5-1(b)展现的是这种典型的海洋声速剖面图。海洋中声速垂直方向分布 $c(z)$ 除了上述特点外,还有一些其他特性,例如,随经、纬度,季节和昼夜气候等的变化。在浅海中声速的分布又更加不稳定,还受到大陆架附近多种因素的影响。

5.1.2　声在海水中的传播损失

任何形式的能量(声、光、电)在其辐射和传播过程中,随着传播距离的增加,信号的能量将按照一定的规律衰减,以至于到一定距离时"信号熄灭"。在水声学中用传播损失 TL 来定量地描述这一规律,定义为距离声源声学中心为单位(1 m)距离处参考点的声强为 $I(1\ \text{m})$,传播至距声源声学中心距离为 r 处某观测点的声强为 $I(r)$,则声波从参考点传播至观测点的传播损失为[见式(3.6)]

$$TL=10\lg\frac{I(1\ \text{m})}{I(r)} \tag{5.7}$$

造成声波能量在传播中损失的原因主要有三方面:① 扩展损耗,波阵面在传播过程中不断地扩展,使得在单位时间内单位面积上的能量不断减小(声强减小);② 吸收损耗,海水介质在声的传播过程中将声能吸收并转换成其他形式的能量(比如热能等);③ 边界损耗,海洋介质的有界性和非均匀性,使得声波在边界上散射而形成的能量泄漏。扩展损耗和吸收损耗对声传播的影响是主要的,下面就这两种传播损耗分别作简要的讨论。

1.扩展损耗

最常见的波阵面扩展有两种形式,即球面扩展和柱面扩展,相应地产生了球面波扩展损耗和柱面波扩展损耗。对于球面波而言,其声强表示为

$$I(r)=\frac{|A|^2}{2\rho cr^2}$$

由传播损失的定义,球面扩展的损耗就是

$$TL=10\lg\frac{I(1\ \text{m})}{I(r)}=10\lg\frac{1}{1/r^2}=20\lg r \tag{5.8}$$

即球面波的扩展损耗满足二次方反比规律。这是一种非常普遍的情况,即使声波在海水中的传播是复杂的扩展规律,也常与球面扩展加以比较,或者在球面扩展的基础上加以修正。

另一种比较常见的扩展损耗是柱面波扩展,对于柱面波,其声强的表示式为

$$I(r)=\frac{|A|^2}{\rho ck\pi r}$$

由传播损失的定义,柱面扩展的损耗就是

$$TL=10\lg\frac{I(1\ \text{m})}{I(r)}=10\lg r \tag{5.9}$$

式(5.9)表明,柱面波的扩展损耗满足一次方反比规律。由球面扩展和柱面扩展的规律可以推论,对于平面波而言,由于其声强在传播过程中保持为常数,所以,平面波的扩展损耗为零。为方便起见,将其表示为

$$TL = 0\lg r \tag{5.10}$$

于是,对于上述三种简单形状的波阵面,扩展损耗和传播距离的关系具有如下规律

$$TL = 0\lg r \qquad \text{平面波,不扩展}$$
$$TL = 10\lg r \qquad \text{柱面波,一次方反比扩展}$$
$$TL = 20\lg r \qquad \text{球面波,二次方反比扩展}$$

2. 吸收损耗

(1)海洋介质的吸收系数。数值上用吸收系数反映海水介质对声传播损耗,为了消除扩展损耗的影响,以平面波为对象进行讨论。

如图5-2所示,平面波在海洋介质中传播,在传播方向上,每行进距离 dr 都有一部分声能被吸收损耗掉。设某处的平面波声强为 I,经过 dr 的传播后衰减为 $I-dI$,声强的相对变化量为 dI/I,与 dr 成正比,即

$$\frac{dI}{I} = -\eta dr \tag{5.11}$$

式中,η 为比例常数,负号表示声强的相对变化量为负值。设平面波由 r_1 传播至 r_2 处,其声强由 I_1 变为 I_2,式(5.11)积分得

$$\int_{I_1}^{I_2} \frac{dI}{I} = \int_{r_1}^{r_2} -\eta dr$$

得到

$$\ln I_2 - \ln I_1 = -\eta(r_2 - r_1)$$

或者

$$I_2 = I_1 e^{-\eta(r_2-r_1)} \tag{5.12}$$

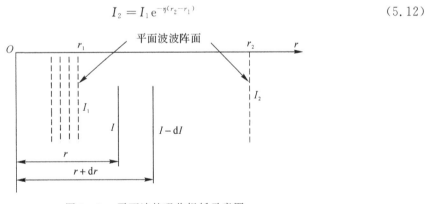

图5-2　平面波的吸收损耗示意图

式(5.12)说明,平面波在吸收介质中传播时,声强按照指数规律随 r 衰减。对式(5.12)取以10为底的对数得到

$$10\lg \frac{I_1}{I_2} = -10\lg e^{-\eta(r_2-r_1)} = 10\eta(r_2-r_1)\lg e$$

令

$$\alpha = 10\eta \lg e \tag{5.13}$$

则由吸收导致的传播损失表示为

$$\text{TL} = 10\lg \frac{I_1}{I_2} = \alpha(r_2 - r_1)$$

式中，α 为介质的对数吸收系数（以 10 为底的对数），物理意义为由于吸收作用，声波每传播单位距离（km）声强衰减的分贝数，单位是 dB/km，当传播距离很大时 $r_2 - r_1 \approx r_2 = r$，上式表示为

$$\text{TL} = \alpha r \tag{5.14}$$

其声强关系为 $I_2 = I_1 10^{-0.1\alpha r}$，$r$ 的单位为 km。

还有一种吸收系数的表示方式，在式（5.12）中，如果令 $\eta = 2\beta$，则有 $I_2 = I_1 \mathrm{e}^{-2\beta(r_2 - r_1)}$，两边取以 e 为底的对数得到

$$\ln I_2 - \ln I_1 = -2\beta(r_2 - r_1)$$

或者

$$\beta = \frac{\ln I_1 - \ln I_2}{2(r_2 - r_1)} \tag{5.15}$$

与 α 不同，称 β 为底数为 e 的对数吸收系数，单位是 Neper（奈贝）/km，以分贝和奈贝两个不同单位表示声强衰减的公式分别为

$$\begin{cases} I_2 = I_1 10^{-0.1\alpha r} \\ I_2 = I_1 \mathrm{e}^{-2\beta r} \end{cases}$$

由此得到两个吸收系数之间的关系为

$$\mathrm{e}^{-2\beta r} = 10^{-0.1\alpha r} \tag{5.16}$$

两边取以 10 为底的对数得到：$2\beta \lg e = 0.1\alpha$，或者 $\alpha = 20\beta \lg e$，由于 $\lg e = 0.434$，所以 $\alpha = 8.68\beta$，也就是说，1（Neper）= 8.68（dB）。在实际应用中，采用 α（dB/km）作为吸收系数的比较多，但国外文献中也经常出现用 β（Neper/km）的情况。

（2）产生吸收的机理和吸收系数的经验公式。声波在海洋中传播时，部分声能量连续地被介质吸收并转换为热。其物理机理部分地归因于海水流体的切变黏滞和弛豫吸收；另外，还因为海水介质中微粒（包括气泡、浮游物质）的共振吸收、海洋介质的热传导吸收，以及不同种类的非均匀性对声波的散射，图 5 - 3 是根据 Fisher 等人的数据绘制的海水和淡水的吸收特性[12]。

目前，工程上常用吸收系数的经验公式描述海水的吸收损耗。吸收系数除了反映上述物理机理外还与海洋介质的压力、温度等参数相关，在对大量实验室和现场试验的数据分析基础上，I. Tolstoy 等人给出了在某个常用海水温度下较为复杂的经验公式[13]

$$\alpha = \frac{1.71 \times 10^8 \left(\dfrac{4\mu_F}{3} + \mu'_F \right) f^2}{\rho c_F^3} + \left(\frac{SA' f_{rm} f^2}{f_{rm}^2 + f^2} \right)(1 - 1.23 \times 10^3 P) + \frac{A'' f_{rb} f^2}{f_{rb}^2 + f^2} \text{（dB/km）}$$

$$\tag{5.17}$$

式中，ρ 为海水密度；c_F 为含盐度 0、温度 14℃ 时海水中的声速；$\mu_F \approx 1.2 \times 10^{-3}$（N·s/m²），$\mu'_F \approx 3.3 \times 10^{-3}$（N·s/m²）分别是 14℃ 时淡水动态切变和动态体积黏滞系数；$f_{rm} = 21.9 \times 10^{\left[6 - \frac{1520}{(t+273)}\right]}$（kHz），$f_{rb} = 0.9 \times 1.5^{t/18}$（kHz）分别是硫酸镁和硼酸盐弛豫频率；$A' = 2.03 \times$

10^{-5} dB/(kHz·km);$A''=1.2\times10^{-4}$ dB/(kHz·m);$S(‰)$,$f(kHz)$,$P(Pa)$分别是海水盐度、声波频率和静水压。

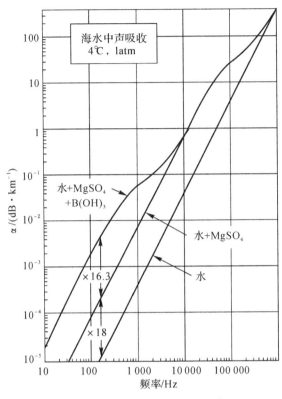

图 5-3　海水和淡水的吸收系数

H. M. Marsh 和 M. Schulkin 得到了 3 kHz～0.5 MHz 频段上的经验公式[14]为

$$\alpha=8.68\times10^{3}\left(\frac{SAf_Tf^2}{f_T^2+f^2}+\frac{Bf^2}{f_T}\right)(1-6.54\times10^{-4}P)\ (dB/km) \qquad (5.18)$$

其中,$A=2.34\times10^{-6}$,$B=3.38\times10^{-6}$,$f_T=21.9\times10^{\left(6-\frac{1520}{T+273}\right)}$ 是温度为 $T℃$ 时的弛豫频率,式中第一个括号中的第一项表示硫酸镁(MgSO$_4$)的弛豫吸收,第二项是黏滞吸收,第二个括号给出了海水静压力的影响。

Thorp 给出了低频段(100 Hz～10 kHz)的经验公式[15],有

$$\alpha=\frac{0.11f^2}{1+f^2}+\frac{44f^2}{4\,100+f^2}\ (dB/km) \qquad (5.19)$$

1973 年,Skretling 和 Leory 针对水温 13℃ 左右的海区给出了 $f=0.2\sim10$ kHz 频段、较为简洁的声波吸收系数经验公式[16]为

$$\alpha=0.007f^2+\frac{1.038\,5f^2}{2.89+f^2}\ (dB/km) \qquad (5.20)$$

在某些特殊工程应用频段($f=10\sim30$ kHz)上,还有一个简单的经验公式[17]

$$\alpha\approx0.036f^{1.5}\ (dB/km) \qquad (5.21)$$

上述所有经验公式中,f 的单位均是 kHz。

综上所述,声波在海水中传播时,当只考虑球面扩展和介质吸收条件时,其传播损失可以

表示为

$$TL = 20\lg r + ar \times 10^{-3} \tag{5.22}$$

例题 5-1　一声呐的辐射声功率在 $W_{a1} = 10$ W 时,位于 1 km 处的接收器刚好能够接收到其辐射声信号,在球面扩展、介质吸收系数 $\alpha = 3$ dB/km 的条件下,为了使 3 km 处的接收器也能接收到声呐的辐射声信号,这部声呐应当辐射的声功率 W_{a2} 是多少? 如果在柱面扩展或吸收系数减小为 $\alpha = 1.5$ dB/km 条件下,声呐的辐射声功率 W_{a3} 又是多少?

解　声呐的辐射声源级为 $SL = 10\lg W_a + DI + 171$ (dB),接收器处的信号级可表示为 $SL - TL$,于是 $SL_1 - TL_1 = SL_2 - TL_2$,若 r 的单位取 km,则上式成为

$$10\lg W_{a1} - (20\lg r_1 + 60 + \alpha r_1) = 10\lg W_{a2} - (20\lg r_2 + 60 + \alpha r_2)$$

可得

$$W_{a2} = W_{a1}\left(\frac{r_2}{r_1}\right)^2 \times 10^{0.1\alpha(r_2 - r_1)} = 10 \times 9 \times 10^{0.6} \approx 360\,(W)$$

如果吸收系数减小为 $\alpha = 1.5$ dB/km,其他条件不变,则有

$$W_{a2} = 10 \times 9 \times 10^{0.3} \approx 180\,(W)$$

而如果在柱面扩展、介质吸收系数 $\alpha = 3$ dB/km 的条件下,则有

$$W_{a3} = 10 \times 3 \times 10^{0.6} \approx 120\,(W)$$

由此可见,海水的传播损失对声波的能量传播有很大影响,其中,波阵面扩展形式和吸收系数的影响又各不相同,对声呐系统而言,要想通过增加声源的辐射声功率去提高声传播距离是需要付出很大代价的。

5.1.3　海面对声传播的影响

海洋表面是水声信道的一个边界面,由于在界面两侧空气和海水的声阻抗率严重不匹配,造成能量的反射成为主导。对于理想平静的海面,当声波从海洋中向海面入射时形成向海水中的反射波,其反射系数为 -1,能量全反射。从声传播的角度看,海面的声反射会使声信号在海洋中的传播路径增多而形成"多途效应";在浅海条件下,海面与海底的声反射又可构成"波导",形成一种特殊的声传播情况。但实际上由于风浪作用,海洋表面形成波浪就成为一个粗糙、起伏、不平稳的界面,将造成反射波的能量损失。海洋表面的波浪,特别是海面附近的气泡层对声波的散射是产生界面混响的主要原因。此外,海面风浪也是产生环境噪声的主要噪声源,这些都会对声呐的工作造成很大的影响。

1. 海面不平整造成的反射损失

图 5-4 给出了由靠近海面下的点声源发射声波经由海面反射后到达接收点的声传播路径,反射声波可视为由海面上与点源位置相对应的"像"发出的,如果海面是平静光滑的,这个由海面反射形成的虚源声强相对于实际声源可认为是没有损失的。但如果海面起伏粗糙,由接收点看到的虚源就变为拖影模糊,使接收到的声强有很大损失。海面对声波的反射损失过程的复杂性主要起因于表面的不平整以及其形状随时间的变化,问题在于何谓"平滑"或"粗糙"表面,直观地说,若表面偏离平面的值相对于声波波长很小,则可认为表面是平滑的;若偏离值比波长大,则认为表面是粗糙的。

在海洋声学领域,用瑞利参数界定海面是否是平滑,定义为[18]

$$R_\sigma = hk\sin\theta$$

式中,h 为海面波浪高度(均方根值,波峰到波谷);θ,k 分别为声波入射海面的掠射角和波数。如果声波在海面上的声反射系数是 R,定义海面对声波能量的反射损失为

$$\alpha_s = 20\lg R = 10\lg \frac{I_r}{I_i} \tag{5.23}$$

当满足 $h\sin\theta < \lambda/8$ 时,海面可视为是平滑的,$\alpha_s \approx 0$。当 $h\sin\theta > \lambda/8$ 时,反射损失不再是零,Urick[18] 等人测量了波浪高度 $h \approx 0.3$ m、声波频率为 25 kHz、入射海面的掠射角 $\theta \approx 3° \sim 18°$ 条件下海面的平均反射损失为 3 dB。而在低频段,同样的波浪高度对声波而言就变得相对平滑了,在 $0.4 \sim 6.4$ kHz 和 $0.53 \sim 1.03$ kHz 两个频段得到的测量数据表明[19]平均反射损失几乎降为零。Marsh[20] 等人又将上述工作推广到随机不规则表面,做出较宽范围每次海面反射引起的损失如图 5-5 所示,其结论与 Urick 等人得出的略有差别,但在低频和小波浪条件下是一致的。例如,从图 5-5 中可以看出,频率 5 kHz 的声波在波浪高度 $h \approx 0.9$ m 海面上的反射损失约为 5.5 dB,而在同样波高时 0.5 kHz 声波的反射损失将小于 0.5 dB。

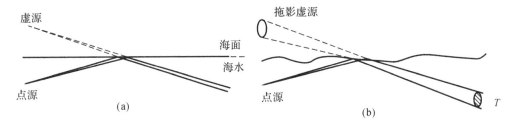

图 5-4 低掠射角时海面反射损失

(a)分界面是平滑的; (b)分界面不能视为平滑

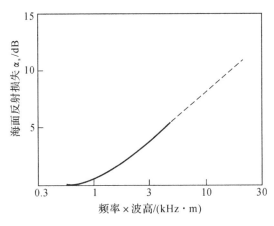

图 5-5 低掠射角时海面反射损失

2. 海面波浪和海况

海面波浪是影响海面状况的主要原因,一般情况下波浪是由海面上的风造成的,如果海面上的风速在一段时间内是稳定的,可以建立波浪高度(海况)和风速之间的关系,如图 5-6 所示[21],将风速与波高的状态划分为一系列编号的带,每个带中的海况用"轻浪""巨浪"这样的词来描述。例如,当海面风速在 $3.6 \sim 7$ m/s 之间时,海洋表面为轻浪,波峰顶开始破碎并间或出现白浪,其最大波高小于 1 m,这种情况下的海况为 2 级;而当海面风速达到 $9 \sim 10$ m/s 时,

海洋表面会形成大浪,海面上的波峰出现显著的长峰和激溅的浪花,其最大波高会超过
2.5 m,这种情况下的海况为 4 级。

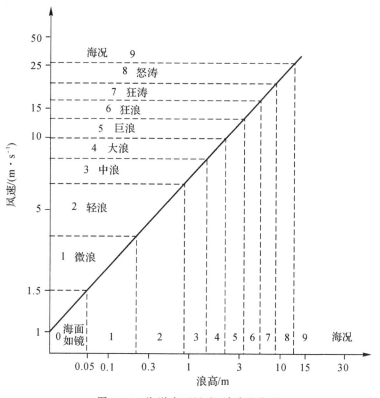

图 5-6　海洋表面风速、波浪和海况

海洋表面波浪的特征还可以从波动和统计两方面去描述,波动的特征是采用周期、波长、
波高和波速等要素去描述的;而统计特征是关注波浪高度的概率分布、方差、相关函数和功率
谱,这里不再赘述。

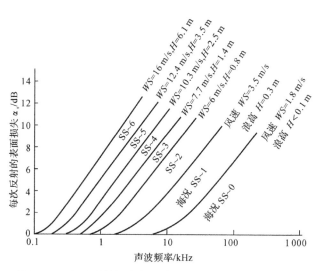

图 5-7　表面反射损失与风速、波浪、海况和频率的关系

将图 5-5 和图 5-6 结合起来可以作出图 5-7,图 5-7 表示了海面声反射损失与风速、波浪高度、海况及声波频率之间的关系[21]。需要说明的是,由于海面不断运动,从表面反射的声波强度的测量会有快速、大范围的变化,所以图 5-7 只能作为预估海面反射损失的参考,从实验去验证是困难的[22]。

5.1.4 海底对声传播的影响

海洋信道的另一个边界是海底,海底的地貌和底质十分复杂,其粗糙度会影响声场的分布,对声传播也会产生一定的影响,这些影响主要反映在对声波的反射、吸收和散射。在海底,由于海水和海底底质或海底沉积物之间的阻抗不匹配程度较之海面情况大不一样,如果阻抗较为匹配,则入射到海底界面上声波能量的一部分会传输到海底沉积物中,一部分反射回海水中。传输到海底沉积物中的能量在遇到不同固态物质的分层结构时,在每一层的界面上又将产生折射和反射,反射性能取决于折射率。对于"高声速"海底,入射声波的折射率 $n=\dfrac{c_1}{c_2}<1$,在大角度入射(小掠射角)时会产生全反射;而"低声速"海底则折射波的能量变大,使反射损失增强。Hamilton 对海底沉积物的特性进行了分析,给出了有关物理参数的测试结果[23],可以作为"高、低声速"海底分类的参考,见表 5-1。

表 5-1 海底沉积层类别及参数

海底类型	粗砂	细砂	很细砂	泥	砂/泥	泥/砂	砂/泥/黏土	黏泥	泥黏土
$\dfrac{密度}{kg/m^3}$	2 034	1 957	1 866	1 806	1 787	1 767	1 583	1 469	1 421
$\dfrac{声速}{m/s}$	1 836	1 753	1 697	1 668	1 664	1 623	1 580	1 546	1 520
η(吸收系数)	0.479	0.510	0.673	0.692	0.756	0.673	0.113	0.095	0.078

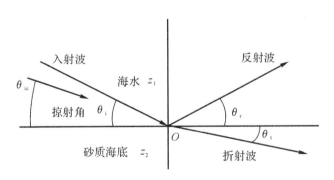

图 5-8 声波在海底的反射

我国沿海海区大部分属于大陆架浅海,底质是典型砂质平滑海底,砂的密度约为海水的两倍,而声速约为 1 800 m/s,因此其声特性阻抗就是海水的 2.4 倍。根据式(2.72),将入射角改为掠射角,相应的反射、折射角也改为掠射方向,如图 5-8 所示,则海底反射系数 R 表示为

$$R = \frac{\dfrac{z_2}{z_1}\sin\theta_i - \sin\theta_t}{\dfrac{z_2}{z_1}\sin\theta_i + \sin\theta_t}$$

式中, $\dfrac{z_2}{z_1} = 2.4$ 为砂与海水的声特性阻抗比, 与海面反射的分析类似, 定义海底对声波能量的反射损失为

$$\alpha_b = 20\lg R = 10\lg\frac{I_r}{I_i} \tag{5.24}$$

当声波垂直入射到砂质海底 ($\theta_i = 90°$), 得到反射系数 $R \approx 0.42$, 这时的反射损失 $\alpha_b \approx 7.7(\mathrm{dB})$。在一般情况下, 由于海水的声速比海底的声速小, 当声波向海底投射时存在临界掠射角 θ_{ic}, 当掠射角小于临界角时, 反射波为全反射, 所以在理论上反射损失为零, 按照折射定律有

$$\cos\theta_{ic} = n = \frac{c_1}{c_2}$$

对于砂质海底, 声速的平均值 $c_2 = 1\,800$ m/s, 则临界掠射角 $\theta_{ic} \approx 33.5°$。如果考虑更一般的情况, 取表 5-1 中列出的 9 类海底声速的平均值 $c_2 = 1\,660$ m/s, 得到的临界掠射角 $\theta_{ic} \approx 25°$。按照上面对砂质海底的分析, 可以给出平滑砂质海底声反射损失的理论曲线[24], 如图 5-9所示。

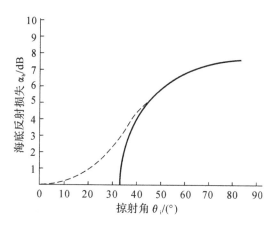

图 5-9　平滑、砂质海底的反射损失

由于在海底的声反射过程中, 不同程度地存在着能量损失以及相对于声波波长的粗糙度, 这些影响随着频率的升高而增加, 所以即使在小掠射角的情况下, 砂质海底的反射损失也不为零, 图中用虚线标注的是考虑这些影响后的反射损失值。

图 5-10 所示的一套不同频率声波的反射损失曲线是 Marsh[25] 根据深海海底反射损失实测结果总结平均后给出的, 由于小掠射角的实际测量比较困难, 图中这部分数据是外推得出的。

以上分析表明, 当声波波及海底时, 必然会对声传播产生影响, 从反射损失的角度看, 在海底粗糙度的影响可以忽略并且其底质坚硬 (比如说粗砂、岩石) 和小掠射角的情况下, 可近似认为海底为绝对硬边界。

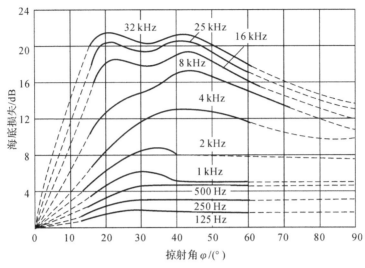

图 5-10 深海海底的反射损失实测值

5.1.5 理想水声传播信道

除了介质的吸收损耗、分界面对声波折、反射造成的能量损失外,海洋内部的不均匀性如湍流、海流和内波等也会对声波的传播产生影响,当观测一定距离处恒稳声源的辐射声场时,发现其声压振幅和相位都会随时间变化,这种现象称为声在海洋中的传播起伏。造成声传播起伏的原因通常认为是上述海洋内部的不均匀性,其次也和海面风浪、各种人为的活动如声呐及其载体的运动、温度的不均匀性和海洋内部具有的其他不均匀性等多种因素有关,这些因素的存在扰乱了声场的分布,造成海洋中的声传播起伏。

通过以上分析,可以初步得出这样的概念:海洋介质连同它的上、下边界所组成的海洋水声信道是一个非常复杂、多变的声传播路径。可以预见,在这样复杂环境中完成声传播规律的分析是相当困难的,为了简洁和方便,可以对其做相应的理想化假定:

(1)假定海洋表面是平整的压力释放边界(即界面上 $p=0$、反射系数为 -1 的声学绝对软边界)。海洋表面的粗糙度只在一定频率才产生散射,因此,一般情况下,海洋表面的粗糙度在声传播中的影响不考虑;而在需要考虑海面反射对声传播影响时可以按照 5.1.3 节的讨论具体分析。

(2)假定海底在小掠射角入射声波时满足绝对硬边界条件,界面上的法向振速为零,反射系数为 1。一般情况下也不考虑海底表面的粗糙度造成的反射损失,而在需要考虑海底反射对声传播影响时可以按照 5.1.4 节的讨论具体分析。

(3)海水的密度是均匀的,在全空间为常数;

(4)海水中的声吸收是均匀的,吸收系数 α 为频率的函数;

(5)海水中声速的分布是深度的函数 $c(z)$,且在一定深度范围内为线性变化(稍后会对这一问题进行详细分析)。

以上的假定构建了一个理想的水声传播信道,如图 5-11 所示,在理论上讨论海洋中的声传播问题基本上是以此为依据的。

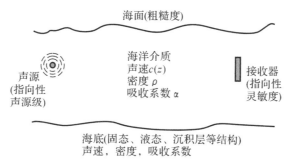

海面(粗糙度)

声源
(指向性
声源级)

海洋介质
声速$c(z)$
密度 ρ
吸收系数 α

接收器
(指向性
灵敏度)

海底(固态、液态、沉积层等结构)
声速，密度，吸收系数

图 5－11　理想的水声传播信道示意图

5.2　海洋中声传播的波动理论概要

声在介质中的传播过程是一个波动过程，因此，求解声场分布规律较为完善的理论是波动理论。从概念上说，波动理论能够求解任何条件下的声场问题，但也有其困难的一面，就是数学上非常繁杂，并不是所有声场问题都可以得到数学上的解析解，另外，波动理论求解的结果往往没有清晰的物理图像。因此，一般只在低频及某些特殊场合(比如说，声影区的声波衍射、结构物的散射声场、浅海声波导等等)应用波动理论。在第 2 章已经推导了小振幅($\rho = \rho_0$)、均匀介质($c = c_0$)条件下的波动方程式(2.16)，本节讨论非均匀介质(海水)中的声传播，需要对非均匀介质中的波动方程导出作些说明，最终将结论归结为小振幅、声速沿深度方向变化的情况下式(2.16)的适用性。为了了解用波动理论解决海洋中声传播问题的基本途径和方法，概要地讨论了求解波动方程定解所需的条件以及最简单定解问题的分析思路。

5.2.1　非均匀介质中的波动方程与定解问题

用波动理论确定声场分布的一般过程是求解既满足波动方程，又满足定解条件的解，这称为求解定解问题[26]。

1.非均匀介质中的波动方程

非均匀介质中声波波动方程的导出原理和第 2 章中波动方程的建立过程一样，首先根据物理量在声场中满足的运动学、流体力学和统计力学规律建立相应的运动方程 $\nabla p + \rho \dfrac{\partial \boldsymbol{u}}{\partial t} = 0$、连续性方程 $\dfrac{\partial \rho}{\partial t} + \rho \nabla \cdot \boldsymbol{u} = 0$ 和状态方程 $\dfrac{\partial p}{\partial t} - c^2 \dfrac{\partial \rho}{\partial t} = 0$。由于在非均匀介质中介质密度和声速都是空间坐标的函数，即

$$\rho = f(x,y,z,t) = \rho_0 + \delta \rho(x,y,z,t), \quad c = c(x,y,z)$$

由上述三个方程导出的波动方程形式将与均匀介质中的声波波动方程不同。首先，将状态方程代入连续性方程，得到

$$\frac{1}{c^2(x,y,z)} \frac{\partial p(x,y,z,t)}{\partial t} + \rho(x,y,z,t) \nabla \cdot \boldsymbol{u}(x,y,z,t) \tag{5.25}$$

对 t 求导后，得

$$\frac{\partial^2 p(x,y,z,t)}{\partial t^2} + c^2 \left[\frac{\partial \rho(x,y,z,t)}{\partial t} \nabla \cdot \boldsymbol{u}(x,y,z,t) + \rho(x,y,z,t) \nabla \cdot \frac{\partial \boldsymbol{u}(x,y,z,t)}{\partial t} \right] = 0$$

上式括号中第一项

$$\frac{\partial \rho(x,y,z,t)}{\partial t} \boldsymbol{\nabla} \cdot \boldsymbol{u} = \frac{\partial}{\partial t} [\delta\rho(x,y,z,t)] \boldsymbol{\nabla} \cdot \boldsymbol{u}(x,y,z,t)$$

是比第二项 $\rho(x,y,z,t) \boldsymbol{\nabla} \cdot \dfrac{\partial \boldsymbol{u}(x,y,z,t)}{\partial t}$ 高阶的小量,可忽略,于是

$$\frac{\partial^2 p}{\partial t^2} + c^2 \rho \boldsymbol{\nabla} \cdot \frac{\partial \boldsymbol{u}}{\partial t} = 0 \tag{5.26}$$

下一步,对运动方程取散度后成为

$$\boldsymbol{\nabla} \cdot \frac{\partial \boldsymbol{u}}{\partial t} + \boldsymbol{\nabla} \cdot \left(\frac{1}{\rho} \boldsymbol{\nabla} p\right) = 0$$

将上式代入式(5.26)得到

$$\frac{1}{c^2} \frac{\partial^2 p}{\partial t^2} - \rho \boldsymbol{\nabla} \cdot \left(\frac{1}{\rho} \boldsymbol{\nabla} p\right) = 0 \tag{5.27}$$

如果是均匀介质,式(5.27)就是以前得出的均匀介质小振幅波动方程,由于是非均匀介质,方程的第二项有了变化

$$\rho \boldsymbol{\nabla} \cdot \left(\frac{1}{\rho} \boldsymbol{\nabla} p\right) = \rho\left(\frac{1}{\rho} \boldsymbol{\nabla}^2 p + \boldsymbol{\nabla}\frac{1}{\rho} \cdot \boldsymbol{\nabla} p\right) = \boldsymbol{\nabla}^2 p - \frac{1}{\rho} \boldsymbol{\nabla}\rho \cdot \boldsymbol{\nabla} p$$

由于所讨论的声场是简谐的,即有 $p(x,y,z,t)=p(x,y,z)e^{j\omega t}$,于是式(5.27)中第一项

$$\frac{1}{c^2} \frac{\partial^2 p}{\partial t^2} = \frac{1}{[c(x,y,z)]^2} [-\omega^2 p(x,y,z)] = -[k(x,y,z)]^2 p(x,y,z)$$

这样,非均匀介质中小振幅波动方程的表式(5.27)成为

$$\boldsymbol{\nabla}^2 p(x,y,z) + k^2(x,y,z) p(x,y,z) - \frac{1}{\rho(x,y,z)} \boldsymbol{\nabla}\rho(x,y,z) \cdot \boldsymbol{\nabla} p(x,y,z) = 0 \tag{5.28}$$

式中,$k(x,y,z) = \dfrac{\omega}{c(x,y,z)}$ 为非均匀介质中的波数,式(5.28)是考虑了波动方程式(5.27)在谐振动条件下的空间函数满足的齐次微分方程,在这种情况下,式(5.27)分离变量后时间方程的解 $e^{j\omega t}$ 被省略,只包含空间变量的方程式(5.28)称为亥姆霍兹方程(Helmholtz equation),于是以后有关波动方程的讨论都可针对亥姆霍兹方程了。

在理论分析中,为了将式(5.28)表示成与均匀介质波动方程一致的形式,可以对其进行变换,构造波函数 $\Psi(x,y,z) = \dfrac{p(x,y,z)}{\sqrt{\rho}}$,代入式(5.28),得

$$(\sqrt{\rho} \boldsymbol{\nabla}^2 \Psi + \Psi \boldsymbol{\nabla}^2\sqrt{\rho} + 2\boldsymbol{\nabla}\sqrt{\rho} \cdot \boldsymbol{\nabla}\Psi) + k^2\sqrt{\rho}\Psi - \frac{1}{\rho}\boldsymbol{\nabla}\rho \cdot (\Psi\boldsymbol{\nabla}\sqrt{\rho} + \sqrt{\rho}\boldsymbol{\nabla}\Psi) = 0$$

注意到:

$$\boldsymbol{\nabla}\sqrt{\rho} = \frac{1}{2\sqrt{\rho}}\boldsymbol{\nabla}\rho; \quad \boldsymbol{\nabla}^2\sqrt{\rho} = \frac{1}{2}\frac{\sqrt{\rho}\boldsymbol{\nabla}^2\rho - \frac{1}{2\sqrt{\rho}}(\boldsymbol{\nabla}\rho)^2}{\rho} = \frac{1}{2\sqrt{\rho}}\boldsymbol{\nabla}^2\rho - \frac{(\boldsymbol{\nabla}\rho)^2}{4\rho\sqrt{\rho}}$$

则上式成为

$$\sqrt{\rho}\boldsymbol{\nabla}^2\Psi + \Psi\left[\frac{1}{2\sqrt{\rho}}\boldsymbol{\nabla}^2\rho - \frac{(\boldsymbol{\nabla}\rho)^2}{4\rho\sqrt{\rho}}\right] + k^2\sqrt{\rho}\Psi - \frac{(\boldsymbol{\nabla}\rho)^2}{2\rho\sqrt{\rho}}\Psi = 0$$

进一步表示为

$$\boldsymbol{\nabla}^2\Psi+\left[k^2+\frac{1}{2\rho}\boldsymbol{\nabla}^2\rho-\frac{3\ (\boldsymbol{\nabla}\rho)^2}{4\rho^2}\right]\Psi=0$$

令

$$K^2(x,y,z)=k^2+\frac{1}{2\rho}\boldsymbol{\nabla}^2\rho-\frac{3}{4}\left(\frac{1}{\rho}\boldsymbol{\nabla}\rho\right)^2$$

则波动方程变形为

$$\boldsymbol{\nabla}^2\Psi(x,y,z)+K^2(x,y,z)\Psi(x,y,z)=0 \tag{5.29}$$

从非均匀介质波动方程的形式可见,它是一个变系数二阶齐次偏微分方程,一般情况下,声速仅是深度的函数 $c=c(z)$,如果再忽略介质密度的不均匀性,$\boldsymbol{\nabla}\rho=0$,则 $K(x,y,z)=k(z)$,在极端情况 $c=c_0$ 时,波动方程退化为均匀介质中的波动方程式(2.16)。

2. 定解条件

在波动理论中,将求解定解问题时波动方程满足的所有条件称为定解条件,一般情况下,可以细分为声源条件、初始条件、边界条件和辐射条件,在此做一简单介绍。

(1)声源条件(奇性条件)。根据均匀球面波的声压函数表示式,有

$$p(r,t)=\frac{A}{r}\mathrm{e}^{\mathrm{j}(\omega t-kr)}=\mathrm{j}k\rho c\,\frac{Q_0}{4\pi r}\mathrm{e}^{\mathrm{j}(\omega t-kr)}$$

除了 $r=0$ 这一点外,均满足齐次亥姆霍兹方程

$$\boldsymbol{\nabla}^2p+k^2p=0$$

当 $r\to0$ 时 $p\to\infty$,所以,声源中心处是声场的奇异点。但实际上,声场中不应该存在 $p\to\infty$ 的奇异点,因此应当加入一修正条件,称之为奇性条件。

奇性条件在数学上的表述实际上就是 δ 函数约束,即

$$\delta(r)=\begin{cases}0,& r\neq0\\\infty,& r=0\end{cases}\quad\text{或}\quad\int_V\delta(r)\mathrm{d}V=\begin{cases}0,& r=0\text{ 在 }V\text{ 之外}\\1,& r=0\text{ 在 }V\text{ 之内}\end{cases}$$

声波动方程在声源处须受到奇性条件的约束,表示为

$$\boldsymbol{\nabla}^2p+k^2p=-4\pi A\delta(r) \tag{5.30}$$

这个方程对 $r\neq0$ 时是正确的,因为当 $r\neq0$ 时式(5.30)就回到了原波动方程。同时,又对 $r=0$ 的情况作了修正,使得方程的解不是奇异的,简要说明如下:

对式(5.30)取体积分并运用高斯公式,得

$$\int_V(\boldsymbol{\nabla}\cdot\boldsymbol{\nabla}p)\mathrm{d}V=\iint_S(\boldsymbol{\nabla}p\cdot\boldsymbol{n})\mathrm{d}S$$

则有

$$\iint_S(\boldsymbol{\nabla}p\cdot\boldsymbol{n})\mathrm{d}s+k^2\int_Vp\mathrm{d}V=-4\pi A\int_V\delta(r)\mathrm{d}V \tag{5.31}$$

在球坐标下

$$\boldsymbol{n}\mathrm{d}S=\mathrm{d}\boldsymbol{S}=\boldsymbol{n}r^2\sin\theta\mathrm{d}\theta\mathrm{d}\varphi=\boldsymbol{n}r^2\mathrm{d}\Omega$$

$$\boldsymbol{\nabla}p=\boldsymbol{\nabla}\left[\frac{A}{r}\mathrm{e}^{-\mathrm{j}kr}\right]=\frac{-\mathrm{j}kr-1}{r^2}A\mathrm{e}^{-\mathrm{j}kr}$$

当 $r\to0$ 时,式(5.31)等号左边成为

$$\iint_0^{4\pi}\left(\frac{-\mathrm{j}kr-1}{r^2}A\mathrm{e}^{-\mathrm{j}kr}\right)r^2\mathrm{d}\Omega+k^2\int_V\frac{A\mathrm{e}^{-\mathrm{j}kr}}{r}r^2\sin\theta\mathrm{d}\theta\mathrm{d}\varphi\mathrm{d}r=$$

$$\iint_0^{4\pi}(-A)\mathrm{d}\Omega + k^2\int_V Ar\sin\theta\mathrm{d}\theta\mathrm{d}\varphi\mathrm{d}r = -4\pi A$$

而原方程等号右边为 $-4\pi A\int_V\delta(r)\mathrm{d}V = -4\pi A$。等式成立,说明在奇性条件约束下的波动方程表达式是正确的。

(2)初始条件。所谓初始条件是指整个系统初始状态的表达式,由于一般都讨论声源作简谐振动,所产生的声场也是简谐波声场。另外,在水下声场的问题中,通常研究稳态的分布,声源激励的初始状态影响将很快减弱,因此,在恒稳态下,初始条件一般不作考虑。

(3)边界条件。所谓边界条件是指介质的物理特性分布有突变的界面,在界面上声场分布有其特有的性质,由这些性质所规定的条件称为边界条件。在水声学中常见的边界条件有以下四种:

1)绝对软边界:指界面不能承受压力(声压释放边界),在边界上

$$p\mid_\Sigma = 0 \tag{5.32}$$

式中,Σ 表示界面坐标。对于平静的海面符合这一条件,绝对软边界也称为第一类齐次边界条件。

2)绝对硬边界:此时界面上质点的法向振速为 0,即满足

$$u_n\mid_\Sigma = 0 \tag{5.33}$$

由上一节的讨论,在硬质海底、小掠射角入射时满足绝对硬边界条件,绝对硬边界也称为第二类齐次边界条件。

3)阻抗边界:在某些特殊边界上,将满足声压和质点法向振速的线性关系:

$$ap\mid_\Sigma + bu_n\mid_\Sigma = 0 \tag{5.34}$$

或写作 $\dfrac{p}{u_n}\bigg|_\Sigma = z_0$,其中,$z_0$ 是边界上的阻抗值。由于是用边界上声特性阻抗表示的,所以这一条件称为阻抗条件,也称为第三类齐次边界条件。

4)声场连续边界:这一类边界的特点是边界两边都有声波,只是介质的声特性阻抗发生了突变,广义地说,可以理解为一种边界。这种边界上对声场特性的描述是"连续性",即边界两边声场的声压和法向振速都是连续的,即

$$\left.\begin{array}{l} p\mid_{\Sigma-0} - p\mid_{\Sigma+0} = 0 \\ u_n\mid_{\Sigma-0} - u_n\mid_{\Sigma+0} = 0 \end{array}\right\} \tag{5.35}$$

(4)辐射条件(自由场条件)。考虑声场在无限远处边界的条件,实际上是声场的特性(声波自身的,而非边界的约束),称之为辐射条件。

如果声源发射的声波传播到无限远处时,由于波阵面扩展和介质吸收形成的损耗,将导致声波的能量趋于零,即声场在无穷远处将熄灭。如果无穷远没有声源存在,那么,声场在无穷远处应具有发散行为,或者在介质有损耗情况下,声场在无穷远处应熄灭,相应于这种要求提出的定解条件称为辐射(熄灭)条件,可以从以下两种情况进行简要说明。

1)平面波的辐射条件。严格地讲,辐射条件出自于亥姆霍兹方程的推证[27],也称为波动方程的索末菲条件(Sommerfeld condition)。从波动理论的角度看,沿 x 正方向传播的平面波,其声压函数可用正向传播的行波形式 $p(x,t) = f\left(t - \dfrac{x}{c}\right)$ 表示,声压函数与时空变量间的关系满足

$$\frac{\partial p(x,t)}{\partial x} + \frac{1}{c}\frac{\partial p(x,t)}{\partial t} = 0 \tag{5.36}$$

同样,沿 x 负方向传播的平面波声压函数也可表示为 $p(x,t)=f\left(t+\dfrac{x}{c}\right)$,声压函数与时空变量间的关系满足

$$\frac{\partial p(x,t)}{\partial x} - \frac{1}{c}\frac{\partial p(x,t)}{\partial t} = 0 \tag{5.37}$$

式(5.36)和式(5.37)称为平面波辐射条件,回忆在第 2 章讨论平面波时求解波动方程得到的通解式(2.37):

$$p(x,t) = A\mathrm{e}^{\mathrm{j}(\omega t - kx)} + B\mathrm{e}^{\mathrm{j}(\omega t + kx)} \tag{5.38}$$

如果介质中只有沿 x 正方向传播的声波,则式(5.38)应满足正向波条件式(5.36),将声压函数分别对时间空间微分,有

$$\begin{cases} \dfrac{\partial p(x,t)}{\partial x} = -\mathrm{j}kA\mathrm{e}^{\mathrm{j}(\omega t - kx)} + \mathrm{j}kB\mathrm{e}^{\mathrm{j}(\omega t + kx)} \\ \dfrac{\partial p(x,t)}{\partial t} = \mathrm{j}\omega A\mathrm{e}^{\mathrm{j}(\omega t - kx)} + \mathrm{j}\omega B\mathrm{e}^{\mathrm{j}(\omega t + kx)} \end{cases}$$

将上式代入式(5.36)得到

$$(-\mathrm{j}kA\mathrm{e}^{\mathrm{j}(\omega t - kx)} + \mathrm{j}kB\mathrm{e}^{\mathrm{j}(\omega t + kx)}) + \frac{1}{c}(\mathrm{j}\omega A\mathrm{e}^{\mathrm{j}(\omega t - kx)} + \mathrm{j}\omega B\mathrm{e}^{\mathrm{j}(\omega t + kx)}) = 0 \rightarrow B = 0$$

这样,式(5.38)在满足正向波条件时的解成为 $p(x,t)=A\mathrm{e}^{\mathrm{j}(\omega t - kx)}$。当介质中只有沿 x 反方向传播的声波时,则式(5.38)应满足反向波条件式(5.37),将声压函数对时间空间微分后的表达式代入式(5.37)得到

$$(-\mathrm{j}kA\mathrm{e}^{\mathrm{j}(\omega t - kx)} + \mathrm{j}kB\mathrm{e}^{\mathrm{j}(\omega t + kx)}) - \frac{1}{c}(\mathrm{j}\omega A\mathrm{e}^{\mathrm{j}(\omega t - kx)} + \mathrm{j}\omega B\mathrm{e}^{\mathrm{j}(\omega t + kx)}) = 0 \rightarrow A = 0$$

这样,式(5.38)在满足反向波条件时的解成为 $p(x,t)=B\mathrm{e}^{\mathrm{j}(\omega t + kx)}$。

因此,当所考虑到问题中,由于物理原因,要求无穷远处只允许沿 x 正方向(或反方向)传播的平面波时,就提出以式(5.36)和式(5.37)作为附加定解条件。

2) 球面波和柱面波的辐射条件。在球面波声场中,声波振幅在远场是随距离一次方成反比衰减的,从波动理论的角度看,沿 r 正方向传播的扩散球面波,其声压函数与矢径的积同样可用行波形式 $rp(r,t)=f\left(t-\dfrac{r}{c}\right)$ 表示,在无限远处声压函数与时空变量间的关系除满足 $r\left(\dfrac{\partial p(r,t)}{\partial r} + \dfrac{1}{c}\dfrac{\partial p(r,t)}{\partial t}\right)=0$ 外,还需要满足"有限值"条件,合称为球面波的辐射条件,表示为

$$\left.\begin{array}{l} r\left(\dfrac{\partial p(r,t)}{\partial r} + \dfrac{1}{c}\dfrac{\partial p(r,t)}{\partial t}\right) \xrightarrow{r \to \infty} 0 \\ p(r,t)\big|_{\Sigma} \xrightarrow{r \to \infty} 0 \end{array}\right\} \tag{5.39}$$

在第 2 章讨论球面波时求解波动方程得到的通解

$$p(x,t) = \frac{A}{r}\mathrm{e}^{\mathrm{j}(\omega t - kr)} + \frac{B}{r}\mathrm{e}^{\mathrm{j}(\omega t + kr)}$$

代入式(5.39)为

$$\lim_{r \to \infty}\left[-\frac{A}{r}\mathrm{e}^{\mathrm{j}(\omega t - kr)} + 2\mathrm{j}kB\mathrm{e}^{\mathrm{j}(\omega t + kr)} - \frac{B}{r}\mathrm{e}^{\mathrm{j}(\omega t + kr)}\right] = 0$$

或者

$$\lim_{r \to \infty} jkB\,\mathrm{e}^{\mathrm{j}(\omega t+kr)} = 0$$

由于 $\lim\limits_{r \to \infty}\mathrm{e}^{\mathrm{j}(\omega t+kr)} \neq 0$，所以 $jkB = 0 \to B = 0$。

于是，就得到均匀扩散球面波声场解的形式为

$$p(x,t) = \frac{A}{r}\,\mathrm{e}^{\mathrm{j}(\omega t-kr)}$$

同理，在柱面波声场中，声波振幅在远场是随距离二分之一次方成反比衰减的，无穷远处条件（辐射条件）就是

$$\left.\begin{aligned} \sqrt{r}\left(\frac{\partial p(r,t)}{\partial r} + \frac{1}{c}\frac{\partial p(r,t)}{\partial t}\right) \xrightarrow[r \to \infty]{} 0 \\ p(r,t)\big|_{\Sigma} \xrightarrow[r \to \infty]{} 0 \end{aligned}\right\} \tag{5.40}$$

综上所述，对于简谐声源，其定解问题是建立波动方程，在考虑声源辐射条件的情况下，根据确定的边界条件求解声场分布。需要指出的是，在声传播方向没有边界约束的情况下经常省略了辐射条件的分析，直接按照自由场的情况表示，因此定解问题往往成为边界条件约束下的求解声场问题。

5.2.2 浅海波导中的声传播

以声在浅海中的传播为例，说明波动理论对声传播问题的分析过程。

1. 定解问题分析

图 5-12 所示的浅海声传播信道是理想化模型，海底与海面构成的层内介质是均匀的，上、下边界分别为绝对软边界和绝对硬边界，这样的信道称为理想边界的浅海波导。假定声源位于 z 轴上向全空间辐射，由于圆柱对称性，不考虑沿方位角 φ 方向的声场分布，于是可以用柱坐标下的波动方程描述辐射声场，并简化为 rOz 平面内讨论定解问题。如果只分析恒稳态下的远场声辐射特性，没有初始条件的约束，因此在定解条件中只考虑边界条件和辐射条件。

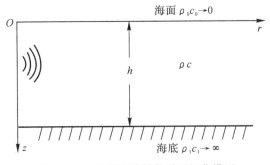

图 5-12　浅海声传播信道理想化模型

（1）波动方程。对于图 5-12 这样的平行界面介质中二维情况下的声传播问题，波动方程采用 rOz 平面下均匀介质中的柱亥姆霍兹方程：

$$\frac{\partial^2 p(r,z)}{\partial r^2} + \frac{1}{r}\frac{\partial p(r,z)}{\partial r} + \frac{\partial^2 p(r,z)}{\partial z^2} + k^2 p(r,z) = 0 \tag{5.41}$$

（2）定解条件。在 z 方向：浅海波导中假定上、下边界满足绝对软、硬边界条件

$$\left.\begin{array}{l} p(r,z) \mid_{z=0} = 0 \\ u(r,z) \mid_{z=h} = 0 \end{array}\right\} \tag{5.42}$$

在 r 方向:柱面波声场在远场须满足辐射条件式(5.40),边界条件只有声源表面所在的界面 r_a 处的约束,表示为第三类边界条件,即

$$u(r,z,t) \mid_{r=r_a} = u(r_a,z)\,\mathrm{e}^{\mathrm{j}\omega t} \tag{5.43}$$

这里,有意避开了将边界条件置于 $r=0$ 处导致的声源"奇性条件"产生的复杂性[28],因此,定解问题描述为在辐射条件式(5.40)、边界条件式(5.42)和式(5.43)约束下柱亥姆霍兹方程式(5.41)的解。

对于空间坐标,同样可以采用分离变量法,令 $p(r,z)=R(r)Z(z)$,代入柱坐标下的波动方程得

$$\left.\begin{array}{l} Z(z)\left[\dfrac{\mathrm{d}^2 R(r)}{\mathrm{d}r^2} + \dfrac{1}{r}\dfrac{\mathrm{d}R(r)}{\mathrm{d}r}\right] + R(r)\dfrac{\mathrm{d}^2 Z(z)}{\mathrm{d}z^2} + k^2 R(r)Z(z) = 0 \\[3mm] \dfrac{1}{R(r)}\left[\dfrac{\mathrm{d}^2 R(r)}{\mathrm{d}r^2} + \dfrac{1}{r}\dfrac{\mathrm{d}R(r)}{\mathrm{d}r}\right] + k^2 = -\dfrac{1}{Z(z)}\dfrac{\mathrm{d}^2 Z(z)}{\mathrm{d}z^2} \end{array}\right\} \tag{5.44}$$

要使等式成立,式(5.44)应等于一个常数,令其为 ν_n^2,则式(5.44)成为

$$\left.\begin{array}{l} \dfrac{\mathrm{d}^2 Z(z)}{\mathrm{d}z^2} + \nu_n^2 Z(z) = 0 \\[3mm] \dfrac{\mathrm{d}^2 R(r)}{\mathrm{d}r^2} + \dfrac{1}{r}\dfrac{\mathrm{d}R(r)}{\mathrm{d}r} + (k^2 - \nu_n^2)R(r) = 0 \end{array}\right\} \tag{5.45}$$

先看第一个方程,其通解是

$$Z(z) = A\sin(\nu_n z) + B\cos(\nu_n z) \tag{5.46}$$

式中,A,B 为积分常数,可由边界条件式(5.42)确定。

由 $p(r,z) \mid_{z=0} = 0$,即

$$p(r,z) \mid_{z=0} = R(r)Z(z) = R(r)\,[A\sin(\nu_n z) + B\cos(\nu_n z)]\mid_{z=0} = 0$$

得到 $B=0$,另外,按照质点振速与声压函数的关系式(2.13)

$$\boldsymbol{u}(r,z,t) = -\frac{1}{\rho}\int \nabla\,p(r,z)\mathrm{d}t = -\frac{1}{\rho}\int\left[\frac{\partial p(r,z)}{\partial r}\boldsymbol{e}_r + \frac{\partial p(r,z)}{\partial z}\boldsymbol{e}_z\right]\mathrm{d}t$$

式中,$\boldsymbol{e}_r,\boldsymbol{e}_z$ 分别是 r 和 z 方向的方向矢量,边界上的法向振速为

$$u_\mathrm{n}(r,z,t) = u_z(r,z,t) = -\frac{1}{\rho}\int\frac{\partial p(r,z)}{\partial z}\mathrm{d}t = -\frac{1}{\rho}\int R(r)\frac{\mathrm{d}Z(z)}{\mathrm{d}z}\mathrm{d}t$$

即

$$\begin{aligned} u_\mathrm{n}(r,z,t) &= -\frac{R(r)}{\rho}\int\frac{\mathrm{d}}{\mathrm{d}z}A\sin(\nu_n z)\,\mathrm{e}^{\mathrm{j}\omega t}\mathrm{d}t = \\ &-\frac{R(r)}{\rho}\int A\nu_n\cos(\nu_n z)\,\mathrm{e}^{\mathrm{j}\omega t}\mathrm{d}t = -\frac{A\nu_n}{\mathrm{j}\omega\rho}R(r)\cos(\nu_n z)\,\mathrm{e}^{\mathrm{j}\omega t} \end{aligned}$$

再由 $u_\mathrm{n}(r,z)\mid_{z=h} = 0$,得到 $\cos(\nu_n z)\mid_{z=h} = 0$,此式成立的条件是

$$\nu_n = \frac{2n-1}{2}\frac{\pi}{h},\quad n = 1,2,\cdots \tag{5.47}$$

ν_n 称为方程式(5.46)的本征值,于是式(5.45)第一个方程的解就是对应于 ν_n 的本征函数,有

$$Z(z) = A_n\sin\left[\frac{(2n-1)}{2h}\pi z\right],\quad n = 1,2,\cdots \tag{5.48}$$

由式(5.48)，z 方向的波函数就是

$$Z(z,t) = A_n \sin\left[\frac{(2n-1)}{2h}\pi z\right] e^{j\omega t} \qquad (5.49)$$

在 z 方向任意位置 z_0，$Z(z,t)$ 的振幅 $A_n \sin\left[\frac{(2n-1)}{2h}\pi z_0\right]$ 为常量，当

$$z = z_m = \frac{2h}{2n-1}m, \quad m = 0,1,2,\cdots \text{时}, \quad Z(z,t) = 0$$

说明 $Z(z,t)$ 在 $[0,h]$ 上是分段振动的，振幅等于零的点称为节点，这种形式的波称为驻波。

再看第二个方程，它是一个 r 方向波动方程，这个方程的类似形式式(2.54)和通解式(2.55)已在第 2 章出现过，其解是宗量为 $\left(\sqrt{k^2 - \nu_n^2}\, r\right)$ 的零阶柱贝塞尔函数和纽曼函数线性组合，进一步又可表示为零阶第二类汉克尔函数[参见式(2.56)]

$$H_0^{(2)}\left(\sqrt{k^2 - \nu_n^2}\, r\right) = J_0\left(\sqrt{k^2 - \nu_n^2}\, r\right) - j N_0\left(\sqrt{k^2 - \nu_n^2}\, r\right)$$

现在由辐射条件式(5.40)决定了只有正向波，于是其解为

$$R(r) = H_0^{(2)}\left(\sqrt{k^2 - \nu_n^2}\, r\right) \qquad (5.50)$$

按照数理方程理论，函数 $p(r,z) = R(r)Z(z)$ 解的一般（泛定）形式为其本征函数的线性组合

$$p(r,z) = \sum_{n=1}^{\infty} R(r)Z(z) = \sum_{n=1}^{\infty} A_n \sin[\nu_n z] H_0^{(2)}\left(\sqrt{k^2 - \nu_n^2}\, r\right) \qquad (5.51)$$

系数 A_n 可由边界条件式(5.43)确定，由径向振速与声压函数的关系式(2.13)，有

$$u_r(r,z) = -\frac{1}{\rho}\int \frac{\partial p(r,z)}{\partial r} dt$$

将式(5.51)代入可求得沿 r 方向振速表示[见式(2.59)]，则有

$$u_r(r,z) = -\frac{j}{\rho c}\sum_{n=1}^{\infty} A_n \sin[\nu_n z] H_1^{(2)}\left(\sqrt{k^2 - \nu_n^2}\, r\right) \qquad (5.52)$$

在 $r = r_a$ 处，$u(r,z)|_{r=r_a} = u(r_a,z)$ 是一个沿 z 方向分布的确定函数，它给出声源表面上的振速分布状况，比如说可以是 $u(r_a,z) = u_0 \sin(\pi z / L)$ 或其他分布函数，于是式(5.52)就建立了 A_n 与声源表面振速分布函数 $u(r_a,z)$ 之间的关系，即

$$u(r_a,z) = -\frac{j}{\rho c}\sum_{n=1}^{\infty} A_n \sin[\nu_n z] H_1^{(2)}\left(\sqrt{k^2 - \nu_n^2}\, r_a\right) \qquad (5.53)$$

式(5.53)又是一个关于 $\sin[\nu_n z]$ 的级数，不妨将其表示为

$$u(r_a,z) = \sum_{n=1}^{\infty} a_n \sin[\nu_n z] \qquad (5.54)$$

比较式(5.53)和式(5.54)，就得到

$$A_n = j\rho c\, a_n / H_1^{(2)}\left(\sqrt{k^2 - \nu_n^2}\, r_a\right)$$

另外，利用傅里叶分析，系数 a_n 又可表示为

$$a_n = \frac{\varepsilon_n}{h}\int_0^h u(r_a,z)\sin[\nu_n z]\,dz, \quad \varepsilon_n = \begin{cases} 1, & n=1 \\ 2, & n \neq 1 \end{cases} \qquad (5.55)$$

式中，h 是海区的深度，于是

$$A_n = \frac{j\rho c \varepsilon_n}{H_1^{(2)} \left(\sqrt{k^2 - \nu_n^2} r_a\right) h} \int_0^h u(r_a, z) \sin[\nu_n z] \, dz, \quad \varepsilon_n = \begin{cases} 1, & n = 1 \\ 2, & n \neq 1 \end{cases} \tag{5.56}$$

再回到式(5.51),在远场条件下,汉克尔函数可以用其渐进式表示为

$$H_0^{(2)} \left(\sqrt{k^2 - \nu_n^2} r\right) \xrightarrow[r \to \infty]{} \sqrt{\frac{2}{\pi \left(\sqrt{k^2 - \nu_n^2} r\right)}} e^{-j\left[\left(\sqrt{k^2 - \nu_n^2}\right) r - \frac{\pi}{4}\right]}$$

这样就得到理想边界浅海波导中的声传播的定解,即

$$p(r, z) = \sum_{n=1}^{\infty} R(r) Z(z) = \sum_{n=1}^{\infty} A_n \sin\left[\frac{(2n-1)\pi z}{2h}\right] \sqrt{\frac{2}{\pi \left(\sqrt{k^2 - \nu_n^2} r\right)}} e^{-j\left[\left(\sqrt{k^2 - \nu_n^2}\right) r - \frac{\pi}{4}\right]}$$

$$\tag{5.57}$$

系数 A_n 由式(5.56)给出。

2. 简正波

由式(5.57)可见理想边界浅海波导中声传播的特性:在有边界限制的方向上,根据边界的性质,声波取某些特定的驻波形式;在无边界限制的方向上,声波按照柱面波行波的形式传播。将这种类型的波称为给定波导中的简正波(normal wave),不同的 n 值确定了不同阶数的简正波。由此可见,每一阶简正波在水平方向(无边界)是行波,在 z 方向(边界限制)是驻波,因而每一阶简正波都可以表示成两个行进的准平面波的叠加。

不同阶数的简正波在 z 方向上的驻波形式不同,如图 5-13 所示是声场中位于某一确定位置 r_0 处 $1 \sim 3$ 阶简正波在 z 方向上的振幅分布。实际上,在各阶简正波的振幅因子 $A_n \sin\left[\frac{(2n-1)}{2h}\pi z\right]\sqrt{\frac{2}{\pi \sqrt{k^2 - \nu_n^2} r}}$ 中, $\sqrt{\frac{2}{\pi \sqrt{k^2 - \nu_n^2} r}}$ 随着 r 的增加按照 $1/\sqrt{r}$ 规律扩展,而 z 方向的振幅分布只要考虑:

$$A_n \sin\left[\frac{(2n-1)}{2h}\pi z\right] \tag{5.58}$$

在 $n = 1$ 时,式(5.58)$= A_1 \sin\left(\frac{\pi z}{2h}\right)$,在 $z = 0$ 处振幅为零,在 $z = h$ 处振幅为 A_1;

在 $n = 2$ 时,式(5.58)$= A_2 \sin\left(\frac{3\pi z}{2h}\right)$,在 $z = 0, \frac{2h}{3}$ 处振幅为零,在 $z = \frac{h}{3}, h$ 处振幅为 A_2;

……

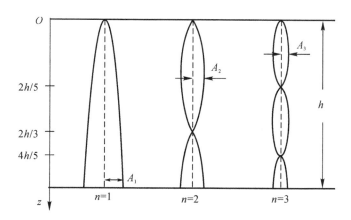

图 5-13　1 ～ 3 阶简正波振幅分布图

可见,不同阶数简正波的驻波分布不同,随着阶数增加,沿 z 方向振幅的节点数也增加,但海面上的声压振幅总是零,海底的声压振幅总是极大值,这都是由于定解问题采用的边界条件所造成的(试想,如果波导的上界面也和下界面相同,变成绝对硬边界,则最低阶的简正波就是 1 阶,声波在波导中确定位置 r_0 处的声压幅值相同,那将是一个沿 r 方向传播的均匀柱面波)。另外,式(5.57)表示的声场尽管是无穷级数的和,但实际上随着阶数增加,其贡献则减小,特别是,下面还将看到 n 的取值是受到一定限制的,因此,在波导中的声传播只是式(5.57)的前有限项之和。

3. 简正波的临界频率与截止频率

由上面的分析得到了浅海波导中传播的简正波表示,它是由 n 个不同阶数的简正波叠加而成的。其中,每一阶简正波都是独立满足波动方程和声场条件的,同时,它们又以各自的速度沿波向量 $\boldsymbol{k}$ 的方向传播,为更加清楚地说明,将某一阶简正波的传播因子表示为

$$\sin(\nu_n z)\mathrm{e}^{\mathrm{j}\left[\omega t-\left(\sqrt{k^2-\nu_n^2}\right)r\right]} = \frac{1}{2\mathrm{j}}(\mathrm{e}^{\mathrm{j}\nu_n z}-\mathrm{e}^{-\mathrm{j}\nu_n z})\mathrm{e}^{\mathrm{j}\left[\omega t-\left(\sqrt{k^2-\nu_n^2}\right)r\right]} =$$

$$\frac{1}{2\mathrm{j}}\left[\mathrm{e}^{\mathrm{j}\left(\omega t-\sqrt{k^2-\nu_n^2}\,r+\nu_n z\right)}-\mathrm{e}^{\mathrm{j}\left(\omega t-\sqrt{k^2-\nu_n^2}\,r-\nu_n z\right)}\right] \tag{5.59}$$

式(5.59)清楚地表明,对某一阶简正波而言,相当于波导中有两列波分量以一定的倾角和波速在传播,而 ν_n 就是该阶简正波波数 $\boldsymbol{k}$ 在 z 轴上的投影,如图 5-14 所示。

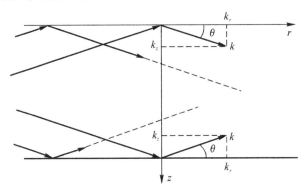

图 5-14 简正波波数投影示意图

定义简正波波向量 $\boldsymbol{k}$ 与行波方向 r 的夹角 θ,沿 z 方向和 r 方向传播的波数就分别是

$$\nu_n = k_z = k\sin\theta, \quad k_r = \sqrt{k^2-\nu_n^2}$$

$$\sin\theta = \frac{\nu_n}{k} = \frac{(2n-1)\lambda}{4h} \tag{5.60}$$

式(5.60)给出了第 n 阶简正波波数的倾角,由于简正波在浅海波导中传播时,其频率 ω 由声源决定,式中 λ,h 都是确定值,因此,只有阶次影响波数的倾角,阶次 n 愈高的简正波所对应的波数投影角度 θ 愈大。对于确定的平面层波导深度 h,总能找出一个 $n=N$,使得

$$\frac{(2N-1)\lambda}{4h} > 1, \quad \text{或者} \quad \frac{\nu_n}{k} > 1 \tag{5.61}$$

这样 $\sqrt{k^2-\nu_n^2}$ 就成为虚数,原本 r 方向的波函数

$$\mathrm{e}^{\mathrm{j}\left[\omega t-\left(\sqrt{k^2-\nu_n^2}\right)r\right]} = \mathrm{e}^{-\mathrm{j}\sqrt{k^2-\nu_n^2}\,r}\mathrm{e}^{\mathrm{j}\omega t} = \mathrm{e}^{-\mathrm{j}(\pm\mathrm{j}\sqrt{\nu_n^2-k^2})r}\mathrm{e}^{\mathrm{j}\omega t} = \mathrm{e}^{-\left(\sqrt{\nu_n^2-k^2}\right)r}\mathrm{e}^{\mathrm{j}\omega t}$$

这已经不是沿 r 方向传播的波,而是随着 r 增加,按指数规律衰减的非均匀波。或者说,对

于 $n > N$ 的高阶简正波不存在。

注意，在前面推导中，原本

$$k_r = \sqrt{k^2 - \nu_n^2} = \pm\mathrm{j}\sqrt{\nu_n^2 - k^2}$$

应有正、负两个根，取正号时结果变成 $\mathrm{e}^{\sqrt{\nu_n^2 - k^2}\, r}$，当 $n \to \infty$ 时，亦有 $p(r,z) \to \infty$，这是不符合物理事实的，故取负号。

对于一定条件下的浅海波导，声波只能在波导中激起有限的 N 阶有效简正波，其他高阶"简正波"只在声源附近有一定效应，离开声源后其振幅即依指数衰减而消失。

根据以上讨论，给出简正波临界频率和截止频率的描述。在浅海波导高度 h 确定后，相对于某一阶简正波而言，本征值是一个定值

$$\nu_n = \frac{(2n-1)}{2h}\pi$$

这样就要求在波导中传播的简正波波数：$k > \nu_n$，简正波的角频率 $\omega = kc$，即有

$$\omega > \frac{(2n-1)}{2h}\pi c \tag{5.62}$$

也就是说，要激发起能够在波导中沿 r 方向传播的第 n 阶简正波，声源辐射的声波频率必须满足式(5.62)，称具有行波行为的第 n 阶简正波的最小频率为该阶简正波的"临界频率"，有

$$f_n = \frac{(2n-1)}{4h}c \tag{5.63}$$

将第一阶简正波的临界频率称为波导的截止频率，即

$$f_1 = \frac{c}{4h} \tag{5.64}$$

例题 5-2　深度 $h = 30$ m 的理想边界浅海信道中 $r = r_a$ 处放置表面振速幅值分别按以下两种情况分布的声源

$$u(r_a, z) = u_0 \sin\frac{\pi z}{h}; \quad u(r_a, z) = u_0$$

试求声源激发的简正波声场。

解　第一种情况下声源表面振速按照正弦函数加权的柱状声源，在深度 $h/2$ 处的振幅最大，上、下边界处振幅为零。声源激发的简正波声场可由式(5.57)表示

$$p(r,z) = \sum_{n=1}^{\infty} A_n \sin\left[\frac{(2n-1)}{2h}\pi z\right]\sqrt{\frac{2}{\pi(\sqrt{k^2 - \nu_n^2})r}}\,\mathrm{e}^{-\mathrm{j}\left[(\sqrt{k^2 - \nu_n^2})r - \frac{\pi}{4}\right]}$$

参数 A_n 可由式(5.56)$A_n = \mathrm{j}\rho c a_n / H_1^{(2)}\left(\sqrt{k^2 - \nu_n^2}\, r_a\right)$ 确定，其中

$$a_n = \frac{\varepsilon_n}{h}\int_0^h u(r_a, z)\sin[\nu_n z]\,\mathrm{d}z, \quad \varepsilon_n = \begin{cases}1, & n=1 \\ 2, & n \neq 1\end{cases}$$

将题设的振速分布函数代入

$$a_n = \frac{\varepsilon_n}{h}\int_0^h u_0 \sin\frac{\pi z}{h}\sin[\nu_n z]\,\mathrm{d}z = \frac{u_0 \varepsilon_n}{2h}\int_0^h\left[\cos\frac{(3-2n)\pi}{2h}z - \cos\frac{(1+2n)\pi}{2h}z\right]\mathrm{d}z =$$

$$\frac{u_0 \varepsilon_n}{\pi}\left\{\frac{1}{3-2n}\sin\left[\frac{(3-2n)\pi}{2}\right] - \frac{1}{1+2n}\sin\left[\frac{(1+2n)\pi}{2}\right]\right\}, \quad \varepsilon_n = \begin{cases}1, & n=1 \\ 2, & n \neq 1\end{cases}$$

于是

$$A_n = \frac{\mathrm{j}\rho c u_0 \, \varepsilon_n}{\pi H_1^{(2)} \left(\sqrt{k^2 - \nu_n^2} \, r_a\right)} \frac{-4 \, (-1)^n}{(3-2n)(1+2n)}$$

$$p(r,z) = \frac{\mathrm{j}\rho c u_0}{\pi} \sum_{n=1}^{\infty} \frac{\dfrac{-4 \, (-1)^n \varepsilon_n}{(3-2n)(1+2n)}}{H_1^{(2)} \left(\sqrt{k^2 - \nu_n^2} \, r_a\right)} \sin\left[\frac{(2n-1)}{2h}\pi z\right] \sqrt{\frac{2}{\pi(k^2 - \nu_n^2)r}} \, \mathrm{e}^{-\mathrm{j}\left[\left(\sqrt{k^2 - \nu_n^2}\right)r - \frac{\pi}{4}\right]}$$

各阶简正波的临界频率为

$$f_n = \frac{(2n-1)c}{4h}, \quad n = 1,2,\cdots$$

当海区深度 $h = 30$ m 时,第四阶简正波的临界频率 $f_4 = 87.5$ Hz,第五阶简正波的临界频率 $f_5 = 112.5$ Hz;那么当声源的辐射声波频率为 $f = 100$ Hz 时,在这样的波导中能够传播的简正波就只有 $1 \sim 4$ 阶。

对于第二种分布情况 $u(r_a, z) = u_0$

$$a_n = \frac{\varepsilon_n}{h} \int_0^h u_0 \sin\left[\nu_n z\right] \mathrm{d}z = \frac{u_0 \varepsilon_n}{h \nu_n} \cos\left[\nu_n z\right] \Big|_h^0 = \frac{2u_0 \varepsilon_n}{(2n-1)\pi}$$

$$a_n = \begin{cases} \dfrac{2u_0}{(2n-1)\pi}, & n = 1 \\[3mm] \dfrac{4u_0}{(2n-1)\pi}, & n \neq 1 \end{cases}$$

于是

$$A_n = \frac{\mathrm{j}\rho c u_0}{H_1^{(2)} \left(\sqrt{k^2 - \nu_n^2} \, r_a\right)} \frac{2\varepsilon_n}{(2n-1)\pi}, \quad n = 1,2,\cdots$$

$$p(r,z) = \frac{\mathrm{j}\rho c u_0}{\pi} \sum_{n=1}^{\infty} \frac{\dfrac{2\varepsilon_n}{(2n-1)}}{H_1^{(2)} \left(\sqrt{k^2 - \nu_n^2} \, r_a\right)} \sin\left[\frac{(2n-1)}{2h}\pi z\right] \sqrt{\frac{2}{\pi(\sqrt{k^2 - \nu_n^2})r}} \, \mathrm{e}^{-\mathrm{j}\left[\left(\sqrt{k^2 - \nu_n^2}\right)r - \frac{\pi}{4}\right]}$$

这种情况下,声场由 $p(r,z)$ 给出。

各阶简正波的临界频率为

$$f_n = \frac{(2n-1)c}{4h}, \quad n = 1,2,\cdots$$

同样,当声源的辐射声波频率为 $f = 100$ Hz 时,在这样的波导中能够传播的简正波就是 $1 \sim 4$ 阶,其中第 2 阶和第 4 阶的临界频率为 $f_2 = 37.5$ Hz,$f_4 = 87.5$ Hz。

4. 简正波沿波导的传播速度

浅海波导中的简正波除了上述特性外,还有一个特征表现为不同阶次的简正波沿波导的传播速度是不相同的,可以用相速度表示。

相速度为声波的振动状态在介质中传播的速度,它表示等相位点沿传播方向的速度,表示为 c_p(phase speed)。简正波在浅海平面波导中传播时,其频率 ω 由声源决定。对于不同阶次的简正波,频率均相同,但波数不同,因此它们沿 r 方向的传播速度 $c|_r$ 就不相同

$$c|_r = \frac{\omega}{k_r} \tag{5.65}$$

用浅海波导中的第 n 阶简正波的传播说明,如图 5-15 所示。在单位时间内该阶简正波在波导中沿着与 r 成 θ 角的方向由 O 点传播至 B 点,相应的波阵面在图中用数字 1,2 标明。在单位时间内波阵面行进的距离就是声速,于是,图中 $\overline{OB}$ 就是简正波的波速 c。而沿着波导 r 方向

则出现了两个波速,一个是波阵面沿波导轴滑移速度,图中表示为 $\overline{OA}$,另一个是简正波的波速在波导轴上的投影,图中表示为 $\overline{OA'}$。

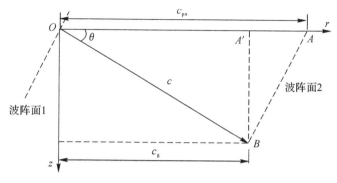

图 5 - 15 简正波沿波导传播速度示意图

将波阵面沿波导轴滑移速度 $\overline{OA}$ 称为该阶简正波的相速度 c_{pn},而简正波速在波导轴上的投影称为该阶简正波的"群速度"c_{gn}(group speed)[①]。

由图 5 - 15 可见:第 n 阶简正波的相速度是 $c_{pn} = \dfrac{c}{\cos\theta}$,由于

$$\cos\theta = \frac{k_r}{k} = \frac{\sqrt{k^2 - \nu_n^2}}{k} = \sqrt{1 - \frac{\nu_n^2}{k^2}}$$

于是

$$c_{pn} = \frac{c}{\sqrt{1 - \dfrac{\nu_n^2}{k^2}}} = \frac{c}{\sqrt{1 - \left[\dfrac{(2n-1)\pi}{2hk}\right]^2}}$$

相应的"群速度"为

$$c_{gn} = c\cos\theta = c\sqrt{1 - \frac{\nu_n^2}{k^2}}$$

从图 5 - 15 和 c_{pn} 的表示式中可知,在浅海波导中第 n 阶简正波的相速度 c_{pn} 随阶次 n 的增高而增大。对于确定阶次的简正波,其相速度随频率的降低而增大,当频率趋于该阶简正波的截止频率时,其相速度将趋于无穷大,如图 5 - 16 所示。

对于 c_{gn} 有类似的分析:该阶简正波的 c_{gn} 随阶次 n 的增高而降低,对于确定阶次的简正波,其 c_{gn} 随频率的降低而减小,当频率趋于该阶简正波的截止频率时,c_{gn} 将趋于零。

另一方面,从前面的图 5 - 15 中应当指出,在浅海波导中简正波的相速度表示了相位沿波导轴的传播速度,但是它并不反映声能量的实际传播速度。声波携带能量的传播方向是沿着波的传播方向前进的,也就是图中 $\overline{OB}$ 方向,因此,声能量沿着波导轴的传播速度仅为 $\overline{OA'}$。可以看出,垂直于波导轴方向的声能流为零,有功能流只随简正波沿波导轴方向传播,于是,c_g 表示了声能量沿着波导轴的传播速度。相速与频率有关的现象称为声色散或声频散,自由空间的声速与频率无关,称为非频散媒质。关于浅海波导中的频散现象是较为复杂的,由于不同的

① 除了文献[29]、[30]对浅海波导中的简正波的分析中使用了群速度这样的提法,其他专著均没有明确采用,但并不妨碍使用这个名词说明简正波声能量的实际传播速度。后面将对群速度的概念作一简要说明。

简正波以不同的相速度传播,可以观测到宽带声源辐射声波具有的独特干涉现象,例如浅海中的爆炸声是长脉冲宽带信号,在脉冲持续时间内的各个时刻都包含着不同的频率成分,呈现出频散效应。

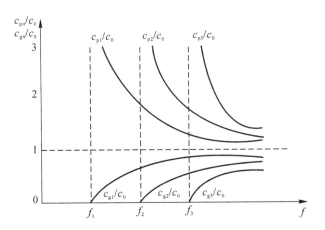

图 5-16　相速度和群速度对频率的依赖关系

现在再对群速度的概念再作一简要说明。以两个简谐声波的组合波动传播为例,设两个子波的频率接近,分别是 ω_1,ω_2,合成波可表示为

$$p(r,z)=2A\cos\left[\frac{(\omega_2-\omega_1)t}{2}-\frac{(k_2-k_1)r}{2}\right]\cos\left[\frac{(\omega_2+\omega_1)t}{2}-\frac{(k_2+k_1)r}{2}\right] \quad (5.66)$$

令 $\omega_2-\omega_1=\Delta\omega,k_2-k_1=\Delta k$,同时,定义平均频率和平均波数分别为

$$\omega=\frac{\omega_2+\omega_1}{2},\quad k=\frac{k_2+k_1}{2}$$

则式(5.66)成为

$$p(r,z)=2A\cos\left[\frac{1}{2}(\Delta\omega t-\Delta kr)\right]\cos(\omega t-kr) \quad (5.67)$$

这个波的图像如图 5-17 所示,是一个被频率为 $\Delta\omega$ 的波调制、以载频 ω 沿 r 方向传播的声波。

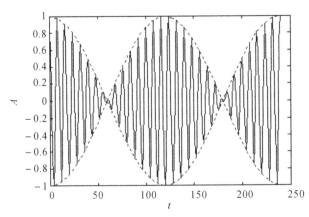

图 5-17　组合波图像

图中的载波对应式(5.67)第二余弦项,以相速度 $c_p = \omega/k$ 沿 r 正方向传播,而包络对应上式第一余弦项,亦是一简谐、单频声波,包络(波包)可以看作波群的波形,它以下式所示的速度沿 r 正方向传播,即

$$c_g = \frac{\Delta\omega}{\Delta k} = \frac{d\omega}{dk} \tag{5.68}$$

将此波包的传播速度称为群速度,由于声波的相速度是按照频率和波数定义的,即 $\omega = kc_p$,因而式(5.68)又成为

$$c_g = \frac{d(kc_p)}{dk} = c_p + k\frac{dc_p}{dk} \tag{5.69}$$

当介质没有频散,即相速度与频率无关时,式(5.69)中 $\frac{dc_p}{dk} = 0$。这时,群速度与相速度相等,即 $c_g = c_p$。

5. 浅海波导中的声传播损失

声波在理想边界浅海波导中的传播损失可以通过声压函数的表达式导出,根据传播损失的定义式(5.7)

$$TL = 10\lg\frac{I(1\ m)}{I(r)} = 20\lg\frac{p(1\ m)}{p(r)}$$

由前面得到的声压函数的表达式(5.57),对于第 n 阶简正波,其声压函数振幅为

$$A_n\sin\left[\frac{(2n-1)}{2h}\pi z\right]\sqrt{\frac{2}{\pi\sqrt{k^2 - \nu_n^2}\,r}}$$

因此其扩展产生的传播损失可表示为 $TL = 10\lg r$,是典型的柱面波扩展传播损失。但由于是简正波,式(5.57)中声压函数是由 n 阶简正波叠加而成的,不同阶的简正波对传播损失的贡献各不相同,求和的过程比较复杂,目前也只能给出近似结论。R. J. Urick 和 L. E. Kinsler 等人均指出[28],[32],对于低损耗(不存在边界损失)的情况,浅海波导中的声传播异常为

$$TA = -10\lg\frac{r}{h} - 10\lg\pi$$

这个声传播异常是指测量的传播损失与球面扩展引起的传播损失之差,即

$$TA = TL - 20\lg r$$

于是,浅海波导中的传播损失可表示为

$$TL = 10\lg r + 10\lg\frac{h}{\pi} \tag{5.70}$$

下一章用声线理论讨论均匀浅海中的声传播时会再一次对这个问题进行阐述,届时会看到传播损失是分段计算的。

5.3 海洋中声传播的射线理论

尽管波动理论严谨,但是比较繁杂,在边界条件复杂情况下很难给出声场的解析解。在确定的近似条件下,可以采用另一种分析方法 —— 射线声学理论求解声场,这里所说的射线在前面讨论"平面波在介质分界面上的折反射"时就已经采用过了,射线是指声场中用来表示声波传播方向的线段,也称为声线,如同几何光学中的光线。

射线声学将声波沿某个方向的传播看作是一束垂直于等相位面的声线的传播,声线历经的距离与时间代表声波传播的距离的时间。因此,射线声学的描述方法可以给人以直观的感觉。

5.3.1　波阵面和声线

声源向介质辐射产生声场,在任意时刻 t_0 声场中总能找到一个"面",面上各质点的振动相位都是相同的,定义这个面为声波传播方向的等相位面或波阵面。t_0 时刻的波阵面确定后,可以由它确定下一时刻 $t_0 + \Delta t$ 的波阵面(惠更斯原理),如图5-18所示。声波的能量就是通过波阵面向空间传播的,可以确认,声波的能量通过波阵面时是沿着波阵面上的法线方向行进的。定义各个波阵面法线方向的连线为声线,或者说同波阵面正交的线就是声线。

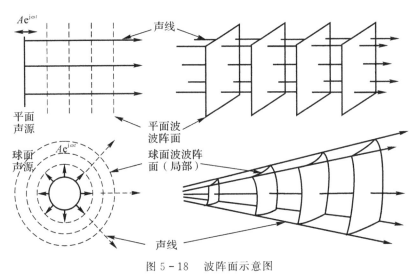

图 5-18　波阵面示意图

5.3.2　射线声学的基本方程

射线声学有两个基本方程,一个确定了声线的运动轨迹,另一个是给出每一束声线运动过程中的声强变化规律,这样,便可以更加直观的形式对海洋中的声传播进行分析。两个方程都源于声波动方程,只是按照射线理论进行了一定的近似简化,现作一简要介绍。

假定海洋中的声速是坐标的函数:$c = c(x,y,z)$,而海水介质的密度为均匀的,这时,声压波动方程和它的解可分别表示为

$$\nabla^2 p(x,y,z,t) - \frac{1}{c^2(x,y,z)} \frac{\partial^2 p(x,y,z,t)}{\partial t^2} = 0 \tag{5.71}$$

$$p(x,y,z,t) = A(x,y,z) \exp\left[j\left(\omega t - k(x,y,z)\varphi_1(x,y,z)\right)\right] \tag{5.72}$$

式中,$A(x,y,z)$ 为声压振幅;$k(x,y,z) = \dfrac{\omega}{c(x,y,z)}$ 为波数,可进一步表示为

$$k(x,y,z) = \frac{\omega}{c_0} \frac{c_0}{c(x,y,z)} = k_0 n(x,y,z)$$

式中,$k_0 = \dfrac{\omega}{c_0}$ 为介质中参考点 (x_0,y_0,z_0) 处的波数(一般情况下取在海面处);$n(x,y,z) =$

$\dfrac{c_0(x_0,y_0,z_0)}{c(x,y,z)}$ 为声波由介质中参考点 (x_0,y_0,z_0) 处传播至场点 (x,y,z) 处的折射率。于是，声压函数为

$$p(x,y,z,t)=A(x,y,z)\exp[j(\omega t-k_0 n(x,y,z)\,\varphi_1(x,y,z))] \qquad (5.73)$$

令 $\varphi(x,y,z)=n(x,y,z)\varphi_1(x,y,z)$，称之为程函（Eikonal，这里指声程函数），式(5.73)又可表示为

$$p(x,y,z,t)=A(x,y,z)\exp\{j[\omega t-k_0\varphi(x,y,z)]\} \qquad (5.74)$$

式中，$\varphi(x,y,z)$ 相当于声波传播的路径，当 $\varphi(x,y,z)=$ 常量时，函数 $\varphi(x,y,z)$ 的空间坐标构成了波阵面，其梯度就是波阵面的法线，法线方向亦是声线方向。将式(5.74)代回原波动方程式(5.71)

方程中的第一项：

$$\nabla^2 p=\nabla\cdot\nabla p=\nabla\cdot\nabla[Ae^{j(\omega t-k_0\varphi)}]=\nabla\cdot[(\nabla A-jk_0 A\,\nabla\varphi)e^{j(\omega t-k_0\varphi)}]=$$
$$[\nabla^2 A-jk_0\,\nabla A\cdot\nabla\varphi-jk_0 A\,\nabla^2\varphi]e^{j(\omega t-k_0\varphi)}+$$
$$(\nabla A-jk_0 A\,\nabla\varphi)\cdot(-jk_0\,\nabla\varphi)e^{j(\omega t-k_0\varphi)}=$$
$$[\nabla^2 A-Ak_0^2\mid\nabla\varphi\mid^2-jk_0(A\,\nabla^2\varphi+2\,\nabla A\cdot\nabla\varphi)]e^{j(\omega t-k_0\varphi)}$$

方程中的第二项：

$$-\frac{1}{c^2}\frac{\partial^2 p}{\partial t^2}=-\frac{1}{c^2}(-A\omega^2)e^{j(\omega t-k_0\varphi)}=Ak^2 e^{j(\omega t-k_0\varphi)}$$

于是

$$\nabla^2 p-\frac{1}{c^2}\frac{\partial^2 p}{\partial t^2}=0\rightarrow\nabla^2 A-Ak_0^2\mid\nabla\varphi\mid^2+Ak^2-jk_0(A\,\nabla^2\varphi+2\,\nabla A\cdot\nabla\varphi)=0$$

令实部和虚部分别等于零，可得

$$\left.\begin{array}{l}\dfrac{\nabla^2 A(x,y,z)}{A(x,y,z)}-k_0^2\mid\nabla\varphi(x,y,z)\mid^2+k^2(x,y,z)=0\\[3mm]\nabla^2\varphi(x,y,z)+\dfrac{2}{A(x,y,z)}\,\nabla A(x,y,z)\cdot\nabla\varphi(x,y,z)=0\end{array}\right\} \qquad (5.75)$$

5.3.3　程函方程

在式(5.75)的第一个方程中，当满足：$\dfrac{\nabla^2 A(x,y,z)}{k^2 A(x,y,z)}\ll 1$（表示一个波长长度上振幅 A 的相对变化远小于 1）时，则有

$$\mid\nabla\varphi(x,y,z)\mid^2=\left(\frac{k}{k_0}\right)^2 \qquad (5.76)$$

或表示成

$$\mid\nabla\varphi(x,y,z)\mid^2=\left[\frac{c_0}{c(x,y,z)}\right]^2=n^2(x,y,z)$$

即

$$\mid\nabla\varphi(x,y,z)\mid=n(x,y,z) \qquad (5.77)$$

式(5.77)称为程函方程，后面将根据这个方程确定声线传播的轨迹。

程函方程的其他形式[33]：

标量 $\varphi(x,y,z)$ 的梯度为矢量，则有

$$\nabla\varphi(x,y,z) = \frac{\partial\varphi}{\partial x}\boldsymbol{i} + \frac{\partial\varphi}{\partial y}\boldsymbol{j} + \frac{\partial\varphi}{\partial z}\boldsymbol{k} \qquad (5.78)$$

函数 $\varphi(x,y,z)$ 的梯度表示声线传播方向,它也可以表示为模与单位向量的积,令单位向量:$\boldsymbol{e} = \boldsymbol{i}\cos\alpha + \boldsymbol{j}\cos\beta + \boldsymbol{k}\cos\gamma$,$\boldsymbol{e}$ 代表声线传播方向(波阵面法向),则有

$$\nabla\varphi(x,y,z) = |\nabla\varphi(x,y,z)|(\boldsymbol{i}\cos\alpha + \boldsymbol{j}\cos\beta + \boldsymbol{k}\cos\gamma)$$

或者

$$\frac{\partial\varphi}{\partial x}\boldsymbol{i} + \frac{\partial\varphi}{\partial y}\boldsymbol{j} + \frac{\partial\varphi}{\partial z}\boldsymbol{k} = n(x,y,z)(\boldsymbol{i}\cos\alpha + \boldsymbol{j}\cos\beta + \boldsymbol{k}\cos\gamma) \qquad (5.79)$$

于是得到程函方程的标量形式:

$$\left.\begin{aligned} \frac{\partial\varphi(x,y,z)}{\partial x} &= n(x,y,z)\cos\alpha \\[2mm] \frac{\partial\varphi(x,y,z)}{\partial y} &= n(x,y,z)\cos\beta \\[2mm] \frac{\partial\varphi(x,y,z)}{\partial z} &= n(x,y,z)\cos\gamma \end{aligned}\right\} \qquad (5.80)$$

这样,声线的方向余弦,或者说声线的走向就完全由 $\varphi(x,y,z)$ 确定了。如图 5-19 所示,声线 s 在某点向声场中射出的增量 $\mathrm{d}s$,其方向余弦用 $\mathrm{d}s$ 表示为

$$\cos\alpha = \frac{\mathrm{d}x}{\mathrm{d}s}, \quad \cos\beta = \frac{\mathrm{d}y}{\mathrm{d}s}, \quad \cos\gamma = \frac{\mathrm{d}z}{\mathrm{d}s} \qquad (5.81)$$

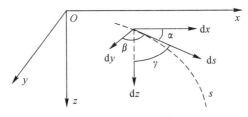

图 5-19　声线示意图

将程函方程式(5.80)两边分别对声线弧长求导,先看第一式:

$$\frac{\mathrm{d}}{\mathrm{d}s}\left[\frac{\partial\varphi(x,y,z)}{\partial x}\right] = \frac{\mathrm{d}}{\mathrm{d}s}[n(x,y,z)\cos\alpha]$$

由全导数的定义,上式左边可表示为

$$\frac{\mathrm{d}}{\mathrm{d}s}\left[\frac{\partial\varphi}{\partial x}\right] = \frac{\partial}{\partial x}\left[\frac{\mathrm{d}\varphi}{\mathrm{d}s}\right] = \frac{\partial}{\partial x}[n(\cos^2\alpha + \cos^2\beta + \cos^2\gamma)] = \frac{\partial n}{\partial x}$$

于是,式(5.80)对声线弧长求导后成为

$$\left\{\begin{aligned} \frac{\partial n(x,y,z)}{\partial x} &= \frac{\mathrm{d}}{\mathrm{d}s}[n(x,y,z)\cos\alpha] \\[2mm] \frac{\partial n(x,y,z)}{\partial y} &= \frac{\mathrm{d}}{\mathrm{d}s}[n(x,y,z)\cos\beta] \\[2mm] \frac{\partial n(x,y,z)}{\partial z} &= \frac{\mathrm{d}}{\mathrm{d}s}[n(x,y,z)\cos\gamma] \end{aligned}\right.$$

再将三个等式右边中括号中的表式用式(5.80)等号左边各项替换,上式即可表示为矢量式:

$$\frac{\mathrm{d}}{\mathrm{d}s}[\nabla\varphi(x,y,z)]=\nabla n(x,y,z) \tag{5.82}$$

式(5.82)为程函方程的第三种表示形式,由于是用折射率所满足的微分方程来表示的,因此,式(5.82)更直观地指出了声线走向与声速梯度的关系。现举例说明:假定声速只随深度变化 $c=c(z)$,并且声线位于 xOz 平面内,这样式(5.82)的三个标量方程中只需考虑以下两式:

$$\frac{\mathrm{d}}{\mathrm{d}s}[n(z)\cos\alpha]=\frac{\partial n(z)}{\partial x} \tag{5.83}$$

$$\frac{\mathrm{d}}{\mathrm{d}s}[n(z)\cos\gamma]=\frac{\partial n(z)}{\partial z} \tag{5.84}$$

第一个方程式(5.83)由于 $\frac{\partial n(z)}{\partial x}=0$,则有 $\frac{\mathrm{d}}{\mathrm{d}s}[n(z)\cos\alpha]=\frac{\mathrm{d}}{\mathrm{d}s}\left[\frac{c_0}{c(z)}\cos\alpha\right]=0$,表明

$$\frac{c_0}{c(z)}\cos\alpha=\mathrm{const.}$$

即有

$$\frac{\cos\alpha}{c(z)}=\frac{\cos\alpha_0}{c_0}=\frac{\cos\alpha_{z_0}}{c_{z_0}}=\mathrm{const.} \tag{5.85}$$

式中,z_0 为声线传播路径上的某一深度,由于 $\cos\alpha=\sin\gamma$,式(5.85)为

$$\frac{\sin\gamma_0}{\sin\gamma_{z_0}}=\frac{c_0}{c_{z_0}}=n(z) \tag{5.86}$$

这便是非均匀流体介质中的折射定律(snell's law),表示声波由声场中 O 点传播到场点 P 时,沿 z 方向将产生声线传播方向的偏转(折射)规律,如图 5-20 所示,即尽管是在同一种流体介质中,由于声速沿 z 方向的分布不均匀将导致声传播方向的变化。

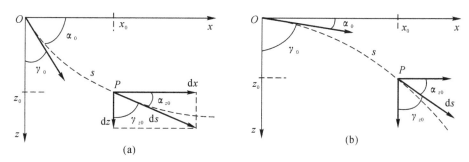

图 5-20　非均匀流体介质中声线传播趋势图
(a) 海区具有正声速梯度;　(b) 海区具有负声速梯度

再看第二个方程式(5.84),注意到 $n(z)=\frac{c_0}{c(z)}$,于是

$$\frac{\mathrm{d}}{\mathrm{d}s}[n(z)\cos\gamma]=-\frac{c_0}{[c(z)]^2}\frac{\mathrm{d}c(z)}{\mathrm{d}z}$$

方程左边为

$$\frac{\mathrm{d}}{\mathrm{d}s}[n(z)\cos\gamma]=\frac{\mathrm{d}n(z)}{\mathrm{d}z}\frac{\mathrm{d}z}{\mathrm{d}s}\cos\gamma-n(z)\sin\gamma\frac{\mathrm{d}\gamma}{\mathrm{d}s}=\frac{\mathrm{d}n(z)}{\mathrm{d}z}\cos^2\gamma-n(z)\sin\gamma\frac{\mathrm{d}\gamma}{\mathrm{d}s}$$

方程右边原本是 $\dfrac{\mathrm{d}n(z)}{\mathrm{d}z}$，于是式(5.84)成为

$$\frac{\mathrm{d}\gamma}{\mathrm{d}s} = \frac{\sin\gamma}{c}\frac{\mathrm{d}c}{\mathrm{d}z} \tag{5.87}$$

由于 $\dfrac{\sin\gamma}{c} \geqslant 0$，因此由式(5.87)可知，当声速梯度为正(负)时，声线 s 的走向是朝着 γ 增大(减小)的趋势行进的。如图 5-20 所示，声线 s 在 O 点射出时的俯仰角为 γ_0，经过 $\mathrm{d}s$ 后在 P 点射出的俯仰角为 γ_{z_0}，在海区具有正、负声速梯度情况下，其传播趋势相反。即

如果 $\dfrac{\mathrm{d}c}{\mathrm{d}z} > 0$，声线沿深度方向传播的俯仰角变化 $\mathrm{d}\gamma > 0$，$\gamma_{z_0} > \gamma_0$；

如果 $\dfrac{\mathrm{d}c}{\mathrm{d}z} < 0$，声线沿深度方向传播的俯仰角变化 $\mathrm{d}\gamma < 0$，$\gamma_{z_0} < \gamma_0$。

进一步，由声线增量 $\mathrm{d}s$ 可容易地给出轨迹方程的一般形式。还是以 xOz 平面内的声线为例，如图 5-20(a) 所示，声线由 $P(x_0, z_0)$ 点射出，在声线上取增量 $\mathrm{d}s$，有

$$\frac{\mathrm{d}x}{\mathrm{d}z} = \cot\alpha = \frac{\cos\alpha}{\sin\alpha} = \frac{\cos\alpha}{\sqrt{1 - \cos^2\alpha}} \tag{5.88}$$

根据式(5.85)，$n(z)\cos\alpha = \cos\alpha_{z_0}$，上式成为

$$\frac{\mathrm{d}x}{\mathrm{d}z} = \frac{\cos\alpha_{z_0}}{\sqrt{n^2(z) - \cos^2\alpha_{z_0}}}$$

于是得到声线轨迹方程为

$$x = \int_{z_0}^{z} \frac{\cos\alpha_{z_0}}{\sqrt{n^2(z) - \cos^2\alpha_{z_0}}}\mathrm{d}z \tag{5.89}$$

5.3.4　强度方程

确定声波能量在空间沿着声线的分布和变化的方程称为强度方程，亦称为能量迁移方程，强度方程是由式(5.75)的第二个方程导出的。由

$$\nabla^2\varphi(x,y,z) + \frac{2}{A(x,y,z)}\ \nabla A(x,y,z)\ \cdot\ \nabla\varphi(x,y,z) = 0$$

或者

$$A^2(x,y,z)\ \nabla^2\varphi(x,y,z) + 2A(x,y,z)\ \nabla A(x,y,z)\ \cdot\ \nabla\varphi(x,y,z) = 0$$

可表示为

$$\nabla\cdot\ [A^2(x,y,z)\ \nabla\varphi(x,y,z)] = 0 \tag{5.90}$$

说明矢量函数 $A^2(x,y,z)\ \nabla\varphi(x,y,z)$ 的散度为零，现在分析这一矢量函数的实际含义。由第 2 章得到的声强表示式(2.29)，有

$$\boldsymbol{I} = \frac{1}{T}\int_0^T p\boldsymbol{u}\,\mathrm{d}t$$

又可表示为[26]

$$\boldsymbol{I} = \frac{1}{2}\ [p^{*}\boldsymbol{u} + p\boldsymbol{u}^{*}] \tag{5.91}$$

式中，$*$ 表示共轭。由声压函数表示式 $p(x,y,z,t) = A(x,y,z)\exp\{\mathrm{j}\,[\omega t - k_0\varphi(x,y,z)]\}$，

再考虑关系式 $\nabla p = -\rho \dfrac{\partial \boldsymbol{u}}{\partial t}$，在谐振动条件下：$\boldsymbol{u} = -\dfrac{1}{\rho}\displaystyle\int \nabla p\, \mathrm{d}t = \dfrac{\mathrm{j}}{\rho ck}\nabla p$，得到

$$p^* \boldsymbol{u} = A(x,y,z)\mathrm{e}^{-\mathrm{j}[\omega t - k_0 \varphi(x,y,z)]}\frac{\mathrm{j}}{\rho ck}\nabla p = \frac{\mathrm{j}}{\rho ck}A[\nabla A - \mathrm{j}k_0 A \nabla\varphi]$$

$$p\,\boldsymbol{u}^* = A(x,y,z)\mathrm{e}^{\mathrm{j}[\omega t - k_0 \varphi(x,y,z)]}\frac{-\mathrm{j}}{\rho ck}\nabla p^* = \frac{-\mathrm{j}}{\rho ck}A[\nabla A + \mathrm{j}k_0 A \nabla\varphi]$$

于是

$$p^* \boldsymbol{u} + p\,\boldsymbol{u}^* = \frac{\mathrm{j}}{\rho ck}A[\nabla A - \mathrm{j}k_0 A \nabla\varphi] + \frac{-\mathrm{j}}{\rho ck}A[\nabla A + \mathrm{j}k_0 A \nabla\varphi] = \frac{2}{\rho c_0}A^2 \nabla\varphi$$

$$\boldsymbol{I} = \frac{1}{2}[p^* \boldsymbol{u} + p\,\boldsymbol{u}^*] = \frac{1}{\rho c_0}A^2(x,y,z)\nabla\varphi(x,y,z) \tag{5.92}$$

由式（5.92）可见，式（5.90）中的矢量函数就是声强，这样式（5.90）就成为

$$\nabla \cdot \boldsymbol{I} = 0 \tag{5.93}$$

此式就是射线声学第二基本方程，称为强度方程。它表明，流体介质中任意点的声能流是沿着声线方向取向的，造成声场中声强矢量的散度为零，说明声强矢量是无散的管量场。

如图 5-21 所示，设想一组由声源辐射的声线沿声场确定方向传播，它们构成了由声源发出、立体角元为 $\mathrm{d}\Omega$ 的声线管 Γ，由强度方程式（5.93），这一束声线的声能量将沿着声线管"流动"，而不会穿越管壁 Γ。如图 5-22 所示，设 S_1，S_2 为这一束声射线在 xOz 平面内不同位置上的截面积，声源以 α_0 为起始角发射一束声线，该束声线包含在 $\mathrm{d}\Omega$ 立体角范围内。

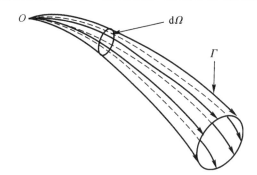

图 5-21　由声源辐射声线组成的声线管

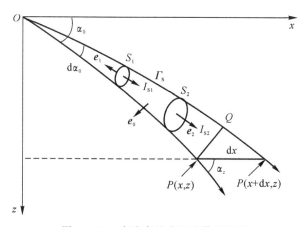

图 5-22　声线束的声强计算分析图

根据奥高公式,矢量 I 通过封闭曲面 Σ 的能流等于 I 的散度在此封闭曲面所包含体积 V 上的积分,即

$$\oiint_{\Sigma} I \cdot \mathrm{d}S = \iiint_V \nabla \cdot I \mathrm{d}V$$

在声线管中取 S_1,S_2 和管壁包围的封闭曲面 Γ,在管壁上的面积 S_0,由于 $\nabla \cdot I = 0$,就有

$$\iint_{S_0} I \cdot e_0 \mathrm{d}S + \iint_{S_1} I \cdot e_1 \mathrm{d}S + \iint_{S_2} I \cdot e_2 \mathrm{d}S = 0$$

由于在管壁上 I 与法线向量 e_0 总是垂直的,此外,在 S_1 面上 I 与 e_1 方向相反,则上式为

$$\iint_{S_1} I \cdot e_1 \mathrm{d}S = \iint_{S_2} I \cdot e_2 \mathrm{d}S$$

即

$$I_{S_1} S_1 = I_{S_2} S_2 = \cdots = \mathrm{const.}$$

式中,I_{S_1},I_{S_2} 表示 I 在 S_1,S_2 上的平均声强。如果 $W_0 = \dfrac{W}{4\pi}$ 是单位立体角内的辐射声功率,与 S_1,S_2 相对应的声线管立体角为 $\mathrm{d}\Omega$,则可将上式中的常数表示为 $W_0 \mathrm{d}\Omega$。因此,在声线上任意点 P 处的声强就可以表示为

$$I_p(x,z) = \frac{W_0 \mathrm{d}\Omega}{S_p} \tag{5.94}$$

式中,S_p 是声线管在场点 P 处的截面积,一旦确定 S_p 和 $\mathrm{d}\Omega$,即可求得场点的声强 $I_p(x,z)$。

作为一个简单的例子,讨论某层介质中的情况,由 O 点沿 α_0 方向发出一个立体角为 $\mathrm{d}\Omega$ 声线管束,如图 5-23 所示。假定层的厚度有限,且声线传播距离比较小,射至场点 P 的矢径为 r,那么由立体角 $\mathrm{d}\Omega$ 所对应的声线管在场点 P 的截面积 $S_p \approx r^2 \mathrm{d}\Omega$,于是

$$I_p(x,z) = \frac{W_0}{r^2}$$

上式的结果过于简单,相当于均匀介质的结论,说明声线在场点产生的声强对应于单位立体角的声功率。

当声线传播一定距离时,一旦声线弯曲,则 $S_p \neq r^2 \mathrm{d}\Omega$,必须寻求一般情况下 S_p 的表示。考虑射出角 α_0 和 $\alpha_0 + \mathrm{d}\alpha_0$ 的两条声线在全空间得到一个声线管束,并且在水平面上对 z 轴是对称的,图中的环绕的阴影面积是 S_p。在任意定向平面内 S_p 退化为线段 $r\mathrm{d}\alpha_0$,比较图 5-22、图 5-23 可见,$r\mathrm{d}\alpha_0 = \overline{PQ}$,于是 $S_p = 2\pi x \overline{PQ}$。

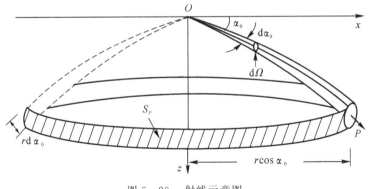

图 5-23　射线示意图

由图 5-22 知，$\overline{PQ} = \sin\alpha_z \mathrm{d}x$，如果声线的轨迹方程为 $x = x(z, \alpha_0)$，这时，声线在 x 处取得的增量 $\mathrm{d}x$ 可认为是式中 α_0 取得的增量 $\mathrm{d}\alpha_0$ 所造成的结果，于是

$$\mathrm{d}x = \frac{\partial x(z, \alpha_0)}{\partial \alpha_0} \mathrm{d}\alpha_0$$

如果考虑到在正、负梯度下上式会产生正、负号，这样，在坐标 (x, z) 处声线管以立体角元 $\mathrm{d}\Omega$ 所张的微元面积 S_p 就可以表示为

$$S_p = 2\pi x \sin\alpha_z \left| \frac{\partial x(z, \alpha_0)}{\partial \alpha_0} \right| \mathrm{d}\alpha_0 \qquad (5.95)$$

考虑一般性，声源位置在 z_0 处时，式 (5.95) 中 $\alpha_0 = \alpha_{z_0}$；最终得到

$$I_p(x, z) = \frac{W_0 \cos\alpha_{z_0}}{x \sin\alpha_z \left| \dfrac{\partial x(z, \alpha_{z_0})}{\partial \alpha_{z_0}} \right|} \qquad (5.96)$$

式 (5.96) 说明，声线由初始位置射出时，如果其射出角 α_{z_0} 和单位立体角的辐射声功率 W_0 已知，声线传播至场点 $P(x, z)$ 的轨迹方程 $x = f(z, \alpha_{z_0})$ 确定 [见式 (5.89)]，声线在场点的射出角 α_z 满足折射定律式 (5.86)，则声强可由式 (5.96) 求出，这便是流体介质中射线理论的强度方程表达式。

5.3.5 传播损失预报

利用射线理论可以计算确定射出角的声线传播轨迹以及该声线传播路径上场点的声强，这样也就可能对传播过程中一束声线由于波阵面扩展产生的传播损失进行预报。

如图 5-24 所示，声源位于 z_0 点以出射角 α_{z_0} 辐射的声线在海水中传播至 P 点，射出角为 α_{z_1}；可以将该声线分离为间距 $\Delta\alpha(\mathrm{rad})$ 的两条声线，它们在 P 点的垂直方向有距离差 Δh。声源在 $\Delta\alpha$ 范围内的辐射声功率为 $W_{\Delta\alpha}$，根据射线声学强度方程，这两条声线构成的声线管内的能量不漏出管外，这样，在 P 点声线管内的声功率还是 $W_{\Delta\alpha}$。

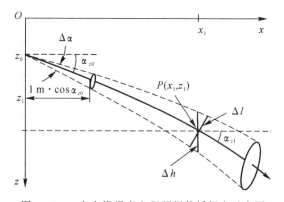

图 5-24 由声线强度方程预报传播损失示意图

于是，声源射出的这束声线在距离 z_0 点 1 m 处和 P 点处的声强分别为

$$I_1 = \frac{W_{\Delta\alpha}}{S_1}, \quad I_2 = \frac{W_{\Delta\alpha}}{S_2}$$

式中，S_1 是两条声线构成的声线管在距 z_0 点 1 m 处的波阵面（球面）上所张的面积；S_2 是这个声线管在 P 点的波阵面（与声线垂直）所张的面积。这束声线的传播损失就可以表示为

$$TL = 10\lg\frac{I_1}{I_2} = 10\lg\frac{S_2}{S_1} \tag{5.97}$$

式中，$S_1 = 2\pi\cos\alpha_{z_0}\Delta\alpha$，$S_2 = 2\pi x_1\Delta l = 2\pi x_1\Delta h\cos\alpha_{z_1}$；$\Delta l$ 是场点 P 处分为 $\Delta\alpha$ 的两条声线间垂直间距，S_1 计算式中 $\cos\alpha_{z_0}$ 是由于在计算传播距离时是沿 x 方向的，距 O 点 1 m 处的距离在 x 方向就成为 $\cos\alpha_{z_0}$，这样，式(5.97)成为

$$TL = 10\lg\frac{x_1\Delta h\cos\alpha_{z_1}}{\Delta\alpha\cos\alpha_{z_0}} \tag{5.98}$$

在一般情况下，根据前述式(5.85)，有

$$\frac{\cos\alpha_{z_1}}{\cos\alpha_{z_0}} = \frac{c_2}{c_1}$$

式中，c_1 和 c_2 分别是声场在 z_0 点和 P 点处的声速，场点的距离还是用 x 表示，于是传播损失最终表示为

$$TL = 10\lg\frac{x\Delta h c_2}{\Delta\alpha c_1} \tag{5.99}$$

在均匀介质情况下，声速不发生变化，声线为直线传播，$\Delta h = x\Delta\alpha$，这时式(5.99)退化为 $TL = 10\lg x^2$。这种从声线图求 TL 的方法与声线密度和声线间隔 $\Delta\alpha$ 的取值有关，并且没有考虑由于介质吸收和边界泄漏造成的能量损失。用这种方法在已知声线轨迹的情况下可以对传播损失进行预报，其正确性是基于上一节讨论的"声线之间没有声能量穿过"这一射线声学原理，因此在声线图中，一对声线之间从声源发出的声能量保持在这对声线之中。后面将结合具体的传播情况对射线理论中的传播损失计算进行更为精确的论述。

5.4 分层介质中的射线声学

本节讨论的分层介质中射线理论是一种特殊条件——线性分层介质。所谓线性分层介质是指在每一层介质中，声速与海洋深度是线性变化的关系，也就是说，在这种情况下，声速梯度是常数，即

$$c(z) = c_0 + gz = c_0(1 + az) \tag{5.100}$$

式中，绝对声速梯度 $g = \frac{dc(z)}{dz}$，相对声速梯度 $a = \frac{dc(z)}{c_0 dz}$；c_0 指参考点的声速，通常是海面的声速。

之所以讨论线性分层介质，是因为任何复杂的声速分布情况都可以看作是由许多线性分层介质拼接而成的。在掌握每一层线性介质的特性(声线轨迹和声强)后，很容易推广至多层。

5.4.1 声线轨迹方程

下面导出的是线性分层介质中的声线轨迹方程，声线在 xOz 平面内传播，如图 5-25 所示，设声源位于 $z_0(0,z_0)$ 处，介质的声速梯度为常数 g，声线传播至场点 $P(x,z)$，需要确定其传播轨迹 $x = f(z)$。

为了推证方便，首先将式(5.85)表示为

$$\frac{\cos\alpha_z}{c(z)} = \frac{\cos\alpha_0}{c_0} = \frac{\cos\alpha_{z_0}}{c_{z_0}} = \zeta \tag{5.101}$$

式中，ζ 为常数，称为射线参数，代入方程式(5.89)，有

$$x = \int_{z_0}^{z} \frac{\cos\alpha_{z_0}\,\mathrm{d}z}{\sqrt{n^2(z) - \cos^2\alpha_{z_0}}} = \int_{z_0}^{z} \frac{\cos\alpha_{z_0}\,\mathrm{d}z}{\sqrt{\left(\dfrac{c_{z_0}}{c(z)}\right)^2 - \cos^2\alpha_{z_0}}} = \int_{z_0}^{z} \frac{\zeta c(z)\,\mathrm{d}z}{\sqrt{1 - \left[\zeta c(z)\right]^2}}$$

得到

$$x = \frac{c_{z_0}}{g\cos\alpha_{z_0}}\left[\sqrt{1 - \cos^2\alpha_{z_0}} - \sqrt{1 - \left[\frac{c(z)}{c_{z_0}}\cos\alpha_{z_0}\right]^2}\,\right] =$$

$$\frac{c_0 + gz_0}{g\cos\alpha_{z_0}}\left[\sin\alpha_{z_0} - \sqrt{1 - \left[\frac{c(z)}{c_{z_0}}\cos\alpha_{z_0}\right]^2}\,\right]$$

整理后表示为

$$\left[x - \frac{c_0 + gz_0}{g}\tan\alpha_{z_0}\right]^2 + \left[z + \frac{c_0}{g}\right]^2 = \left[\frac{c_0 + gz_0}{g\cos\alpha_{z_0}}\right]^2 \tag{5.102}$$

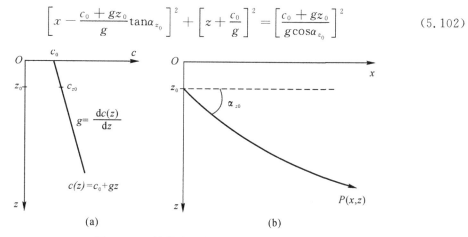

图 5-25　线性分层介质中的声线轨迹

(a) 声速分布；(b) 声线轨迹

这就是线性分层介质中的声线轨迹方程,可以看出,这是一个圆的标准几何方程,其圆心坐标和半径分别是

$$\begin{cases} (x_0, z_0) = \left[\dfrac{c_0 + gz_0}{g}\tan\alpha_{z_0}, -\dfrac{c_0}{g}\right] \\ R = \left|\dfrac{c_0 + gz_0}{g\cos\alpha_{z_0}}\right| = \left|\dfrac{1 + az_0}{a\cos\alpha_{z_0}}\right| \end{cases}$$

于是,在声速梯度 g 为常数的线性介质中,由声场中任意点出射的声线传播的轨迹就非常简洁地由式(5.102)描述。

例题 5-3　如图 5-26 所示,某海区声速梯度为 g,海面声速 c_0,声源深度 z_0。求反转点深度 $d\,(d > z_0)$ 的声线在深度 H 时的射出角以及该点至声源的水平距离 x_H。

解　声线轨迹半径与声源深度和射出角的关系是

$$R = \frac{c_0 + gz_0}{g\cos\alpha_{z_0}}$$

沿声线轨迹上的 H 点和 D 点分别有

$$R = \frac{c_0 + gH}{g\cos\alpha_H}, \quad R = \frac{c_0 + gd}{g}$$

于是,声线在 H 点的射出角

$$\alpha_H = \arccos\left[\left(1 + \frac{gH}{c_0}\right)\Big/\left(1 + \frac{gd}{c_0}\right)\right]$$

H 点至声源的水平距离

$$x_H = \overline{Az_0} + \overline{BH}$$

注意到

$$\overline{OB} = R - (d - H), \quad \overline{OA} = R - (d - z_0)$$

$$\overline{Az_0} = \sqrt{R^2 - \overline{OA}^2}, \quad \overline{BH} = \sqrt{R^2 - \overline{OB}^2}$$

于是

$$x_H = \sqrt{R^2 - \overline{OA}^2} + \sqrt{R^2 - \overline{OB}^2} = \sqrt{(d - z_0)(2R - d + z_0)} + \sqrt{(d - H)(2R - d + H)}$$

$$x_H = \sqrt{(d - z_0)\left(d + z_0 + \frac{2c_0}{g}\right)} + \sqrt{(d - H)\left(d + H + \frac{2c_0}{g}\right)}$$

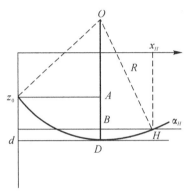

图 5 - 26　反转声线示意图

5.4.2　声线传播相关参数

由声线轨迹方程可以容易地求得声线轨迹参数、声线经过的水平距离和声线的传播时间。例如,在正梯度条件下,可将声线轨迹方程表示成下面的形式

$$(x - R\sin\alpha_{z_0})^2 + [z - (z_0 - R\cos\alpha_{z_0})]^2 = R^2$$

当 α_{z_0} 为正时,通常表示声线射出角以水平线为基准向 z 轴正方向出射,这时的声线和圆心坐标如图 5 - 27 中实线所示;当 α_{z_0} 为负时,声线和圆心坐标如图 5 - 27 中虚线所示。

同理,在负梯度条件下可将声线轨迹方程表示为

$$(x + R\sin\alpha_{z_0})^2 + [z - (z_0 + R\cos\alpha_{z_0})]^2 = R^2$$

当 α_{z_0} 为正时的声线和圆心坐标如图 5 - 28 中实线所示;当 α_{z_0} 为负时,声线和圆心坐标如图 5 - 28 中虚线所示。

将声线轨迹方程式(5.102)稍做变化得到关系式

$$x = \pm R\left[\sin\alpha_{z_0} - \sqrt{1 - \left(\frac{c(z)}{c_{z_0}}\cos\alpha_{z_0}\right)^2}\right]$$

式中,正梯度取正号,负梯度取负号,进而得到

$$\left[\sin\alpha_{z_0} - \left(\pm\frac{x}{R}\right)\right]^2 = 1 - \cos^2\alpha_z$$

于是,声线传播经过的水平距离为

$$x = R\left|\sin\alpha_{z_0} - \sin\alpha_z\right|$$

　第 5 章　海洋中的声传播

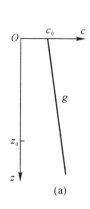

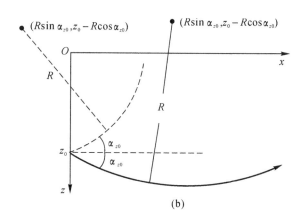

图 5 - 27　正梯度条件下声线示意图

（a）声速分布；（b）声线轨迹

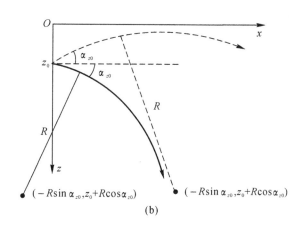

图 5 - 28　负梯度条件下声线示意图

（a）声速分布；（b）声线轨迹

　　声线传播所历经的时间可以由推导声线轨迹方程时的过程方程式(5.88)得出,如图 5 - 29 所示,在声线上取线元,有

$$ds = c(z)dt = \frac{dz}{\sin\alpha_z}$$

　　现在计算声线由深度坐标 z_0 处传播至 z 处的时间,因此

$$t = \int_{z_0}^{z} \frac{dz}{c(z)\sin\alpha_z} = \int_{z_0}^{z} \frac{dz}{c(z)\sqrt{1-\cos^2\alpha_z}} \tag{5.103}$$

换作折射率的表示,根据式(5.85), $n(z) = \dfrac{\cos\alpha_{z_0}}{\cos\alpha_z} = \dfrac{c_{z_0}}{c(z)}$,代入式(5.103)后成为

$$t = \frac{1}{c_{z_0}} \int_{z_0}^{z} \frac{n^2(z)dz}{\sqrt{n^2 - \cos^2\alpha_{z_0}}} \tag{5.104}$$

式(5.104)即海区折射率为 $n(z)$ 条件下的声线传播时间表示。

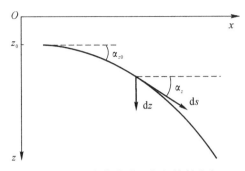

图 5 - 29   声线的微元与初始射出角

如果海区为线性介质，$c(z) = c_0 + gz$，式(5.103)的积分可以方便地完成，根据式(5.101)的射线参数表示

$$\cos\alpha = \zeta c(z) \longrightarrow -\sin\alpha\, d\alpha = \zeta g\, dz$$

即

$$dz = -\frac{\sin\alpha}{\zeta g}d\alpha = -\frac{c(z)}{\cos\alpha_z}\frac{\sin\alpha}{g}d\alpha$$

$$t = \int_{z_0}^{z} \frac{dz}{c(z)\sin\alpha_z} = \int_{\alpha_{z_0}}^{\alpha_z} \frac{-d\alpha}{g\cos\alpha}$$

得到

$$t = \frac{1}{g}\ln\left| \frac{\tan\left(\dfrac{\alpha_{z_0}}{2} + \dfrac{\pi}{4}\right)}{\tan\left(\dfrac{\alpha_z}{2} + \dfrac{\pi}{4}\right)} \right| \tag{5.105}$$

5.4.3   线性分层介质中的声强

在线性分层介质中，$c(z) = c_0 + gz$，声线轨迹方程已经由式(5.102)明确，于是由射线声学声强的一般关系式(5.96)可完成场点 P 的声强的计算，在式(5.96)中

$$I_p(x, z) = \frac{W_0 \cos\alpha_{z_0}}{x\sin\alpha_z \left| \dfrac{\partial x(z, \alpha_{z_0})}{\partial \alpha_{z_0}} \right|}$$

式中，W_0 是声源单位立体角内辐射的声功率，$x(z, \alpha_{z_0})$ 作为声线轨迹方程是声源处声线射出角的函数，$\alpha_z = \alpha$ 为声线在观测点的掠射角。现将声线轨迹方程式(5.102)稍作整理表示为

$$x = \frac{c_{z_0}}{g\cos\alpha_{z_0}}(\sin\alpha_{z_0} - \sin\alpha) \tag{5.106}$$

对 α_{z_0} 求导数，有

$$\frac{\partial x}{\partial \alpha_{z_0}} = \frac{c_{z_0}}{g} \frac{\cos\alpha_{z_0}\left(\cos\alpha_{z_0} - \cos\alpha\dfrac{\partial \alpha}{\partial \alpha_{z_0}}\right) + (\sin\alpha_{z_0} - \sin\alpha)\sin\alpha_{z_0}}{\cos^2\alpha_{z_0}} =$$

$$\frac{c_{z_0}}{g} \frac{1 - \cos\alpha_{z_0}\cos\alpha\dfrac{\partial \alpha}{\partial \alpha_{z_0}} - \sin\alpha_{z_0}\sin\alpha}{\cos^2\alpha_{z_0}}$$

由非均匀流体介质中的折射定律式(5.85)

$$\frac{\cos\alpha}{c(z)} = \frac{\cos\alpha_{z_0}}{c_{z_0}}$$

两边对 α_{z_0} 求微分得到

$$-\sin\alpha\,\frac{\partial\alpha}{\partial\alpha_{z_0}} = \frac{c(z)}{c_{z_0}}(-\sin\alpha_{z_0}) \rightarrow \frac{\partial\alpha}{\partial\alpha_{z_0}} = \frac{c(z)}{c_{z_0}}\frac{\sin\alpha_{z_0}}{\sin\alpha} = \frac{\cos\alpha}{\cos\alpha_{z_0}}\frac{\sin\alpha_{z_0}}{\sin\alpha}$$

于是

$$\frac{\partial x}{\partial\alpha_{z_0}} = \frac{c_{z_0}}{g}\frac{\sin\alpha - \sin\alpha_{z_0}}{\cos^2\alpha_{z_0}\sin\alpha}$$

上式与式(5.106)比较可得

$$\frac{\partial x}{\partial\alpha_{z_0}} = \frac{-x}{\cos\alpha_{z_0}\sin\alpha} \tag{5.107}$$

代入声强公式后得到最终结果为

$$I_p(x,z) = \frac{W_0\cos^2\alpha_{z_0}}{x^2} \tag{5.108}$$

式(5.108)说明,在线性分层介质中,场点的声强取决于声线射出角和声线传播经过的水平距离。

例题 5 - 4　海区为负梯度声场 $g = -0.05~\text{s}^{-1}$,海面声速 $c_0 = 1\,500~\text{m/s}$,声源位于海面下 10 m,单位立体角内辐射声功率为 100 W。试求声源以俯角 15° 射出的声线抵达深度 150 m 处的声强、声压级和传播损失(不考虑吸收损耗)。

解　声线按照圆的轨迹传播,声线轨迹半径可求得为

$$R = \left|\frac{c_0 + gz_0}{g\cos\alpha_{z_0}}\right| = 31.05~(\text{km})$$

在声源 z_0 和场点 P 处的声速分别为 $c_{z_0} = c_0 + gz_0 = 1\,499.5~\text{m/s}$ 和 $c_1 = c_0 + gz_1 = 1\,492.5~\text{m/s}$,根据式(5.85),有

$$\alpha_{z_1} = \arccos\left[\frac{c_1}{c_{z_0}}\cos\alpha_{z_0}\right] \approx 15.97°$$

计算声线由 z_0 点传播至 P 点的水平距离 x_1 时需要将声线轨迹延伸至圆的顶点 A,图 5 - 30 中用虚线标注,这时 A 点与 z_0、P 点间的水平距离分别为 $L_1 = R\sin\alpha_{z0} = 8.036~\text{km}$,$L_2 = R\sin\alpha_{z1} = 8.541~\text{km}$。

于是,声源以俯角 15° 射出的声线抵达深度 150 m 处的水平传播距离为

$$x_1 = L_2 - L_1 = 505~(\text{m})$$

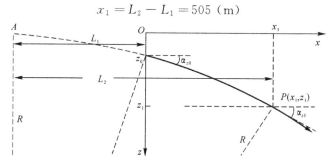

图 5 - 30　例题 5 - 4 分析图(1)

由式(5.108),场点 $P(x_1,z_1)$ 的声强为

$$I_P(x_1,z_1) = \frac{W_0 \cos^2\alpha_{z_0}}{x_1^2} = 3.653 \times 10^{-4}\,(\mathrm{W/m^2})$$

声压级为

$$\mathrm{SPL} = 10\lg\frac{I_P(x_1,z_1)}{I_{\mathrm{ref}}} \approx 147.4\,(\mathrm{dB})$$

传播损失为

$$\mathrm{TL} = 10\lg\frac{W_0}{I_P} = 54.37\,(\mathrm{dB})$$

下面再按照5.3节介绍的方法对传播损失做一预估计算,如图5-31所示,在声源 z_0 处分别以 $\alpha_1 \pm 0.5°$ 沿原出射声线发射两条辅助声线,将原声线分离为间距 $\Delta\alpha = 1/57.3\,(\mathrm{rad})$ 的两条声线。它们在 P 点的垂直间隔可以由声源 z_0 处分别以 $\alpha(-) = 14.5°$ 和 $\alpha(+) = 15.5°$ 出射的两条声线的轨迹计算求出。

比如,$\alpha(+) = 15.5°$ 出射的声线,可求得 $\alpha(+)$ 声线的轨迹半径 $R(+)$,由于轨迹产生了变化,直线距离也变为 L_3,有

$$R(+) = 31.122\,(\mathrm{km}), \quad L_3 = 8.317\,(\mathrm{km})$$

在横坐标 x_1 处 $\alpha(+)$ 声线的射出角和声速分别是

$$\alpha_P(+) = 16.468°, \quad c_{1+} = 1\,492.26\,(\mathrm{m/s})$$

再按照式 $c_{1+} = c_0 + gz_{1+}$ 可确定 $z_{1+} = 154.8\,\mathrm{m}$;这样就得到 $\alpha(+)$ 声线在 x_1 处的纵坐标和相对原声线在垂直方向上的偏移量

$$z_{1+} = 154.8\,(\mathrm{m}), \quad \Delta h_+ \approx 4.8\,(\mathrm{m})$$

同样可以求得 $\alpha(-)$ 声线在 x_1 处的纵坐标和相对原声线在垂直方向上的偏移量

$$z_{1-} = 145.3\,(\mathrm{m}), \quad \Delta h_- \approx 4.7\,(\mathrm{m})$$

于是 $\Delta h = \Delta h_+ + \Delta h_- = 9.5\,\mathrm{m}$,代入式(5.99)得到

$$\widetilde{\mathrm{TL}} = 10\lg\frac{x_1\Delta h c_2}{\Delta\alpha c_1} \approx 54.39\,(\mathrm{dB})$$

从上面的分析可见,这种传播损失的预估方法不需要求出场点的声强,仅仅按照声线轨迹进行,预估的结论与上面得到的结果几乎是完全一致的。

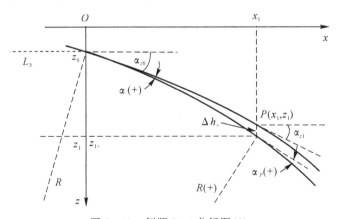

图 5-31 例题 5-4 分析图(2)

　　综上所述,分别求证了线性分层介质中的声线轨迹方程、声线传播距离与传播时间,以及声强计算式。对于实际海洋介质,可以将其等效为多个线性分层介质的组合,将上述结论向多层介质推广,就可以完成海洋介质中的射线声学计算。

5.4.4　多个线性分层介质组合后的声线传播

　　实际海洋介质等效为多个线性分层介质的组合如图 5 - 32 所示。图(a)是声速分布,虚线对应的是实际的声速分布情况,将其近似地等效为多个直线构成的折线,每一段直线表示一个线性介质中的声速变化;图(b)是合成的声线轨迹,通过上面三小节已经完成了分层的参数计算。现在只要按照分层线性介质中的声线轨迹进行多层介质组合后即可得出声线传播规律了。

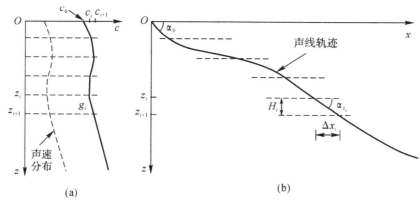

图 5 - 32　多个线性分层介质组合后的声线轨迹

(a)声速分布;　(b)分层线性介质中的声线轨迹

　　设声源位于 O 点,海面的声速为 c_0,声线出射角为 α_0。

　　第 i 层($i=1,2,3,\cdots$)线性介质中的声速分布为 $c(z)=c_{i-1}+g_i(z-z_{i-1})$,其中 $z_0=0$;第 i 层线性介质中的声线传播的水平距离为 Δx_i,第 i 层线性介质中的声线传播的时间为 Δt_i,第 i 层线性介质中的绝对声速梯度为 g_i。如果要计算相对声速梯度,则

$$g_i=\frac{\mathrm{d}c(z)}{\mathrm{d}z}\bigg|_i=a_i c_{i-1}$$

即

$$a_i=\frac{g_i}{c_{i-1}}$$

　　由 N 层介质构成的海洋中声线传播的水平距离为

$$x=\sum_{i=1}^{N}\Delta x_i=\frac{c_0}{\cos\alpha_0}\sum_{i=1}^{N}\left|\frac{\sin\alpha_{z_{i-1}}-\sin\alpha_{z_i}}{g_i}\right| \tag{5.109}$$

传播的时间为

$$t=\sum_{i=1}^{N}\Delta t_i=\sum_{i=1}^{N}\frac{1}{g_i}\ln\left|\frac{\tan\left(\dfrac{\alpha_{z_{i-1}}}{2}+\dfrac{\pi}{4}\right)}{\tan\left(\dfrac{\alpha_{z_i}}{2}+\dfrac{\pi}{4}\right)}\right| \tag{5.110}$$

声线传播到第 N 层的声强为

$$I = \frac{W_0\cos\alpha_0}{x\sin\alpha_{z_N}\frac{\sin\alpha_0}{\cos\alpha_0}\sum_{i=1}^{N}\frac{\Delta x_i}{\sin\alpha_{z_{i-1}}\sin\alpha_{z_i}}} \tag{5.111}$$

习　　题

1. $f_0 = 30$ kHz，SL $= 210$ dB 的声源在海水中产生球面波声场，海洋中的声波吸收衰减系数 $\alpha = 0.036f^{1.5}$ dB/km，其中 f 的单位是 kHz。考虑球面扩展与吸收衰减时，在距声源 1 km 和 5 km 处的声压级分别为多少？在什么距离上声压级为 100 dB？在什么距离上声波传播由球面扩展造成的损失与由海水吸收造成的损失相等？

2. 一水下目标在 $f = 24$ kHz 频率附近的辐射噪声声源级为 116 dB，设无指向性声呐的自噪声级为 60 dB，检测阈 -16 dB。在不考虑介质吸收的条件下，它可以检测到此水下目标的最大距离是多少？若考虑吸收且介质的吸收损耗因子 $\alpha = 0.036f^{1.5}$ dB/km，最大检测距离又是多少？

3. 试简述何为简正波。如果浅海海深 $H = 25$ m，声在其中以简正波的形式传播（波导传播），表示为

$$p(r,z) = \sum_{n=1}^{\infty}A_n\sin\left[\frac{(2n-1)\pi}{2H}z\right]\exp\left[-jr\sqrt{k^2 - \left[\frac{(2n-1)\pi}{2H}\right]^2}\right]$$

求第三阶简正波的临界频率是多少？波导的截止频率是多少？

4. 位于坐标原点的声源以出射角 α_0 向水下射出一束声线，设海区的声速分布为 $c(z) = c_0 + gz$，其中 g 为常数，c_0 为海面处的声速，试求这束声线的轨迹。

5. 声线在线性分层介质某一层中的传播轨迹可用以下方程表示：

$$\left(x - \frac{c_0 + gz_0}{g}\tan\alpha_{z0}\right)^2 + \left(z + \frac{c_0}{g}\right)^2 = \left(\frac{c_0 + gz_0}{g\cos\alpha_{z0}}\right)^2$$

在负梯度条件下，当 α_{z_0} 分别为 $0, \alpha_0, -\alpha_0$ 时，画出相应的声线轨迹示意图，标明表示声线轨迹特征的坐标量。

6. 海区的声速分布如图 5-33(a) 所示，声速梯度 $c(z) = c_0 + gz$，c_0 是海面上的声速。两声源分别位于海面下 100 m 和 750 m 处，沿 r 方向水平发射声射线，试在图 5-33(b) 上表示出两声线的走向，若声线相交，给出第一相交点的坐标。

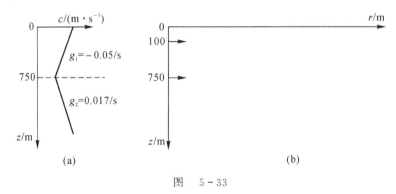

图　5-33

7. 某海区为负梯度声场,绝对值为 g,海面声速为 c_0,位于海面的声源沿水平方向发射声线在到达深度 d 走过的水平距离 x_d 和实际传播路径的距离 l 各为多少?

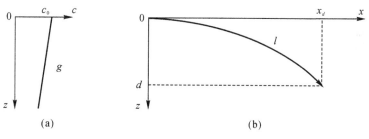

图 5-34　习题 7 分析图

8. 海区的声速梯度为 g,海面声速为 c_0,声源位于海面下深度 z_0 处,其发射的一条声线恰好在深度 D 处反转,求这条声线的出射角 α_{z_0}。

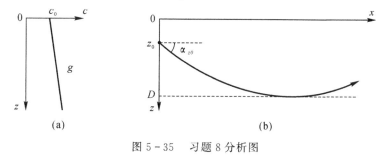

图 5-35　习题 8 分析图

9. 海面声速 $c_0 = 1\,500$ m/s,负梯度声场 $g = -0.1$/s,声源位于深度 $z_0 = 10$ m,以俯角 $\alpha_{z_0} = 4.5°$ 发射声波探测到 $x_H = 1\,000$ m 处水下目标,求目标距离海面的深度 H。

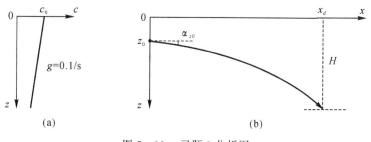

图 5-36　习题 9 分析图

10. 海区为负梯度声场 $g = -0.06$/s,海面声速 $c_0 = 1\,500$ m/s,声源位于海面下 10 m。试按照 5.3.5 小节介绍的方法求声源以俯角 10° 射出的声线抵达深度 150 m 处的传播损失。

第6章 典型传播条件下的声场

由海洋中的声传播基础理论可知,海洋中的声传播与声速分布密切相关,海洋中的声速分布严重依赖于海洋特性,而且是多变的,因此需要考虑海洋的一些实际声速分布特性来综合研究海洋中的声传播问题,从而使得海洋中的声传播研究更具有实际意义。本章针对海洋中的一些典型的传播条件,运用射线理论讨论其中的声传播规律,这些典型的传播条件中,深海情况下包括有负梯度、混合层表面声道、深海声道和深海跃变层等。除此之外,海洋的海面海底边界亦会对声传播规律有影响,因此还需要讨论受海面、海底或两者影响下的声传播问题,即浅海环境下的声传播情况。对于浅海和深海的划分,地理上将小于 200 m 的海域称为浅海,而在声学上将明显受到海面和海底影响的海域均视为浅海,且认为无法排除海面和海底对声传播影响时,都必须按照浅海问题来处理。值得说明的是,由于海洋环境的复杂性和多变性,这些典型传播条件依然是对实际情况的一种理想化近似。

6.1 邻近海面的点源声场

首先讨论深海中邻近海面的点声源声场问题。由于是深海环境,所以在这种情况下不明显存在海底影响,主要研究海面对声传播的影响。假设海水介质是均匀的,海面是平整的,将海面反射视为平面镜的反射。

6.1.1 场点的声压函数

如图 6-1 所示,邻近海面的点声源 A 辐射均匀球面波,由于介质是均匀的,所以声波按直线传播。由于存在海面的反射,到达接收点 B 的声线有两条:AB 为直达波,ACB 为经由海面反射后到达的反射波。因此,接收点 B 的声场是直达声线和反射声线的叠加。假设海面反射为镜反射,根据镜反射原理,设想在海面上 $(0,-z_0)$ 处存在与声源对称的点 A',视为一个虚源,反射声线可看作是由虚源 A' 发射的声线 $A'B$。按照这种思路,海面反射问题可以转化为实际声源 A 与虚源 A' 的合成声场问题。

通常可将海面的反射系数表示为

$$V = |V| e^{j\theta} \tag{6.1}$$

式中,$|V|$ 为反射系数的模;θ 为入射波与反射波的相位差。如果将海面视为绝对软边界,则 $|V|=1$,$\theta=\pi$,也就是说,反射波无能量损失,但相位相差 $180°$。

按照点源的声压函数,点源 A 在接收点 B 产生的声压为

$$p_1(r,t) = \mathrm{j}k\rho c \frac{Q_0}{4\pi r_1} \mathrm{e}^{\mathrm{j}(\omega t - kr_1)} \tag{6.2}$$

式中，r_1 为源 A 与接收点 B 之间的距离。

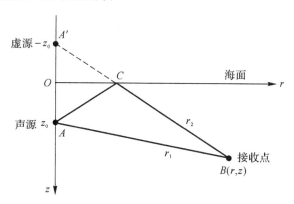

图 6-1　邻近海面的点声源声场

虚源 A' 在接收点 B 产生的声压为

$$p_2(r,t) = \mathrm{j}k\rho c \frac{VQ_0}{4\pi r_2} \mathrm{e}^{\mathrm{j}(\omega t - kr_2)} \tag{6.3}$$

式中，r_2 为虚源 A' 与接收点 B 之间的距离。

接下来，对式（6.2）与式（6.3）做一定近似，根据几何关系，有

$$r_1 = \sqrt{(z-z_0)^2 + r^2} = r\sqrt{1 + \left(\frac{z-z_0}{r}\right)^2} \tag{6.4}$$

$$r_2 = \sqrt{(z+z_0)^2 + r^2} = r\sqrt{1 + \left(\frac{z+z_0}{r}\right)^2} \tag{6.5}$$

考虑到声源邻近海面，因此，z 和 z_0 相对于 r_1 和 r_2 均为微小量，则将 $\sqrt{1 + [(z\pm z_0)/r]^2}$ 进行二项式展开，得

$$\sqrt{1 + \left(\frac{z\pm z_0}{r}\right)^2} = 1 + \frac{1}{2}\left(\frac{z\pm z_0}{r}\right)^2 - \frac{1}{8}\left(\frac{z\pm z_0}{r}\right)^4 + \cdots \tag{6.6}$$

取前两项，得到

$$\left.\begin{array}{l} r_1 \approx r\left[1 + \dfrac{1}{2}\left(\dfrac{z-z_0}{r}\right)^2\right] \\[3mm] r_2 \approx r\left[1 + \dfrac{1}{2}\left(\dfrac{z+z_0}{r}\right)^2\right] \end{array}\right\} \tag{6.7}$$

式中，r_1 和 r_2 的差别在幅度项上产生的影响可以忽略，即认为幅度上 $r_1 \approx r_2 \approx r$，但在相位上影响应当考虑。反射声线与直达声线之间的声程差为

$$\varepsilon = r_2 - r_1 \approx \frac{1}{2r}[(z+z_0)^2 - (z-z_0)^2] = \frac{2zz_0}{r} \tag{6.8}$$

进而产生的相位差为

$$\varphi = k\varepsilon = \frac{2\pi}{\lambda}\frac{2zz_0}{r} = \frac{4\pi zz_0}{\lambda r} \tag{6.9}$$

因此，接收点的合成声压为

$$p(r,z) = p_1(r,z) + p_2(r,z) = \mathrm{j}k\rho c \frac{Q_0}{4\pi r} [\mathrm{e}^{\mathrm{j}(\omega t - kr)} + V\mathrm{e}^{\mathrm{j}(\omega t - kr + \varphi)}] =$$

$$\mathrm{j}k\rho c \frac{Q_0}{4\pi r} \mathrm{e}^{\mathrm{j}(\omega t - kr)} (1 + V\mathrm{e}^{\mathrm{j}\varphi}) = \mathrm{j}k\rho c \frac{Q_0}{4\pi r} \mathrm{e}^{\mathrm{j}(\omega t - kr)} [1 + |V|\mathrm{e}^{\mathrm{j}(\varphi + \theta)}] \qquad (6.10)$$

假设海面为绝对软边界,即有 $|V| = 1, \theta = \pi$,因此得到

$$p(r,z) = \mathrm{j}k\rho c \frac{Q_0}{4\pi r} (1 - \cos\varphi - \mathrm{j}\sin\varphi)\mathrm{e}^{\mathrm{j}(\omega t - kr)} \qquad (6.11)$$

相应的声压幅值为

$$p_0 = k\rho c \frac{Q_0}{4\pi r} \sqrt{(1 - \cos\varphi)^2 + \sin^2\varphi} = k\rho c \frac{Q_0}{2\pi r} \sin\left(\frac{\varphi}{2}\right) =$$

$$k\rho c \frac{Q_0}{2\pi r} \sin\left(\frac{4\pi z_0 z}{2\lambda r}\right) \qquad (6.12)$$

在远场时,

$$\sin\left(\frac{4\pi z_0 z}{2\lambda r}\right) \approx \frac{4\pi z_0 z}{2\lambda r} = \frac{kz_0 z}{r} \qquad (6.13)$$

则声压幅值为

$$p_0 = \frac{k\rho c Q_0}{4\pi} \frac{2kz_0 z}{r^2} \qquad (6.14)$$

6.1.2 场点的声强和传播损失

考虑到以复数形式来表示声压函数,接收点 B 的声强可利用

$$I = \frac{1}{2}\mathrm{Re}(p^* u) \qquad (6.15)$$

来计算得到。在远场条件下,接收点 B 的声压和质点振速分别为

$$p(r,t) = \mathrm{j}k\rho c \frac{Q_0}{4\pi r} \mathrm{e}^{\mathrm{j}(\omega t - kr)} [1 + |V|\mathrm{e}^{\mathrm{j}(\varphi + \theta)}] \qquad (6.16)$$

$$u(r,t) = \mathrm{j}k \frac{Q_0}{4\pi r} \mathrm{e}^{\mathrm{j}(\omega t - kr)} [1 + |V|\mathrm{e}^{\mathrm{j}(\varphi + \theta)}] \qquad (6.17)$$

代入式(6.15),并令

$$A = \frac{k\rho c Q_0}{4\pi} \qquad (6.18)$$

则接收点 B 的声强为

$$I(r,z) = \frac{A^2}{2\rho c r^2} [1 + 2|V|\cos(\varphi + \theta) + |V|^2] \qquad (6.19)$$

依然考虑海面是绝对软边界,即将 $|V| = 1$ 与 $\theta = \pi$ 代入式(6.19),则最终接收点 B 的声强为

$$I(r,z) = \frac{A^2}{\rho c r^2} (1 - \cos\varphi) \qquad (6.20)$$

在远场条件下,可将 $\cos\varphi$ 泰勒展开并取前两项,即 $\cos\varphi \approx 1 - \frac{\varphi^2}{2}$,代入式(6.20),得到

$$I(r,z) = \frac{A^2}{\rho c r^2} \frac{1}{2} \left(\frac{4\pi z_0 z}{\lambda r}\right)^2 = \frac{8\pi^2 A^2 z_0^2 z^2}{\rho c \lambda^2} \left(\frac{1}{r^4}\right) \qquad (6.21)$$

因此,传播损失为

$$\text{TL} = 10\lg\frac{I(1,z)}{I(r,z)} = 10\lg r^4 = 40\lg r \tag{6.22}$$

很显然,由于海面的影响,邻近海面的声源声场中的扩展损耗大于无边界自由场,是自由场传播损失 $20\lg r$ 的两倍。

在以上讨论中,将海面假设为绝对软边界,反射无能量损失,实际上遇到海面时具有一定的散射和吸收,因此反射系数中幅度为 $|V| \neq 1$,即 $0 < |V| < 1$,而相位仍为 $\theta = \pi$。此时式(6.19)改写为

$$I(r,z) = \frac{A^2}{2\alpha r^2}\left[1 + |V|^2 - 2|V|\cos\left(\frac{2kz_0z}{r}\right)\right] \tag{6.23}$$

进而得到一般情况下的传播损失为

$$\text{TL} = 20\lg r - \left\{10\lg\left[1 + |V|^2 - 2|V|\cos\left(\frac{2kz_0z}{r}\right)\right] - \right.$$
$$\left. 10\lg\left[1 + |V|^2 - 2|V|\cos(2kz_0z)\right]\right\} \tag{6.24}$$

式中,等号右边第二项为传播损失异常,这是由海面干涉所导致的传播(扩展)损失。

6.2　负梯度声场

由于负的温度梯度造成负的声速梯度,在热带海区或中纬度海区夏季的近海面层容易出现,尤其在午后比较明显,即造成著名的午后效应。假定声速分布是线性的,有

$$c(z) = c_0(1 + az) = c_0(1 - |a|z) \tag{6.25}$$

负梯度情况下的声线轨迹方程可写作

$$\left[x + \frac{1 - |a|z_0}{|a|}\tan\alpha_{z_0}\right]^2 + \left[z - \frac{1}{|a|}\right]^2 = \left[-\frac{1 - |a|z_0}{|a|\cos\alpha_{z_0}}\right]^2 \tag{6.26}$$

由海洋声传播规律可知,在负梯度情况下,由声源发射的声线会折向海底,因此无论声波传播得多远再也不会返回至声源所在的平面。可以看出,如果声呐工作在负梯度海区,其作用距离会明显下降,因此,负梯度情况是不利于声波远距离传播的条件,由于与正常可以远距离传播的波导传播相反,所以也称为反波导传播。研究负梯度条件下的声传播特性有助于进行声呐性能的预报与分析。

如图 6-2 所示,声源位于 $(0, z_0)$,假设某声线出射角为 α_{z_0} 时,正好与海面相切后传播回海洋中,显然该声线能够实现最远的水平传播距离,因此称这条声线为极限声线,相应地将该声线出射角称为极限出射角。

由图 6-2(b)可以看出,当声线出射角大于或小于极限出射角时,声线都不能到达点 B,即不能实现最远水平传播距离。被极限声线分割的两个区域是亮区和暗区,亮区是声线可以到达或“照亮”的区域,可由射线理论来求解,而暗区是按照射线观点无法受到声线照射的区域,称之为声影区。实际上,声影区由于衍射依然有声波存在,只是非常微弱,这种声强迅速减小的情况,射线理论不能应用,因此需用波动理论来分析。这里主要讨论亮区的声场。

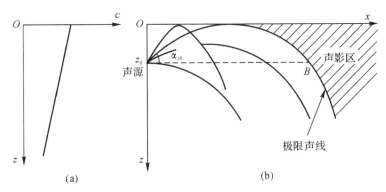

图 6-2　负梯度条件下的声线轨迹

(a) 声速剖面；(b) 声线轨迹

6.2.1　亮区的传播损失

首先讨论亮区的传播损失，线性分层介质中场点 (x,z) 处的声强为

$$I(x,z)=\frac{W_0\cos^2\alpha_{z_0}}{x^2} \tag{6.27}$$

式中，W_0 是单位立体角内的辐射声功率。

假设声源无指向性，即全向发射，按球面扩展，距离声源 1 m 处的声强为

$$I(1\ \mathrm{m})=\frac{W_0 4\pi}{4\pi r^2}\bigg|_{r=1}=W_0 \tag{6.28}$$

由传播损失定义，有

$$\mathrm{TL}=10\lg\frac{I(1\ \mathrm{m})}{I(x,z)}=10\lg\frac{x^2}{\cos^2\alpha_{z_0}} \tag{6.29}$$

考虑介质吸收，亮区内的传播损失为

$$\mathrm{TL}=20\lg x-20\lg(\cos\alpha_{z_0})+\alpha x\times10^{-3} \tag{6.30}$$

式中，x 为亮区内的水平距离。

6.2.2　几何作用距离

很明显，在负梯度海区，声呐能够探测的最大作用距离完全受限于极限声线，无法超越由极限声线所决定的几何区域，因此由极限声线所决定的作用距离称为几何作用距离。

情况 1：声源位于海面。如图 6-3 所示，此时，极限声线是一条水平出射的声线，当接收点深度为 H 时，在此深度上，声呐的几何作用距离就是 $x_{\max}$。

根据几何关系，很容易得到

$$x_{\max}=\sqrt{R^2-(R-H)^2}=\sqrt{H(2R-H)} \tag{6.31}$$

式中，R 为声线的曲率半径，且有

$$R=\frac{1}{|a|} \tag{6.32}$$

代入式（6.31），并考虑到 $1/|a|\gg H$，则式（6.31）近似为

$$x_{\max}\approx\sqrt{\frac{2H}{|a|}} \tag{6.33}$$

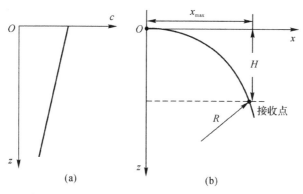

图 6-3　声源位于海面时的几何作用距离

(a)声速剖面；(b)声线轨迹

情况 2:声源位于深度 H_1 处。如图 6-4 所示,当接收点的深度为 H_2 时,极限声线是一条以出射角 α_{z_0} 出射的声线,在接收点的深度上,声呐的几何作用距离为 $x_{\max}$。

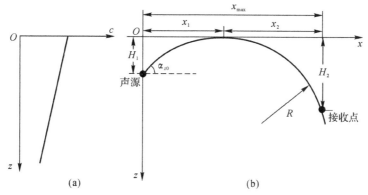

图 6-4　声源位于一定深度时的几何作用距离

(a)声速剖面；(b)声线轨迹

利用式(6.33)的近似计算式,得到

$$x_{\max} = x_1 + x_2 \approx \sqrt{\frac{2}{|a|}} \left(\sqrt{H_1} + \sqrt{H_2} \right) \tag{6.34}$$

6.3　混合层表面声道

对于海洋中的声传播研究,人们总是想在海洋中发现一些可以远距离传播的良好声传输通道。研究发现,海洋上层能够形成良好的声道,它是由风浪、湍流和对流等对上层海水搅混所引起的,对海水的搅拌混合,使得这层海水等温,即等温层,又称为混合层。在该层内,声速主要受静压力的影响,随着深度的增大而增大,直至主跃变层(负声速梯度),因此混合层具有微弱的正声速梯度。由于正声速梯度使得声波朝着海面方向折射,所以接近海面的声源所辐射的大部分声波会被保留在混合层内,即经过海面连续多次反射而实现远距离传播,因此从声传输的角度也将混合层称为表面声道。混合层的厚度与季节有关,也与风浪大小有关,一般在 $30 \sim 100$ m。

6.3.1 表面声道的声传播特性

图 6-5 给出了混合层表面声道的声线图。可以看出,某一出射角的声线会恰好在混合层底部发生反转,当小于该出射角的声线均被限制在混合层内时,这些声线在混合层内经过海面多次反射并在层底多次反转,衰减较小,能够传播较远的距离,而大于该出射角的声线会从混合层底部穿至主跃层,由于主跃层为负声速梯度,所以声线会迅速折向海底,不能继续在表面声道中传播,最终在混合层下方产生声影区。由于该声线对应的初始出射角决定了声源出射的声线是否能在混合层中保留,所以称为极限出射角,相应的声线称为极限声线。

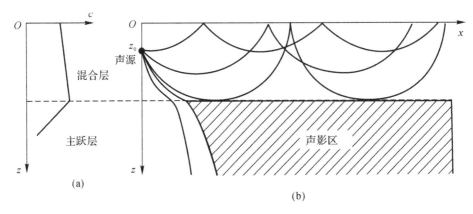

图 6-5　表面声道的声线图
（a）声速剖面；（b）声线轨迹

图 6-6 给出了混合层表面声道的极限声线。假设表面声道中的声速呈线性分布,声速梯度为 g（相对声速梯度为 $a=g/c_0$）,厚度为 H,声源位于$(0,z_0)$处,极限出射角为 $\alpha_m(\alpha_m>0)$。所有从声源出射的声线中,只有局限在 $-\alpha_m \sim \alpha_m$ 范围内的声线才能保留在表面声道中。

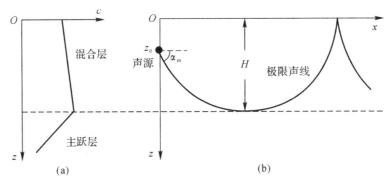

图 6-6　表面声道中的极限声线
（a）声速剖面；（b）声线轨迹

需要说明的是,由于表面声道中的声线经不平整的海面反射,会产生一些散射声波,这些散射波会穿过声道进入声影区,除此之外,声线在声道底部反转时,也会有部分声波扩散到声影区,因此声影区还是会有一些声波存在,只不过声强相对较弱。从声道中泄漏出的这部分损失,由漏声系数来表征,与吸收系数一样,以 dB/km 为单位。

6.3.2　表面声道中声线的几何参数

根据几何关系,可以很容易地得到保留在表面声道中声线的一些几何参数。

1. 声线反转深度

表面声道中的声线会在某一深度上进行反转,将该深度称为反转深度,如图 6-7 所示,z_r 为反转深度,显然极限声线具有最大的反转深度,即混合层厚度。

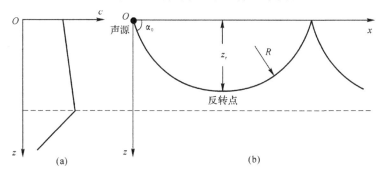

图 6-7　声源位于海面时声线反转深度
(a) 声速剖面;(b) 声线轨迹

图 6-7 中,假设声源位于海面处,以出射角 α_0 射出一条声线,声线的曲率半径 R 可由反转点处简便计算得到,反转处出射角为 $0°$,则有

$$R = \frac{1 + az_r}{a} \tag{6.35}$$

根据几何关系,有

$$\cos\alpha_0 = \frac{R - z_r}{R} \tag{6.36}$$

进而得到声线反转深度为

$$z_r = \frac{1 - \cos\alpha_0}{a\cos\alpha_0} \tag{6.37}$$

以上是声源位于海面这种简单的情况。当声源位于深度 z_0,出射角为 α_{z_0} 时,如图 6-8 所示,可利用相同方法得到相应的反转深度为

$$z_r = \frac{1 - \cos\alpha_{z_0} + az_0}{a\cos\alpha_{z_0}} \tag{6.38}$$

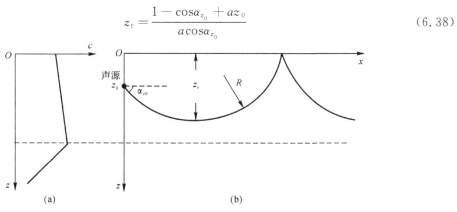

图 6-8　声源位于某深度时声线反转深度
(a) 声速剖面;(b) 声线轨迹

2. 跨度

表面声道中的声线会经过多次海面反射,相邻两次海面反射的反射点之间的水平距离就是跨度,如图 6-9 所示。

根据几何关系,很容易得到跨度为

$$D = 2\sqrt{R^2 - (R - z_r)^2} \tag{6.39}$$

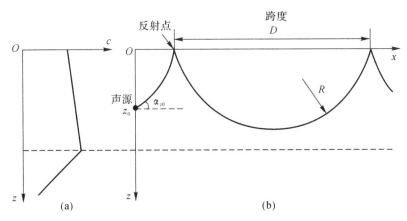

图 6-9 声线跨度

(a) 声速剖面;(b) 声线轨迹

3. 极限声线的几何参数

极限声线的一些几何参数如图 6-10 所示,包括曲率半径 R_m、跨度 D_m、极限出射角 α_m 和极限声线在海面处反射时的出射角,即海面极限出射角 α_{m0}。

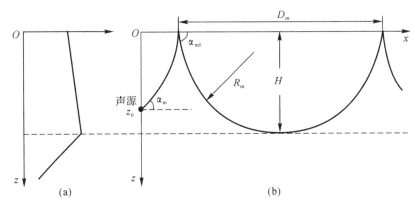

图 6-10 极限声线的一些几何参数

(a) 声速剖面;(b) 声线轨迹

(1) 曲率半径 R_m。选用反转点来计算极限声线的曲率半径,有

$$R_m = \frac{1 + aH}{a} = \frac{1}{a} + H \tag{6.40}$$

考虑到 $R_m \gg H$,则

$$R_m \approx \frac{1}{a} = \frac{c_0}{g} \tag{6.41}$$

（2）极限跨度 D_{m}。

$$D_{\mathrm{m}} = 2\sqrt{R_{\mathrm{m}}^2 - (R_{\mathrm{m}} - H)^2} \approx \sqrt{8R_{\mathrm{m}}H} \tag{6.42}$$

（3）极限出射角 α_{m}。

$$\sin\alpha_{\mathrm{m}} = \frac{\sqrt{R_{\mathrm{m}}^2 - (R_{\mathrm{m}} - H + z_0)^2}}{R_{\mathrm{m}}} \approx \sqrt{\frac{2(H - z_0)}{R_{\mathrm{m}}}} \tag{6.43}$$

考虑到出射角比较小，则有

$$\alpha_{\mathrm{m}} \approx \sqrt{\frac{2(H - z_0)}{R_{\mathrm{m}}}} \tag{6.44}$$

（4）海面极限出射角 α_{m0}。

$$\sin\alpha_{\mathrm{m0}} = \frac{D_{\mathrm{m}}/2}{R_{\mathrm{m}}} \approx \sqrt{\frac{2H}{R_{\mathrm{m}}}} \tag{6.45}$$

近似为

$$\alpha_{\mathrm{m0}} \approx \sqrt{\frac{2H}{R_{\mathrm{m}}}} \tag{6.46}$$

例题 6 - 1　混合层表面声道声速梯度 $g = 0.1\mathrm{s}^{-1}$，声道厚度 $H = 110$ m，一声呐在海面下 $z_0 = 10$ m 处沿极限出射角发射信号，声线经声道底部反转后探测到一位于深度 $h = 80$ m 处的水下目标，求这束声波在目标点处的水平方向射入角 α_x 和目标距声呐的水平距离 x。

解　根据题意，声源以极限出射角发射，因此该条声线为极限声线，其曲率半径为

$$R_{\mathrm{m}} = \frac{1}{a} + H = \frac{c_0}{g} + H$$

根据几何关系，有

$$\cos\alpha_x = \frac{R_{\mathrm{m}} - H + h}{R_{\mathrm{m}}} = \frac{h + c_0/g}{H + c_0/g}$$

则

$$\alpha_x = \arccos\left(\frac{h + c_0/g}{H + c_0/g}\right) \approx 3.6°$$

水平距离由两部分组成，即 $x = x_1 + x_2$，其中

$$x_1^2 = R_{\mathrm{m}}^2 - (R_{\mathrm{m}} - H + z_0)^2$$
$$x_2^2 = R_{\mathrm{m}}^2 - (R_{\mathrm{m}} - H + h)^2$$

于是有

$$x = \sqrt{(H - z_0)(H + z_0 + 2c_0/g)} + \sqrt{(H - h)(H + h + 2c_0/g)} \approx 2\ 687\ (\mathrm{m})$$

6.3.3　表面声道中的传播损失

由前面讨论可知，对于一个无指向性的声源或点声源，所有在 $-\alpha_{\mathrm{m}} \sim \alpha_{\mathrm{m}}$ 之间出射的声线才能保留在表面声道范围内。这一束声线在距离声源单位距离 1 m 处所包含的声功率分布在球面（部分）A_1 上，而在远距离 x 处，若不考虑泄漏和吸收的情况下，同样的声功率会分布在高度 H，半径为 x 的圆柱面 A_2 上，如图 6 - 11 所示。

假设无指向性声源单位立体角内辐射的声功率为 W_0，以 $\mathrm{d}\Omega$ 立体角向声道发射声波，实际上 $\mathrm{d}\Omega$ 就是 $-\alpha_{\mathrm{m}} \sim \alpha_{\mathrm{m}}$ 在三维空间所张的立体角，则在 1 m 处的声强和 x 处的声强分别为

$$I(1 \text{ m}) = \frac{W_0 \mathrm{d}\Omega}{A_1} \qquad (6.47)$$

和

$$I(x) = \frac{W_0 \mathrm{d}\Omega}{A_2} \qquad (6.48)$$

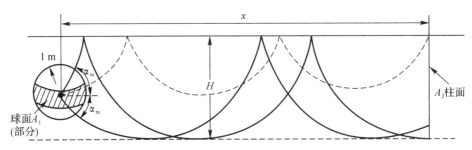

图 6-11 表面声道中的声传播扩展规律

因此,由扩展所致的传播损失为

$$\mathrm{TL} = 10\lg \frac{I(1 \text{ m})}{I(x)} = 10\lg \frac{A_2}{A_1} \qquad (6.49)$$

且有

$$A_1 = \int_{-\alpha_m}^{\alpha_m} (2\pi x \cos\alpha)(x \mathrm{d}\alpha) \Big|_{x=1} = 2\pi \int_{-\alpha_m}^{\alpha_m} \cos\alpha \mathrm{d}\alpha = 4\pi \sin\alpha_m \qquad (6.50)$$

$$A_2 = 2\pi x H \qquad (6.51)$$

即扩展损失为

$$\mathrm{TL} = 10\lg \frac{xH}{2\sin\alpha_m} = 10\lg(xx_0) = 10\lg x_0 + 10\lg x \qquad (6.52)$$

式中,x_0 称为过渡距离,且

$$x_0 = \frac{H}{2\sin\alpha_m} \approx \frac{H}{2\alpha_m} \qquad (6.53)$$

将式(6.44)代入式(6.53),得到

$$x_0 \approx \frac{H}{2\sqrt{2a(H-z_0)}} \qquad (6.54)$$

若用极限跨度 D_m 表示过渡距离,即

$$x_0 \approx \frac{D_m}{8}\sqrt{\frac{H}{H-z_0}} \qquad (6.55)$$

关于扩展损失,式(6.52)还可以写作

$$\mathrm{TL} = 10\lg\left(x_0^2 \frac{x}{x_0}\right) = 20\lg x_0 + 10\lg \frac{x}{x_0} \qquad (6.56)$$

可见,在近距离情况下,即过渡距离 x_0 以内,按球面扩展规律传播,而在远距离情况下,即过渡距离 x_0 以外,按柱面扩展规律传播,这也正是将 x_0 称为过渡距离的原因。不难想象,传播到 $x(x > x_0)$ 处的声波,先球面扩展到 x_0,随后从 x_0 柱面扩展到 x。

除了扩展损失,若考虑介质吸收和声道边界泄漏产生的衰减,表面声道中的传播损失为

$$\mathrm{TL} = 10\lg x_0 + 10\lg x + (\alpha + \alpha_L)x \times 10^{-3} \qquad (6.57)$$

式中,α 为吸收系数,dB/km;α_L 为漏声系数,dB/km。漏声系数代表海面(上边界)声散射和声道下边界衍射,因此与海面海况(不平整性)、工作频率、声道层的厚度以及声速梯度等密切相关,尤其是与频率的关系中,对于给定的层,存在一个最佳频率,使得漏声系数最小。通常漏声系数需要根据实际情况以及试验来确定,工程上可由经验公式给出。

6.4　深 海 声 道

由典型深海声速剖面三层结构可以看出,在具有负梯度的跃变层和具有正梯度的深海等温层交接处存在一个声速极小值水层。该声速极小值位置与纬度有关,在中纬度海区大约为 1 000 m,在极地海区则接近海面。当声源位于声速极小值水层附近时,由于声速极小值的存在,上层负梯度会使得声线向下折射,下层正梯度会使得声线向上折射,所以某些声线会围绕着声速极小值的深度位置连续不断地反转前行。由于不受海面和海底的影响,所以传播损失非常小,可以实现超远距离传播,从而形成较为稳定的声道。由于该声道是在深海条件下形成的,所以称为深海声道,并将声速极小值的深度位置称为声道轴。

利用深海声道的远距离传播特性,可进行声学定位和测距,因此深海声道也称为声发(SOFAR,SOund Fixing And Ranging)声道。早期应用是通过海上失事后的爆炸声来确定出爆炸源位置,以营救坠海飞行员。深海声道也用于大地测量和导弹溅落位置的测定等。

6.4.1　深海声道的传播特性和传播损失

在深海声道中,由于声速梯度、深度等因素的影响,声线图像非常复杂,存在多种声传播路径,通常有四类声线,如图 6-12 所示。

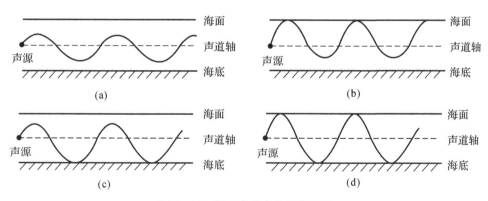

图 6-12　深海声道中的声线路径
(a)第一类;(b)第二类;(c)第三类;(d)第四类

1. 第一类声线
第一类声线只在声道轴附近振荡传播,为纯折射声线,称为折射-折射(RR,Refracted - Refracted)声线(上折射-下折射)。由于没有海面海底反射引起的损失,传播损失最小,所以这类声线可以传播很远。
2. 第二类声线
第二类声线在声道轴上层经过海面反射,在声道轴下层因折射而上反转,称为折射-海面反射(RSR,Refracted Surface - Reflected)声线,与 RR 声线相比,其传播损失要大一些。

3. 第三类声线

第三类声线在声道轴上层因折射而下反转,在声道轴下层经过海底反射,称为折射-海底反射(RBR,Refracted Bottom - Reflected)声线,传播损失也比 RR 声线要大一些。

4. 第四类声线

如果声道伸展到海面和海底或海区深度较小,则有些声线会在海面和海底上发生反射,称为海面反射-海底反射(SRBR,Surface - Reflected Bottom - Reflected)声线。显然,由于受到海面和海底两个界面的反射损失,这类声线的传播损失在四类声线中最大。

考虑到利用深海声道的目的,主要讨论第一类声线,即 RR 声线。在讨论深海声道时,为了方便,采用理想化的深海声道模型,假设声源位于声道轴上,深度为 z_0,声道上下层具有对称的线性声速分布结构,且声速梯度为 $g(g>0)$,如图 6-13 所示,则声速分布为

$$c=\begin{cases} c_0 - gz, & z \leqslant z_0 \\ c_{z_0} + g(z-z_0), & z > z_0 \end{cases} \tag{6.58}$$

式中,c_0 为海面处声速;c_{z_0} 为声源处声速。

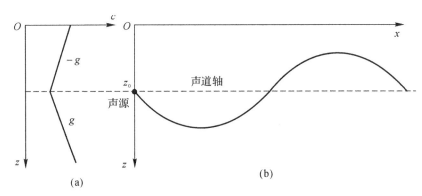

图 6-13　理想化深海声道模型

(a)声速剖面;(b)声线轨迹

由于深海声道中声线的传播方式与表面声道一致,因此,传播损失的计算基本相同,得到深海声道中的传播损失为

$$TL = 10\lg x_0 + 10\lg x + \alpha x \times 10^{-3} \tag{6.59}$$

式中,x_0 为球面到柱面扩展之间的过渡距离,m;α 为衰减系数,dB/km。

6.4.2　深海声道中的声线特征

图 6-14 给出声源位于声道轴 z_0 处,以 α_{z_0} 出射的一条声线轨迹,图中,H 为声道轴深度,h 为反转深度,D 为跨度。

1.曲率半径

$$R = \frac{1-az_0}{a\cos\alpha_{z_0}} = \frac{c_0(1-az_0)}{c_0 a\cos\alpha_{z_0}} = \frac{c_{z_0}}{g\cos\alpha_{z_0}} = \frac{1}{\delta\cos\alpha_{z_0}} \tag{6.60}$$

式中,$a=g/c_0$ 为以海面声速为参考的相对声速梯度;$\delta=g/c_{z_0}$ 为以声道轴处声速为参考的相对声速梯度。

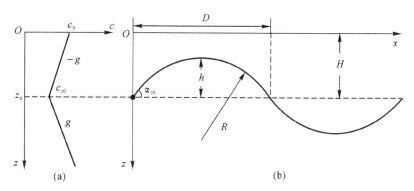

图 6 - 14　深海声道中的典型声线

(a)声速剖面；(b)声线轨迹

2. 声线在声道轴上的跨度和反转深度

由几何关系,声线在声道轴上的跨度为

$$D = 2R\sin\alpha_{z_0} = \frac{2c_{z_0}\tan\alpha_{z_0}}{g} = \frac{2\tan\alpha_{z_0}}{\delta} \tag{6.61}$$

声线的反转深度反映了声线与声道轴间的最大偏移量,则有

$$h = R(1 - \cos\alpha_{z_0}) = \frac{c_{z_0}}{g}\frac{1 - \cos\alpha_{z_0}}{\cos\alpha_{z_0}} \tag{6.62}$$

考虑到 α_{z_0} 较小,有 $\cos\alpha_{z_0} \approx 1 - \alpha_{z_0}^2/2$,则

$$\frac{1 - \cos\alpha_{z_0}}{\cos\alpha_{z_0}} \approx \frac{\alpha_{z_0}^2/2}{1 - \alpha_{z_0}^2/2} \approx \frac{\alpha_{z_0}^2}{2} \tag{6.63}$$

因此反转深度近似为

$$h \approx \frac{c_{z_0}}{g}\frac{\alpha_{z_0}^2}{2} = \frac{\alpha_{z_0}^2}{2\delta} \tag{6.64}$$

由此可见,反转深度正比于初始出射角,使得声源射出的声线都集中在厚度为 $\alpha_{z_0}^2/2\delta$ 层中,即声道轴附近,因此,造成了越靠近声道轴,声线密度越大,或者说声能量密度增大的现象,这是深海声道传播的一个特征,如图 6 - 15 所示。

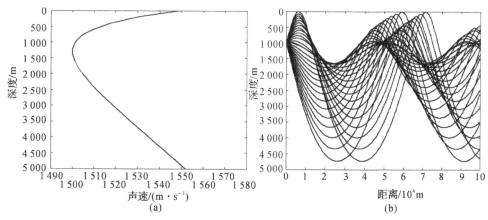

图 6 - 15　声源在声道轴附近时深海声道中的 RR 声线图

(a)声速剖面；(b)声线轨迹

3. RR 声线能够被声道轴上接收点接收的条件

声源位于声道轴上,若考虑接收点也在声道轴上,则从声源以不同角度出射的声线中,能够被距离声源 x 处的接收点所接收到的只是一部分声线。图 6-16 给出了两条能够被声道轴上接收点所接收到的声线。

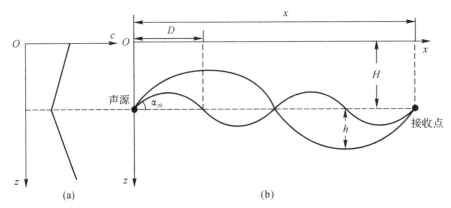

图 6-16 RR 声线被声道轴上接收点接收

(a)声速剖面;(b)声线轨迹

显然,对于初始出射角 α_{z_0} 的声线,若要被声道轴上的接收点接收到,x 需要等于该条声线跨度 D 的整数倍,即满足

$$x = ND \tag{6.65}$$

式中,N 为循环数,且为正整数。将式(6.61)代入,得到循环数应满足

$$N = \frac{\delta x}{2\tan\alpha_{z_0}} \tag{6.66}$$

或初始出射角应满足

$$\alpha_{z_0} = \arctan\left(\frac{\delta x}{2N}\right) \approx \frac{\delta x}{2N} \tag{6.67}$$

可以看出,对于确定接收位置 x,N 越大,声线到达 x 处经历的跨度数就越多,相应的初始出射角 α_{z_0} 就要求越小,这种情况下,声线越接近声道轴传播。相反,N 越小则要求出射角越大。

由于仅讨论 RR 声线,因此对初始出射角有一定的限制。考虑到 RR 声线不会被海面海底反射,因此,反转深度 h 应该小于声道轴深度 H,即

$$h = \frac{\alpha_{z_0}^2}{2\delta} \leqslant H \tag{6.68}$$

进而得到对初始出射角 α_{z_0} 的约束条件为

$$\alpha_{z_0} \leqslant \sqrt{2\delta H} \tag{6.69}$$

令 $\alpha_m = \sqrt{2\delta H}$,即 RR 声线的极限出射角,也就是说,所有声线的出射角只有小于 α_m 时,才不会与海面海底发生反射,属于 RR 声线。同时也可看出,以极限出射角出射的声线在声道轴上接收点处具有最小循环数 $N_{\min}$,即

$$\frac{\delta x}{2N_{\min}} = \sqrt{2\delta H} \tag{6.70}$$

得到

$$N_{\min} = x\sqrt{\frac{\delta}{8H}} \tag{6.71}$$

对于确定的声道参数,当声道轴上的接收点位置 x 给定时,RR 声线受到最小循环数 $N_{\min}$ 的限制,具有循环数大于 $N_{\min}$ 的声线可被声道轴上接收点所接收,而极限声线穿过声道轴的次数最少,偏离声道轴也最远。

4. 声线的传播时间

首先可以明确的是,深海声道中有许多条声线到达同一接收点,但这些声线到达接收点的时间不同,即经历不同的传播时间。假设一个跨度内声线传播时间为 Δt,则有

$$\Delta t = \frac{2}{ac_0}\int_0^{\alpha_{z_0}}\frac{\mathrm{d}\alpha}{\cos\alpha} = \frac{1}{ac_0}\ln\frac{1+\sin\alpha_{z_0}}{1-\sin\alpha_{z_0}} \tag{6.72}$$

考虑到 $\sin\alpha_{z_0} \ll 1$,利用

$$\ln\frac{1+x}{1-x} = 2\left(x + \frac{x^3}{3} + \frac{x^5}{5} + \cdots\right) \tag{6.73}$$

将 $\ln[(1+\sin\alpha_{z_0})/(1-\sin\alpha_{z_0})]$ 展开,并取第一项,得到

$$\Delta t \approx \frac{2\sin\alpha_{z_0}}{ac_0} \tag{6.74}$$

同时利用 $\sin\alpha_{z_0} \approx \alpha_{z_0} - \alpha_{z_0}^3/6 + \cdots$,并取前两项,进一步得到

$$\Delta t \approx \frac{2}{ac_0}\left(\alpha_{z_0} - \frac{\alpha_{z_0}^3}{6}\right) = \frac{2\alpha_{z_0}}{ac_0}\left(1 - \frac{\alpha_{z_0}^2}{6}\right) \tag{6.75}$$

将式(6.67)代入式(6.75),则有

$$\Delta t \approx \frac{2}{ac_0}\frac{\delta x}{2N}\left[1 - \frac{1}{6}\left(\frac{\delta x}{2N}\right)^2\right] = \frac{\delta x}{Nac_0}\left(1 - \frac{\delta^2 x^2}{24N^2}\right) \tag{6.76}$$

如果声线由声源发出后历经 N 个跨度传播到声道轴上的接收点,则总的传播时间为

$$t_N = N\Delta t = \frac{\delta x}{ac_0}\left(1 - \frac{\delta^2 x^2}{24N^2}\right) \tag{6.77}$$

可以看出,N 越大,传播时间越长,最迟到达接收点。对于 RR 声线,最小循环数 $N_{\min}$ 对应的声线最先到达,$N \to \infty$ 的声线则最晚到达。相邻循环数的声线传播时间差为

$$\Delta t_N = t_{N+1} - t_N \approx \frac{\delta^3 x^3}{24ac_0}\left[\frac{1}{N^2} - \frac{1}{(N+1)^2}\right] \tag{6.78}$$

这说明,相邻循环数的声线也并非等间隔地到达接收点,随着 N 的增大,时间间隔越来越小,当 $N \to \infty$ 时,则 $\Delta t \to 0$,即这些声线几乎同时到达接收点。

由声线传播时间可以看出深海声道中信号传播的波形特点。如果声源在声道轴附近发射一个短脉冲信号,则位于声道轴附近的接收点接收到的信号在时间上将被展宽,发生畸变。脉冲宽度展宽的程度取决于最先和最晚到达接收点所历经的传播时间差 ΔT,即

$$\Delta T = t_{N\to\infty} - t_{N\min} \approx \frac{\delta x}{ac_0} - \frac{\delta x}{ac_0}\left(1 - \frac{\delta^2 x^2}{24N_{\min}^2}\right) = \frac{\delta^3 x^3}{24ac_0}\frac{1}{N_{\min}^2} \tag{6.79}$$

将式(6.71)代入式(6.79),得到

$$\Delta T = \frac{\delta^2 Hx}{3ac_0} \tag{6.80}$$

因此,信号的持续时间与接收点到声源的距离成正比,距离越远,脉冲展宽越明显。

上面的分析很好地说明了造成脉冲信号波形畸变的原因,这也是深海声道中声传播的重要特征。综上所述,深海声道中 RR 声线声传播具有这样一些重要特征:出射角越大的声线,到达声道轴附近接收点的传播时间越短,因而也最早到达接收点,如果发射的是脉冲信号,接收到的信号将展宽,信号持续时间随接收点距声源的距离增大而增大。

在声道轴上传播的脉冲信号除了时间展宽外,其幅值也随时间增大,到脉冲结束时 $N \to \infty$ 的声线最后到达,接收信号达到最大,然后急剧截止。在深海声道轴上,发射的声能量聚集在轴附近,因此 RR 声线能够实现超远程传播,进而深海声道是海洋中声传播的最佳信道。

6.4.3 会聚区与聚焦因子

当声源不在声道轴而位于接近海面或深海区域时,声传播会有明显的声强会聚现象,此时在深海声道中就可以形成声强很高的声线会聚区域及其相应的焦散线。焦散线是指相邻声线交聚点所构成的包络曲线,由于这个声线会聚区域声线密度很高,所以声能量在这个区域有聚焦作用,成为高声强分布区,称为会聚区。如图 6-17[34] 所示,声源临近海面,向下发射声波,则在海面附近形成了多个会聚区。利用会聚区可以实现远程探测,尤其是针对水声探测中最常见的声源和接收点位于较浅的海面附近这种情况。

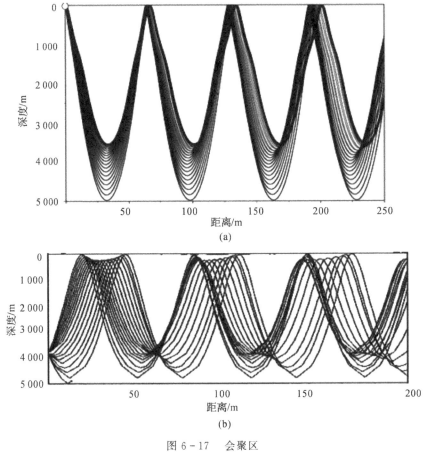

图 6-17　会聚区
(a) 声源临近海面;(b) 声源临近海底

会聚效果用聚焦因子和会聚增益来描述,其中会聚增益是聚焦因子的分贝数。两者是描述声波在非均匀介质中传播,相对于在均匀介质传播时能量发散和聚集程度的物理量。令 $I(x,z)$ 为非均匀介质中某场点 (x,z) 的声强,$I_0(x,z)$ 为将非均匀介质换成均匀介质后该点的声强(其他条件不变),将二者的比值定义为聚焦因子,记作 $F(x,z)$,即

$$F(x,z) = \frac{I(x,z)}{I_0(x,z)} \tag{6.81}$$

当 $F(x,z) > 1$ 时,相对均匀介质而言,该点的能量增强,称之为能量聚集;当 $F(x,z) < 1$ 时,该点的能量减弱,称之为能量发散。聚焦因子的分贝数为会聚增益,有

$$G = 10\lg F = 10\lg \frac{I(x,z)}{I_0(x,z)} \tag{6.82}$$

$I(x,z)$ 可由射线声学声强计算式得到,即

$$I(x,z) = \frac{W_0 \cos\alpha_0}{x\sin\alpha_z \dfrac{\partial x}{\partial \alpha_0}} \tag{6.83}$$

式中,α_0 为声源处的初始出射角;α_z 为场点 (x,z) 处的出射角;W_0 为单位立体角内的辐射声功率。而 $I_0(x,z)$ 则按均匀介质中球面扩展得到

$$I_0(x,z) = \frac{W_0 4\pi}{4\pi R^2} = \frac{W_0}{R^2} \tag{6.84}$$

式中,R 为声源到场点之间的距离。

因此,聚焦因子为

$$F(x,z) = \frac{I(x,z)}{I_0(x,z)} = \frac{R^2 \cos\alpha_0}{x\sin\alpha_z \dfrac{\partial x}{\partial \alpha_0}} \tag{6.85}$$

考虑到水平距离 $x \gg z_0$,有 $R \approx x$,$\cos\alpha_0 \approx 1$,则

$$F(x,z) = \frac{x}{\sin\alpha_z \dfrac{\partial x}{\partial \alpha_0}} \tag{6.86}$$

通过聚焦因子可以直接求会聚增益,也可以通过传播损失来表示,这样得到的结果更直观且容易。假设 SL 为发射声源级,TL 为非均匀介质情况下的传播损失,由发射声源级定义,有

$$\text{SL} = 10\lg \frac{I(x,z)\mid_{x=1\text{m}}}{I_{\text{ref}}} = 10\lg\left[\frac{I(x,z)\mid_{x=1\text{m}}}{I(x,z)} \frac{I(x,z)}{I_{\text{ref}}}\right] = \text{TL} + 10\lg \frac{I(x,z)}{I_{\text{ref}}} \tag{6.87}$$

显然有

$$\text{SL} - \text{TL} = 10\lg \frac{I(x,z)}{I_{\text{ref}}} \tag{6.88}$$

同理在均匀介质情况下,有

$$\text{SL} - \text{TL}_0 = 10\lg \frac{I_0(x,z)}{I_{\text{ref}}} \tag{6.89}$$

式中,TL_0 为均匀介质情况下的传播损失。

比照式(6.88)和式(6.89)发现,两者之差正好就是会聚增益,即

$$G = \text{TL}_0 - \text{TL} \tag{6.90}$$

在不考虑吸收时,均匀介质情况下的传播损失就是球面扩展损失,则会聚增益就是球面扩展损失与实测损失之差。不考虑吸收损失时,有

$$TL_0 = 20\lg x \tag{6.91}$$

和

$$TL = 10\lg x_0 + 10\lg x \tag{6.92}$$

于是有

$$G = 10\lg \frac{x}{x_0} \tag{6.93}$$

由此可见,当 $x \geqslant x_0$ 时,才有 $G > 0$,即当接收距离超过过渡距离时,声道具有会聚作用。

6.5 深海跃变层

深海跃变层是介于混合层和主跃变层之间的一种特殊海水介质层,在此层中,海水温度急剧下降,造成声速突然下降,使得声信号穿过此跃变层时产生折射,从而造成声强明显减弱,对声呐作用距离有很大的影响,因此接下来主要讨论声波通过跃变层的传播损失。

为了简化分析,考虑到跃变层厚度非常薄,可以忽略,同时把跃变层上下传播的声线均近似为直线,如图 6-18 所示。假设跃变层上下的声速分别为 c_1 和 c_2,且 $c_2 < c_1$,声源位于跃变层上方 H_1 高度处,初始出射角为 α_0,寻求在层下方垂直距离 H_2 处场点的声强。

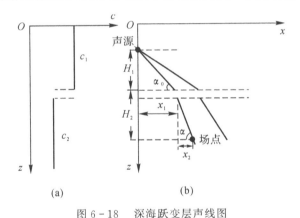

图 6-18 深海跃变层声线图
(a)声速剖面;(b)声线轨迹

根据射线声学的声强公式,有

$$I(x,z) = \frac{W_0 \cos\alpha_0}{x \sin\alpha \dfrac{\partial x}{\partial \alpha_0}} \tag{6.94}$$

式中,α 为场点处的出射角;x 为场点的水平距离。

由图 6-18 中几何关系可知,场点的水平距离为

$$x = x_1 + x_2 = H_1 \cot\alpha_0 + H_2 \cot\alpha \tag{6.95}$$

则

$$\frac{\partial x}{\partial \alpha_0} = \frac{\partial x_1}{\partial \alpha_0} + \frac{\partial x_2}{\partial \alpha_0} \tag{6.96}$$

式中

$$\frac{\partial x_1}{\partial \alpha_0} = \frac{\partial}{\partial \alpha_0}(H_1 \cot \alpha_0) = -\frac{H_1}{\sin^2 \alpha_0} \tag{6.97}$$

$$\frac{\partial x_2}{\partial \alpha_0} = \frac{\partial}{\partial \alpha_0}(H_2 \cot \alpha) = -\frac{H_2}{\sin^2 \alpha}\frac{\partial \alpha}{\partial \alpha_0} \tag{6.98}$$

根据折射定律 $\cos\alpha/\cos\alpha_0 = c_2/c_1$，得到 $\cos\alpha = c_2\cos\alpha_0/c_1$，两边对 α_0 求导，得

$$\sin\alpha \frac{\partial \alpha}{\partial \alpha_0} = \frac{c_2}{c_1}\sin\alpha_0 \tag{6.99}$$

即

$$\frac{\partial \alpha}{\partial \alpha_0} = \frac{c_2}{c_1}\frac{\sin\alpha_0}{\sin\alpha} \tag{6.100}$$

代入式(6.98)，得到

$$\frac{\partial x_2}{\partial \alpha_0} = -\frac{H_2}{\sin^2 \alpha}\frac{c_2}{c_1}\frac{\sin\alpha_0}{\sin\alpha} = -H_2\frac{c_2}{c_1}\frac{\sin\alpha_0}{\sin^3\alpha} \tag{6.101}$$

注意到式(6.97)和式(6.101)均有负号，仅说明随 α_0 增大，x_1 和 x_2 均减小，代入声强公式时不用考虑负号或取绝对值，则场点处的声强为

$$I(x,z) = \frac{W_0\cos\alpha_0}{x\sin\alpha\left(\dfrac{H_1}{\sin^2\alpha_0} + \dfrac{c_2}{c_1}\dfrac{\sin\alpha_0}{\sin^3\alpha}H_2\right)} = \frac{W_0\cos\alpha_0}{x^2\sin\alpha\left(\dfrac{x_1}{x}\dfrac{1}{\sin\alpha_0\cos\alpha_0} + \dfrac{x_2}{x}\dfrac{c_2}{c_1}\dfrac{\sin\alpha_0}{\sin^2\alpha\cos\alpha}\right)} =$$

$$\frac{W_0\cos^2\alpha_0}{x^2\left(\dfrac{x_1}{x}\dfrac{\sin\alpha}{\sin\alpha} + \dfrac{x_2}{x}\dfrac{\sin\alpha_0}{\sin\alpha}\right)} \tag{6.102}$$

若场点位于跃变层下方临近位置，则 $x_2 \approx 0, x_1 \approx x$，则有

$$I_2(x,z) = \frac{W_0\cos^2\alpha_0}{x^2}\frac{\sin\alpha_0}{\sin\alpha} \tag{6.103}$$

若场点位于跃变层上方临近位置，则 $x_2 \approx 0, x_1 \approx x, \alpha \approx \alpha_0$，则有

$$I_1(x,z) = \frac{W_0\cos^2\alpha_0}{x^2} \tag{6.104}$$

于是，声线通过跃变层的传播损失为

$$\mathrm{TL} = 10\lg\frac{I_1}{I_2} = 10\lg\frac{\sin\alpha}{\sin\alpha_0} \tag{6.105}$$

由于 $c_2 < c_1$，则根据折射定律可知 $\cos\alpha_0 > \cos\alpha$，即 $\sin\alpha_0 < \sin\alpha$，因此有 $\mathrm{TL} > 0$，声线穿过跃变层时产生了传播损失。

6.6　均匀浅海声场

　　声波在浅海中的传播是常见而又非常重要的问题。我国沿海区大都属于浅海海域，从声学角度上说，如果无法排除海底海面对声传播的影响，都可以认为是浅海传播问题。本节讨论最简单的浅海模型：均匀浅海声传播模型。所谓均匀浅海是指声速分布是均匀的，即常数，尽管如此，界面影响使得浅海声传播的研究非常复杂。目前，波动理论采用的简正波分析，以及射线理论采用的虚源镜像法分析都是讨论浅海问题的基本方法。这里采用射线理论分析均匀浅海声场。

6.6.1　均匀浅海声场的虚源镜像法

图 6-19 给出了均匀浅海模型。它是平行平面边界层,具有绝对上下边界,即海面为绝对软边界,海底为绝对硬边界。

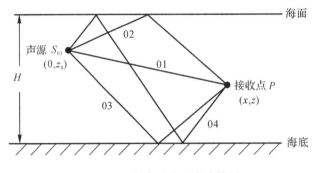

图 6-19　均匀浅海基本声线图

假设点源 S_{01} 置于 $(0,z_0)$ 处,接收点 P 位于 (x,z) 处,浅海深度为 H。点源 S_{01} 向浅海辐射的过程可以理解为向空间发射无穷多声线,声线序号 nk 采用项数 n 和列数 k 的双数字组合方式,其中只有 01 声线为直达声线,其余声线均为反射声线,最简单的反射声线是分别经过一次海面反射或一次海底反射到达点 P 的声线,并且还有经过一次海面反射和一次海底反射到达点 P 的声线,依次称为 02 声线、03 声线以及 04 声线,这四条声线为基本声线。在基本声线的基础上,若声线增加一次海面反射和一次海底反射,声线序号中项的数字加 1,即 11 声线、12 声线、13 声线以及 14 声线,如图 6-20 所示。类似此方法,可将基本声线序号的项数扩展至 n,即 $n1,n2,n3,n4$ 声线。当虚源数目增加到无穷多个,即 $n \to \infty$ 时,所有声线的叠加构成了浅海的总声场。

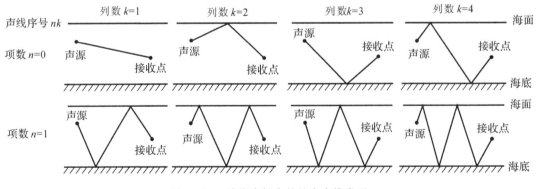

图 6-20　浅海声场中的基本声线类型

利用虚源等效反射声线的方法,将每一根反射声线等效为由一个虚源直达至接收点的声线。这些虚源是声源在上下边界上相继作镜反射形成的,虚源的标号与声线标号一致,这样无穷多个虚源按照镜像规律排列在 z 轴上构成了虚源链,如图 6-21 所示,因此,浅海中点源辐射声场的问题转化为无穷多个虚源直接辐射的声场叠加问题。

将每一个虚源 nk 都等效为一个点源,则辐射声场具有球面波形态,即

$$p_{nk}(x,z) = V_{nk}\frac{p_0}{r_{nk}}e^{-jkr_{nk}} \tag{6.106}$$

式中，V_{nk} 为总的反射系数，由反射次数和是否经海面或海底反射所决定，对于任意界面而言，一般为复数；r_{nk} 为第 nk 号虚源到接收点 P 之间的直达距离。

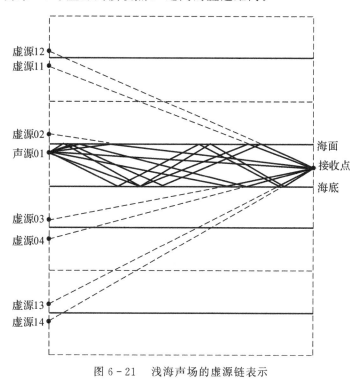

图 6-21　浅海声场的虚源链表示

于是，接收点 P 处的总声场是所有虚源和实声源声场的叠加，即

$$p(x,z) = p_0\sum_{n=0}^{\infty}\left(V_{n1}\frac{e^{-jkr_{n1}}}{r_{n1}} + V_{n2}\frac{e^{-jkr_{n2}}}{r_{n2}} + V_{n3}\frac{e^{-jkr_{n3}}}{r_{n3}} + V_{n4}\frac{e^{-jkr_{n4}}}{r_{n4}}\right) \tag{6.107}$$

式中

$$\left.\begin{array}{l} r_{01} = \sqrt{x^2 + (z - z_0)^2} \\[2mm] r_{02} = \sqrt{x^2 + (z + z_0)^2} \\[2mm] r_{03} = \sqrt{x^2 + (2H - z - z_0)^2} \\[2mm] r_{04} = \sqrt{x^2 + (2H - z + z_0)^2} \end{array}\right\} \tag{6.108}$$

相应地有

$$\left.\begin{array}{l} r_{n1} = \sqrt{x^2 + (2nH + z - z_0)^2} \\[2mm] r_{n2} = \sqrt{x^2 + (2nH + z + z_0)^2} \\[2mm] r_{n3} = \sqrt{x^2 + [2(n+1)H - z - z_0]^2} \\[2mm] r_{n4} = \sqrt{x^2 + [2(n+1)H - z + z_0]^2} \end{array}\right\} \tag{6.109}$$

考虑海面与海底为绝对边界，则海面反射系数为 -1，海底反射系数为 1，因此有 $V_{n1} = (-1)^n$，$V_{n2} = (-1)^{n+1}$，$V_{n3} = (-1)^n$，以及 $V_{n4} = (-1)^{n+1}$，进而接收点 P 处的总声场可以写作

$$p(x,z) = p_0 \sum_{n=0}^{\infty} (-1)^n \left(\frac{e^{-jkr_{n1}}}{r_{n1}} - \frac{e^{-jkr_{n2}}}{r_{n2}} + \frac{e^{-jkr_{n3}}}{r_{n3}} - \frac{e^{-jkr_{n4}}}{r_{n4}} \right) \tag{6.110}$$

式(6.110)即对于具有绝对反射界面的均匀浅海,利用虚源镜像法所得到的声场表达式。射线理论求解浅海声场的思路是利用镜反射规律构建虚源。从波动理论的思路上讲,设置虚源链的物理含义在于使得合成声场不断地满足浅海上下界面的边界条件,思路如下:

当在原有实声源 01 声场的基础上加一个由边界反射引起的虚源 02 声场时,则两部分声场的叠加为

$$p(x,z) = p_0 \left(\frac{e^{-jkr_{01}}}{r_{01}} - \frac{e^{-jkr_{02}}}{r_{02}} \right) \tag{6.111}$$

显然,式(6.111)满足声压波动方程,也满足上边界 $z=0$ 的绝对软边界条件,即海面处的合成声压为 0,但由于实声源 01 和虚源 02 并不对称于 $z=H$ 的下边界,因此不满足下边界 $z=H$ 的绝对硬边界条件,即质点振速 $u_z = (\partial p / \partial z) \mid_{z=H}$ 不为 0。为此,需考虑再补充添加一对与声源 01 和虚源 02 对称于下边界 $z=H$ 的两个虚源 03 和 04,这就重新恢复了四个源相对于下边界的对称性,满足了下边界的边界条件。然而这又破坏了相对于上边界的对称性,也就是不满足上边界的边界条件,因此再补充两个虚源 11 和 12,这就重新恢复了对上边界的对称性,满足了上边界的边界条件,却又不满足下边界的边界条件。如此下去,继续延伸虚源链,从而交替地满足一个边界条件而不满足另一个边界条件。由于每次增加的一对虚源会离接收点越来越远,对接收点处合成声压的贡献也越来越小,所以在虚源个数无限多,即无限长虚源链的极限情况下,上下两个边界上的边界条件都可以得到满足。

6.6.2 浅海声场传播损失

浅海声场中的传播损失可以采用简正波理论得到,也可以采用射线理论,即虚源镜像法。浅海中的传播损失依赖于海面、海水介质和海底等多种参数,通常只能近似估计浅海传播损失。有一些经验公式可供浅海传播损失的估计和预报,这里仅给出 Marsh - Schulkin 经验公式。

很容易知道,浅海声传播规律是由近场的球面扩展逐步过渡到远场的柱面扩展,因此 Marsh - Schulkin 经验公式给出的传播损失是分段计算的。假设水平距离为 x,浅海混合层深度为 L,海水深度为 D,则有

$$\text{TL} = \begin{cases} 20\lg \dfrac{x}{0.914} + \alpha x + 60 - K_L, & x < H \\[2mm] 15\lg \dfrac{x}{0.914} + \alpha x + \alpha_T \left(\dfrac{x}{H} - 1 \right) + 5\lg \dfrac{H}{0.914} + 60 - K_L, & H \leqslant x \leqslant 8H \\[2mm] 10\lg \dfrac{x}{0.914} + \alpha x + \alpha_T \left(\dfrac{x}{H} - 1 \right) + 10\lg \dfrac{H}{0.914} + 64.5 - K_L, & x > 8H \end{cases} \tag{6.112}$$

式中

$$H = \left(\frac{L+D}{0.305 \times 8} \right)^{1/2} \tag{6.113}$$

为过渡距离(单位转换为 km);L 为浅海混合层深度(即正梯度层的深度),m;D 为海水深度,m;x 为水平距离,km;α 为吸收系数,dB/km;α_T 为有效浅海衰减系数(每经过海面海底反射后

衰减的分贝数);K_L 为近场异常衰减,dB。α_T 和 K_L 与频率、海况和海底类型有关,其中 α_T 的典型值在 $1 \sim 8$ dB 范围内,K_L 的典型值在 $1 \sim 7$ dB 范围内。

由式(6.112)可以看出,浅海声场的传播损失分近距离、中等距离和远距离三种类型,由近至远分别满足球面波衰减、3/2 次方衰减率以及柱面波衰减,而过渡距离正是用来划分这三个区域的。

习　　题

1. 如图 6-22 所示的海洋声传播模型,海面声速 $c_0 = 1\,500$ m/s,海区的绝对声速梯度 $g = -0.2$ s^{-1},在海面下 $z_1 = 100$ m 处置一声源,声源处出射的声线中有一束恰好在海面的出射角为 0°。试确定该束声线的初始出射角 α_{z_1},声线传播至 M 点的水平距离 D,以及当声源全向辐射声功率为 100 W 时 M 点的声强。

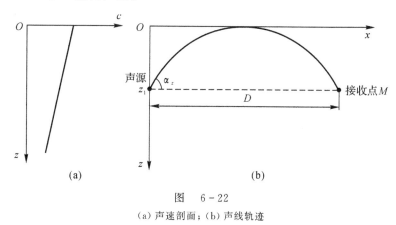

图　6-22
(a)声速剖面;(b)声线轨迹

2. 混合层表面声道的相对声速梯度 $a = 10^{-5}$ m^{-1},海面处有一声源以 $\alpha_0 = 5°$ 向下射出一束声线,其中 α_0 小于极限射出角,如图 6-23 所示。试确定该束声线能够射入海水中的最大深度 z_r 以及该束声线在海面的跨度 D。

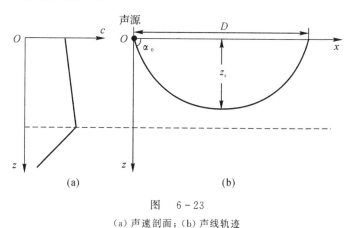

图　6-23
(a)声速剖面;(b)声线轨迹

3. 深海声道中海面声速为 $c_0 = 1\,500$ m/s,声道轴深度为 10 m,上层声速梯度为 $g_1 =$

$-0.1\ \text{s}^{-1}$,下层声速梯度为 $g_2 = 0.2\ \text{s}^{-1}$(见图 6-24)。试求:

(1) 能够保持在上层声道中传播的声线与声道轴夹角的最大值(极限射出角)α_m;

(2) 在声道轴上部时,上述声线相继两次交于声道轴所经过的水平距离(跨度)D_1;

(3) 在声道轴下部时,上述声线相继两次交于声道轴所经过的水平距离 D_2。

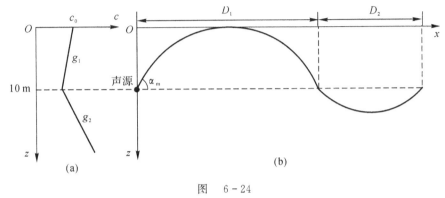

图 6-24

(a)声速剖面;(b)声线轨迹

4. 对于双线性对称深海声道,假设声道轴位于 1 000 m 深度上,声轴上的声速为 1 450 m/s,声速梯度为 $g = \mp 0.2\ \text{s}^{-1}$(上层为负,下层为正),接收点距声源的距离为 20 km,如果发射信号的脉冲宽度为 6 ms,求接收信号的总持续时间。

5. 深度 $H = 75$ m 的浅海具有平坦海底和均匀声速分布,声速为 1 500 m/s,声源位于海面下 25 m,工作频率 $f_0 = 1.5$ kHz。已知在距声源中心 1 m 处的声压幅值为 1×10^4 Pa,海面和海底的声压反射系数分别为 -0.9 和 0.3。如果接收水听器深度为 25 m,与声源水平距离为 200 m,求直达声线和与声源最近的三个虚源反射声线在接收点产生的声压幅值,以及这些声线与直达声线的相位差。

第7章 声波在目标上的反射和散射

主动声呐工作时发射的声信号在传播过程中若遇到目标,如水面舰艇、潜艇及水雷等,就会发生声散射现象,产生散射波。当产生的散射波被声呐接收端所接收时,就可用来确定目标的距离、运动速度、强度和几何形状等信息。实际上这里所说的散射波是由目标(或水下障碍物)表面在入射声波作用下所激起的次级声波,在水声学中一般将大目标(具有较大线度和规则几何界面)前方的次级声波称为反射波,目标后面声影区的次级波称为衍射波,而小目标(线度远小于波长)的次级波均称为散射波。这里将这些次级声波统称为散射波。散射波中返回声呐接收端的那部分波,称为回波。本章主要研究大目标的反射回波特性。

7.1 目 标 强 度

在主动声呐方程中,用目标强度反映目标声反射能力的大小,定义为距目标等效声学中心 1 m 处反射回波的声强与入射波声强之比的分贝值,即

$$TS = 10\lg \frac{I_r(1\ m)}{I_i} \tag{7.1}$$

式中,$I_r(1\ m)$ 为距离目标等效声中心 1 m 处的回波强度;I_i 为入射声强。

所谓等效声学中心是指目标体内或体外的一个虚拟的参考点,反射回波等效于由该点发射。实际测量目标强度通常是在远场测量后按照确定的传播规律(球面波、柱面波等)折算为距目标等效声学中心 1 m 处量值的。在工程水声中通常以刚性球体作为参考目标,而将其他目标的强度与参考目标进行比较,因此先介绍刚性球体的目标强度。

假设半径为 a 的刚性球体(各向同性反射体),当远处的入射平面声波以声强 I_i 入射到球体后,球体截获的入射波声功率为 $\pi a^2 I_i$。假设球体将此声功率吸收并以二次辐射的形式向全方向反射(散射),则距球心 r m 处的反射波声强为

$$I_r = \frac{\pi a^2 I_i}{4\pi r^2} = \frac{a^2}{4r^2} I_i \tag{7.2}$$

在 $r = 1$ m 处的反射声强为

$$I_r(1\ m) = \frac{a^2}{4} I_i \tag{7.3}$$

则球体的目标强度为

$$TS = 10\lg \frac{I_r(1\ m)}{I_i} = 10\lg \frac{a^2}{4} \tag{7.4}$$

显然,一个半径为 $a = 2$ m 的球体的目标强度为 0 dB,且与方向无关,因此,球体目标可以

作为参考目标,其他反射体的目标强度可以选球体目标进行比较。

7.2 常见水下目标的目标强度一般特征

7.2.1 潜艇的目标强度

潜艇作为典型的军事声呐目标,其目标强度的研究工作最早开始。潜艇的目标强度的研究与讨论主要集中在目标强度与方位、频率、脉冲宽度和深度等的变化关系上。

1. 随方位的变化关系

实测结果表明,潜艇的目标强度明显地随着方位变化,其变化关系曲线呈蝴蝶形,如图 7-1 所示,其中潜艇正横方向目标强度值为 12 ～ 40 dB,平均值 25 dB。具体特点为:① 在艇的舷侧正横方向上,目标强度值最大,达 25 dB,由艇壳的镜反射引起;② 在艇首和艇尾方向,目标强度最小,10 ～ 15 dB,由艇壳和尾流的遮蔽效应引起;③ 在艇首和艇尾 20° 附近,比相邻区域高出 1 ～ 3 dB,可能是由潜艇的舱室结构的内反射产生的;④ 在其他方向上呈圆形,由潜艇的复杂结构以及附属物产生散射的多种叠加所致。

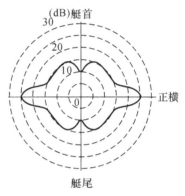

图 7-1 潜艇的目标强度随方位的变化规律

2. 随频率的变化关系

第二次世界大战期间,研究者用 12 kHz,24 kHz 和 60 kHz 三种频率对潜艇目标强度进行测量,以探究潜艇目标强度的频率响应,但测量结果表明:潜艇目标强度没有明显地随频率变化的关系,如果存在频率关系的话,也会被实测值的不确定性所掩盖。

3. 随深度的变化关系

深度对目标强度值影响,不是影响了潜艇本身,而是深度变化会引起声传播变化。潜艇目标的结构和几何形状十分复杂,产生回声的机理是多种多样的,深度只是对潜艇尾流回声有影响。

4. 随入射信号脉宽的变化关系

潜艇有一定的长度,可以想象,随着入射信号脉冲宽度的增加,照射到潜艇上的部分会增加,目标强度也会随之变化。设入射信号脉冲长度为 τ,若尺度为 L 的物体表面上 A 点和 B 点所产生的回波在脉冲宽度内能够被同时接收到(见图 7-2),则必须有

$$AB\cos\theta = BD = \frac{c\tau}{2} \qquad (7.5)$$

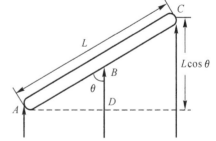

图 7-2 目标强度与入射波脉冲宽度的关系

式中,θ 为入射信号方向与物体长度方向的夹角;c 为声速。随着脉冲长度的增加,对回声有贡献的物体表面积相应增大,目标强度值也由小逐渐变大。当脉冲宽度增加到足以使物体上所有反射点都能在某一时刻同时对回声产生贡献时,这时的目标强度最大,且此时的脉冲宽度为 $2L\cos\theta/c$。

7.2.2 鱼雷和水雷的目标强度

鱼雷和水雷基本上可以看作是圆柱体形物体,由于正横方位或头部有强镜反射,所以这些地方的目标强度值较大,尾部和雷体上小的不规则部分目标强度值较小。正横方位上鱼雷和水雷目标强度可以参考圆柱形物体在正横方向上的目标强度,则有

$$TS = 10\lg \frac{aL^2}{2\lambda} \tag{7.6}$$

式中,L 和 a 分别为圆柱体的长度和半径;λ 为波长。若水雷的几何尺寸为 $a = 0.2$ m,$L = 1.5$ m,$\lambda = 0.03$ m(频率为 50 kHz),可得 $TS = 9$ dB,这与水雷正横方向上的测量值基本相符。鱼雷和水雷的目标强度随方位、频率和脉冲宽度的变化,大体与潜艇的相类似。

7.2.3 鱼的目标强度

英国 Cushing 等人对鳕鱼、比目鱼、鲈鱼和青鱼等目标强度进行了大量研究,在死鱼鱼体上安装薄膜塑料人工鱼鳔,发射声波频率为 30 kHz,声束由上向下垂直照射到鱼脊背上,鱼处于正常游动状态实验条件下完成测量。由测量结果可以归纳出鱼体长 L(cm)与目标强度的关系大致服从

$$TS = -75 + 30\lg L \tag{7.7}$$

通常声呐探鱼时,视鱼群为一个整体,因此整个鱼群总目标强度为 $TS + 10\lg N$,其中 N 为鱼群中鱼的条数,TS 为单个鱼体的目标强度。

7.2.4 常见声呐目标的目标强度

表 7-1 给出了常见声呐目标的目标强度的典型值,由于目标强度与很多因素有关,表中的结果只能作为参考。同时表 7-2 给出了一些简单形状物体目标强度的理论计算式,这些公式可以用来预估类似形状物体的目标强度,或者一些复杂的物体可以视为这些简单形状的物体的组合,需要注意的是,表中的公式是有一定条件约束的,比如刚性散射体等。

表 7-1 常见声呐目标强度的典型值

目　　标	方位角	目标强度 /dB
潜　　艇	正横	+25
	艇首 / 尾	+10
	正横和首尾之间	+15
水面舰	正横	+25(极其不确定)
	非正横	+15(极其不确定)
水　　雷	正横	+10
	非正横	+10 ～ -25
鱼　　雷	头部	-20
长度为 L 的鱼	背部	$-54 + 19\lg L$(近似)

表 7 - 2　　一些简单形状物体的目标强度

形　状		t 目标强度 TS $= 10\lg t$	入射方向	适用条件	符号说明
任意 凸曲面		$\dfrac{a_1 a_2}{4}$	垂直于表面	$ka_1, ka_2 \gg 1$ $r > a$	a_1, a_2 为主曲率半径； r 为距离；k 为波数
球　体	大	$\dfrac{a^2}{4}$	任意	$ka \gg 1$ $r > a$	a 为球半径
	小	$61.7\dfrac{V^2}{\lambda^4}$	任意	$ka \ll 1$ $kr \gg 1$	V 为球体积； λ 为波长
无限 长柱体	粗	$\dfrac{ar}{2}$	垂直于柱轴	$ka \gg 1$ $r > a$	a 为柱半径
	细	$\dfrac{9\pi^1 a^1}{\lambda^2}r$	垂直于柱轴	$ka \ll 1$	a 为柱半径
有限 长柱体		$\dfrac{aL^2}{2\lambda}$	垂直于柱轴	$ka \gg 1$ $r > L^2/\lambda$	L 为柱长； a 为柱半径
		$\dfrac{aL^2}{2\lambda}\left(\dfrac{\sin\beta}{\beta}\right)^2\cos^2\theta$	与柱轴法线 方向成 θ 角		a 为柱半径； $\beta = kL\sin\theta$

7.2.5　目标强度的实验测量

除了利用理论公式进行简单形状目标强度的估算外,在工程上可以对实际物体进行目标强度的实验测量。一种简单直接的测量方法就是按照目标强度的定义去测量。图 7-3 给出了按照定义进行的目标强度的测量示意图。具有指向性的声源向待测目标辐射声波,发射声信号的脉冲宽度根据测量条件合理选择。水听器接收来自目标的回波。测量应满足远场条件:待测目标应位于声源辐射声场的远场区,水听器应位于目标散射声场的远场区。

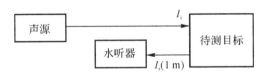

图 7 - 3　目标强度实验测量示意图

从目标强度的定义上看,只要将待测目标处的入射波声强和距目标 1 m 处的反射波声强测出,就得到待测目标的 TS 。但由于待测目标处的入射波声强不易测得,并且也很难将水听器置于 1 m 位置处,因此产生了各种方法实现目标强度的测量,如直接法、比较法和应答器法等。

1. 直接法

直接法是绝大多数目标强度测量所采用的常规方法，它是根据回波信号级的定义 $\mathrm{EL}=\mathrm{SL}-2\mathrm{TL}+\mathrm{TS}$ 进行的，这实际上将远距离 r 处测得的回波强度折算到 1 m 处。图 7-4 给出了直接法测量目标强度的示意图。图中，具有指向性声源的声轴指向待测目标，距离 r 满足远场条件，$\mathrm{EL}=10\lg\dfrac{I_{\mathrm{e}}}{I_{\mathrm{ref}}}$，$I_{\mathrm{c}}$ 是在水听器在距离 r 处测得的回波信号声强。

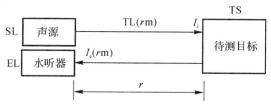

图 7-4　直接法测量目标强度

这种方法除了要测定回波信号声强外，还需测出声源的辐射声源级 SL 和观测点至目标的传播损失 TL，如果这些参数的测量都可以实现，得到待测目标的 TS 是最为直接的。图 7-5 给出了水池中利用直接法测量目标强度的实验原理图，水池中布置目标、发射声源和水听器。

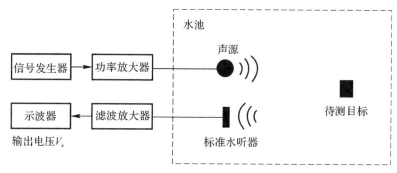

图 7-5　直接法测量目标强度的水池实验原理图

假定声源的辐射声源级 SL 已知，TL 直接由球面扩展计算得出（或者专门进行传播损失的测量），只需测得回波信号的声压 p_{e} 即可计算得到 TS，有

$$\mathrm{EL}=20\lg\frac{p_{\mathrm{e}}}{p_{\mathrm{ref}}}=20\lg p_{\mathrm{e}}+120 \tag{7.8}$$

水听器接收目标回波并实现电声转换，声压和电压的关系由水听器接收灵敏度级 $\mathrm{M_eL}$ 给出，有

$$\mathrm{M_eL}=20\lg\frac{M_{\mathrm{e}}}{(M_{\mathrm{e}})_{\mathrm{ref}}}=20\lg\frac{V_{\mathrm{e}}}{p_{\mathrm{e}}}-120 \tag{7.9}$$

式中，M_{e} 为接收灵敏度；$(M_{\mathrm{e}})_{\mathrm{ref}}$ 为灵敏度参考值，取 $10^6\,\mathrm{V/Pa}$。于是有

$$\mathrm{EL}=20\lg p_{\mathrm{e}}+120=20\lg V_{\mathrm{e}}-\mathrm{M_eL} \tag{7.10}$$

最终得到目标强度为

$$\mathrm{TS}=\mathrm{EL}+2\mathrm{TL}-\mathrm{SL} \tag{7.11}$$

2. 比较法

比较法是在完全相同的测试环境下通过对已知目标强度的参考目标和待测目标进行比较

测试,得到待测目标强度的方法,如图7-6所示。在相同的发射、接收和环境条件下,分别测量参考目标和待测目标的回波信号$(I_r)_{ref}$和I_r。根据目标强度定义,对于待测目标,有

$$TS = 10\lg \frac{I_r}{I_i} \tag{7.12}$$

式中,TS为待测目标的目标强度。对于参考目标,有

$$(TS)_{ref} = 10\lg \frac{(I_r)_{ref}}{I_i} \tag{7.13}$$

式中,$(TS)_{ref}$为已知的参考目标的目标强度。结合式(7.12)和式(7.13),得到

$$TS = 10\lg \frac{I_r}{(I_r)_{ref}} + (TS)_{ref}$$

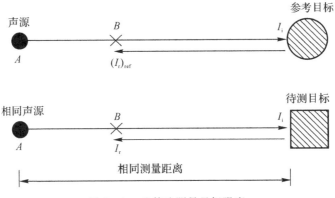

图7-6　比较法测量目标强度

3. 应答器法

除了直接法和比较法,Urick[3]介绍了一种不需要知道传播损失的测量方法,即应答器法,该方法测量目标强度的实验原理如图7-7所示,采用应答器对入射脉冲进行应答。

(1)在测量船上安装声源和水听器。在待测目标上安装水听器和应答器,且两者布置的间隔为1 m。

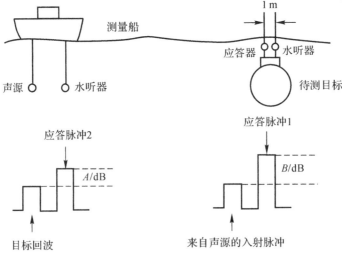

图7-7　应答器法测量目标强度

（2）在测量船上，水听器先后接收到目标回波和应答器所发射的脉冲声信号（应答脉冲2），两者的声级差为 A dB。

（3）在待测目标上，应答器接收到声源发射的声脉冲后也应答一个声脉冲，水听器先后接收到由声源发出的声脉冲和应答器发射的脉冲信号（应答脉冲1），两者的声级差为 B dB。

（4）很容易得到待测目标的强度为 TS＝$B-A$。具体过程为：首先，假设声源辐射声源级为 SL，应答器的辐射声源级为 SL′，测量船上测得的待测目标的回波信号级为

$$EL = SL - 2TL + TS \tag{7.14}$$

应答器发射脉冲的信号级（应答脉冲2信号级）为

$$EL' = SL' - TL \tag{7.15}$$

且有

$$EL' - EL = A \tag{7.16}$$

其次，待测目标上水听器接收到的应答脉冲1信号级，根据目标强度定义可知，即为应答器的辐射声源级 SL′，而水听器接收到的来自声源的入射脉冲信号级为 SL－TL，且有

$$SL' - (SL - TL) = B \tag{7.17}$$

联立式（7.14）～式（7.17），即可得到 TS＝$B-A$。

7.3　目　标　回　波

声波在传播途中遇到障碍物时产生的散射声波中，返回声源方向的那部分声波称为目标回波。它是散射波的一部分，是入射波与目标相互作用产生的，它携带目标的某些特征信息。广义地说，由于目标与声源之间存在着相对运动，目标对准声呐的镜反射截面变化，目标反射表面的不规则性，等等，会造成回波信号与发射信号在频率、脉冲宽度和波形等各个方面的变化。认识和利用这些差异将有利于识别目标和进行目标特征参数的检测。首先介绍目标回波的几种形成过程。这些过程可能都会发生，也可能在某些情况下只有一两种发生。

7.3.1　回波信号的形成

1. 镜反射

镜反射是几何反射过程，服从反射定律。曲率半径大于波长的目标，回波基本由镜反射过程产生，与垂直入射点相邻的目标表面产生相干反射回声。镜反射波形是入射波形的重复，与入射波形完全相关。

2. 表面不规则性的散射

由于目标表面具有不规则性，如棱角、边缘和小凸起物，它们的曲率半径一般小于波长，由此产生散射波，构成回波的一部分。

3. 弹性目标的再辐射

一般声呐目标为弹性物体，在入射声波的激励下，目标的某些固有振动模式被激发，向周围介质辐射声波，它是目标回声的组成部分，称之为非镜反射回波，与目标力学参数、状态以及与入射声波相对位置等因素有关。图7-8表示了窄平面波脉冲入射到铝球上的回波脉冲串。

4. 回音廊式回声

如图7-9所示，声波入射到 A 点除产生镜反射波外，还有折射波透射到目标内部。折射

波在目标内部传播,在 B,C 上同样产生反射和折射,到达 G 点时,折射波恰好在返回声源的方向上,这种波亦是回波的一部分。

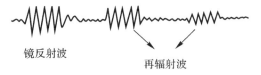

镜反射波　　　　　　　再辐射波

图 7-8　铝球对入射脉冲声波的反射回波

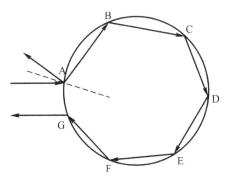

图 7-9　回音廊式回声

7.3.2　回波信号的一般特征

目标强度从声强度上描述回波的强度特征,除此之外,回波波形有一些区别于入射波形的特征,即回波是入射波与目标相互作用后产生的,因而会带有目标的一些信息,反映在回波的信号波形上与入射波有差异,常见的有多普勒频移、回波的脉冲展宽和包络的不规则(亮点分布)等等。利用这些特征,可以用于水下目标的检测与识别。

1. 多普勒频移

当声呐与目标之间存在相对运动时,声呐发射的信号和经目标反射后得到的回波信号在频率上会有一定的变化。当相互接近时,接收的信号频率会升高,当彼此远离时,接收的信号频率将降低,这种现象称为多普勒效应。由于多普勒效应的存在,所以会在回波信号中产生频移,即多普勒频移,如图 7-10 所示。

首先考虑目标运动,声呐静止的情况,如图 7-10(a) 所示。O 为目标(散射体),沿 OA 方向以 v_0 运动,S 为声呐,静止并发射频率为 $f_0 = c/\lambda$(周期为 T)的信号,此信号入射到目标处后由目标反射。尽管目标还是以 f_0 的频率反射信号,但由于目标本身在运动,在介质中所产生的信号频率和波长都将变化。从图 7-10(a) 中可以看出,目标 O 的运动使得其反射波(图 7-10(a) 中圆圈为球面波波阵面)的声中心也在沿目标运动方向移动,其波阵面产生了位移。沿着不同的方向接收这一声波,得到的波长是不同的(由于介质中声速与目标是否运动无关,恒为 c,所以接收到的声波的频率也产生了变化)。

通常声呐在目标和声呐的连线方向上接收回波信号,因此考虑沿 OS 方向上的波长变化,目标向 A 方向运动,使得原先两个相邻的同相位波阵面间的距离(即一个波长)由 $\lambda_0 = cT = c/f_0$ 变为

$$\lambda_1 = cT - v_o T = \frac{c - v_o}{f_0} = \frac{c}{f_1} \tag{7.18}$$

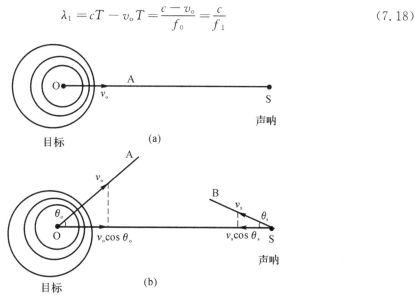

图 7 - 10　多普勒效应示意图
(a) 目标运动,声呐静止;(b) 目标和声呐同时运动

　　这种情况下声源发射信号的周期 T 没有变,只是由于目标 O 的运动使得相邻两个波阵面间的距离变了,显然波长变短了,相当于频率升高了,由原来的 f_0 变为

$$f_1 = \frac{c}{\lambda_1} = \frac{c}{c - v_o} f_0 \tag{7.19}$$

而若假设目标沿 OA 反方向运动,得到的波长变为

$$\lambda'_1 = cT + v_o T = \frac{c + v_o}{f_0} = \frac{c}{f'_1} \tag{7.20}$$

波长变长了,相当于频率降低了,由原来的 f_0 变为

$$f'_1 = \frac{c}{\lambda'_1} = \frac{c}{c + v_o} f_0 \tag{7.21}$$

　　接下来考虑目标和声呐同时运动的情况,如图 7 - 10(b) 所示。假设声呐 S 和目标 O 同时运动,声呐沿 SB 方向以 v_s 运动,声呐和目标两者连线方向上的速度分量分别为 $v_s \cos\theta_s$ 和 $v_o \cos\theta_o$。首先由于声呐 S 的运动,发射信号 f_0 的波阵面产生了位移,所以在目标 O 截获前介质中传播的信号波长变为

$$\lambda_1 = \frac{c - v_s \cos\theta_s}{f_0} \tag{7.22}$$

　　目标 O 一旦截获信号便反向散射回去,目标迎击声波,声波的波长不变,只是由于目标的运动造成接收相邻两个同相位波阵面之间的时间(即一个周期)变为

$$T_1 = \frac{\lambda_1}{c + v_o \cos\theta_o} \tag{7.23}$$

相当于目标截获声波的频率发生了变化,变为

$$f_1 = \frac{1}{T_1} = \frac{c + v_o \cos\theta_o}{\lambda_1} = \frac{c + v_o \cos\theta_o}{c - v_s \cos\theta_s} f_0 \tag{7.24}$$

接下来目标在运动中将截获到的频率为 f_1 的信号反射回去（与声呐发射信号过程相同），由于目标的运动，反射波的波长变为

$$\lambda_2 = \frac{c - v_o \cos\theta_o}{f_1} = \frac{(c - v_o \cos\theta_o)(c - v_s \cos\theta_s)}{(c + v_o \cos\theta_o) f_0} \tag{7.25}$$

最后波长为 λ_2 的反射信号由声呐接收（与目标截获声波过程相同），由于声呐的运动，声呐接收回波的频率再一次发生变化，变为

$$f_2 = \frac{c + v_s \cos\theta_s}{\lambda_2} = \frac{(c + v_o \cos\theta_o)(c + v_s \cos\theta_s)}{(c - v_o \cos\theta_o)(c - v_s \cos\theta_s)} f_0 \tag{7.26}$$

最终，声呐接收到的回波信号频率由发射信号 f_0 变为 f_2，产生了频率上的移动，即多普勒频移。

由式（7.26）可以看出，当声呐与目标相向运动时，即 θ_s 与 θ_o 小于或等于 $\pi/2$，接收的回波频率升高 $f_2 > f_0$；当声呐与目标反向运动（相互远离）时，即 θ_s 与 θ_o 大于 $\pi/2$，接收到的回波频率降低 $f_2 < f_0$。

讨论两种特殊情况下的多普勒频移。第一种情况：当 $\theta_s = \theta_o = 0$ 时，声呐与目标相向运动，式（7.26）变为

$$f_2 = \frac{(c + v_o)(c + v_s)}{(c - v_o)(c - v_s)} f_0 \tag{7.27}$$

此时由多普勒效应产生的频率差 Δf 为

$$\Delta f = f_2 - f_0 = \left[\frac{(c + v_o)(c + v_s)}{(c - v_o)(c - v_s)} - 1 \right] f_0 \tag{7.28}$$

进一步得到

$$\Delta f = f_2 - f_0 = \frac{2c(v_o + v_s)}{c^2 + v_s v_o - c(v_o + v_s)} f_0 = \frac{2(v_o + v_s)}{c + \frac{v_s v_o}{c} - (v_o + v_s)} f_0 \tag{7.29}$$

由于通常 $c \gg v_o, v_s$（v_o 与 v_s 一般为 $10 \sim 20$ m/s，最大 30 m/s，即 60 kn[①]），所以式（7.29）近似为

$$\Delta f \approx \frac{2(v_s + v_o)}{c} f_0 \tag{7.30}$$

相对频偏为

$$\frac{\Delta f}{f_0} = \frac{2(v_s + v_o)}{c} = \frac{2v}{c} \tag{7.31}$$

式中，v 为声呐 S 与目标 O 之间的相对运动速度。

第二种情况：当 $\theta_s = \theta_o = \pi$ 时，声呐与目标相互远离，则有

$$f_2 = \frac{(c - v_o)(c - v_s)}{(c + v_o)(c + v_s)} f_0 \tag{7.32}$$

相应的多普勒频移为

$$\Delta f = -\frac{2(v_s + v_o)}{c} f_0 = -\frac{2v}{c} f_0 \tag{7.33}$$

结合式（7.31）和式（7.33），多普勒频移写作

$$\Delta f = \pm \frac{2v}{c} f_0 \tag{7.34}$$

---

① 1 kn = 0.514 4 m/s。

式中,±分别表示声呐与目标以相对速度 v 接近和远离。根据式(7.34),当声呐发射信号频率 $f_0=1\text{ kHz}$,声呐与目标间相对运动速度为 $v=1\text{ kn}$ 时,声呐接收到回波的多普勒频移为 $\Delta f\approx 0.69\text{ Hz}$。利用这一结论可以很方便地在工程上计算多普勒频移。

由多普勒频移的计算公式可知,当本系统(声呐或载有声呐的舰艇、武器)的发射信号频率和航速已知时,通过测定回波的多普勒频移就可以知道目标对声呐的相对运动速度。

2. 回波展宽

由于水下目标的回波是整个目标各个部分的反射波叠加而成的,传播路径上的差异,使得回波脉冲信号是一个展宽的脉冲信号。回波展宽现象在短脉冲且近程时尤为明显。如图 7-11 所示,一个长度为 L 的目标,当脉冲宽度为 τ 的发射信号以方位角 θ 入射到目标时,回波脉冲将展宽为 $\tau+\Delta\tau$,在收发合置情况下,脉冲宽度的展宽量为

$$\Delta\tau=2\frac{L\cos\theta}{c} \tag{7.35}$$

由于信号脉冲照射到的目标表面有先后,最先和最后的部分形成回波时,即 B 点的回波要比 A 点的回波多走路径 $2L\cos\theta$(双程),因此构成了回波的展宽部分。

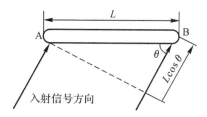

图 7-11　回波脉冲展宽

7.4　刚性球体的散射声场

除了实验测量目标强度外,还可以从理论上对目标的散射声场及其散射特性进行分析。通常水下目标可以视为一些简单形状物体的组合,如球体、圆柱体或是两者的组合。这里讨论一种最简单的目标散射问题,即刚性球体的散射问题。假设球体是刚性的意味着目标不会在入射声波的作用下发生形变,声波也不会透射到目标内部而激发出内部声场。

刚性球体对平面波的散射问题是一个理想化的简单散射例子。当目标球体为刚性体时,在入射波作用下球体表面法向振速为零,因此研究该问题时,可以将刚性球体的散射波看作是球体"再辐射"而产生的声波,球体表面上任意一点的散射波引起的法向振速 u_{sn} 等于球体不存在时,入射波在该处引起的质点法向振速分量的负值 $u_{sn}=-u_{in}$,这样就符合实际刚性球的边界条件。根据这一分析,刚性球的散射问题就成为辐射问题,其辐射的散射波为不同阶的球面波的合成,频率为入射波的频率。另一方面,将入射的单频平面波分解为许多振幅不均匀分布的同频球面声波的合成,然后使两组球面波的合成满足球面上法向振速为零的边界条件,即可求得刚性球的散射声场分布。

7.4.1　静止刚性球对平面波的散射

假设刚性球半径为 a,以球心为坐标原点,平面波的入射方向作为 z 轴建立坐标系,如图

7-12 所示。 由于入射平面波沿着 z 轴传播,所以入射声场关于 z 轴对称,进而在球面上的散射声场也关于 z 轴对称分布,故散射波声场分布与方位角 φ 无关,不妨设场点 $M(r,\theta)$ 在 xOz 平面内,如图 7-12(b) 所示。

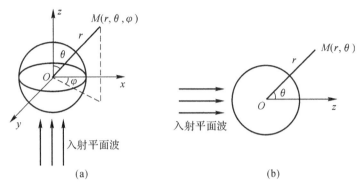

图 7-12　静止刚性球散射波
(a) 三维空间；(b) 二维平面

假设入射平面波声压函数为
$$p_i = p_0 \exp[j(\omega t - kz)] = p_0 \exp[j(\omega t - kr\cos\theta)] \qquad (7.36)$$
式中,p_0 为入射波声压幅值。为了推导方便,仅考虑空间部分,即 $p_i = p_0 \exp(-jkr\cos\theta)$。由于散射波关于 z 轴对称,所以散射波声压为 $p_s(r,\theta)$,它满足球坐标系下的波动方程
$$\frac{1}{r^2}\frac{\partial}{\partial r}\left[r^2\frac{\partial p_s(r,\theta)}{\partial r}\right] + \frac{1}{r^2\sin\theta}\frac{\partial}{\partial\theta}\left[\sin\theta\frac{\partial p_s(r,\theta)}{\partial\theta}\right] + k^2 p_s(r,\theta) = 0 \qquad (7.37)$$
采用分离变量法求解式(7.37),令 $p_s(r,\theta) = R(r)\Theta(\theta)$,代入得到
$$\Theta(\theta)\frac{1}{r^2}\frac{d}{dr}\left[r^2\frac{dR(r)}{dr}\right] + R(r)\frac{1}{r^2\sin\theta}\frac{d}{d\theta}\left[\sin\theta\frac{d\Theta(\theta)}{d\theta}\right] + k^2 R(r)\Theta(\theta) = 0 \qquad (7.38)$$
整理后得到
$$\frac{1}{R(r)}\frac{d}{dr}\left[r^2\frac{dR(r)}{dr}\right] + k^2 r^2 = -\frac{1}{\Theta(\theta)\sin\theta}\frac{d}{d\theta}\left[\sin\theta\frac{d\Theta(\theta)}{d\theta}\right] \qquad (7.39)$$

等号左边只与 r 有关,右边只与 θ 有关,因此两者只有都是常数时才能恒等,令此常数为 $m(m+1)$,m 为非负整数,因此得到
$$\frac{1}{R}\frac{d}{dr}\left(r^2\frac{dR}{dr}\right) + k^2 r^2 - m(m+1) = 0 \qquad (7.40)$$
$$\frac{1}{\Theta\sin\theta}\frac{d}{d\theta}\left(\sin\theta\frac{d\Theta}{d\theta}\right) + m(m+1) = 0 \qquad (7.41)$$

首先求解式(7.41)给出的关于 θ 的方程。对自变量作代换,以 $\mu = \cos\theta$ 为自变量,由于 $0 \leqslant \theta \leqslant \pi$,则 $d\mu = -\sin\theta d\theta$,且 $-1 \leqslant \mu \leqslant 1$,并有
$$\frac{d\Theta(\theta)}{d\theta} = \frac{d\Theta(\theta)}{d\mu}\frac{d\mu}{d\theta} = -\sin\theta\frac{d\Theta(\theta)}{d\mu} \qquad (7.42)$$
$$\frac{d^2\Theta(\theta)}{d\theta^2} = -\cos\theta\frac{d\Theta(\theta)}{d\mu} + \sin^2\theta\frac{d^2\Theta(\theta)}{d\mu^2} \qquad (7.43)$$

代入式(7.41)并整理得到

$$(1 - \mu^2)\frac{\mathrm{d}^2\Theta}{\mathrm{d}\mu^2} - 2\mu\frac{\mathrm{d}\Theta}{\mathrm{d}\mu} + m(m+1)\Theta = 0 \tag{7.44}$$

很显然,这就是著名的勒让德(Legendre)方程,其解为

$$\Theta(\theta) = a'_m P_m(\mu), \quad m = 0,1,2,\cdots \tag{7.45}$$

式中,a_m 为待定常数,

$$P_m(\mu) = \frac{1}{2^m m!}\frac{\mathrm{d}^m}{\mathrm{d}\mu^m}(\mu^2 - 1)^m$$

称为勒让德函数(也称为 m 阶勒让德多项式或第一类勒让德函数)。

其次求解式(7.40)给出的关于 r 的方程。式(7.40)化简为

$$\frac{\mathrm{d}^2 R(r)}{\mathrm{d}r^2} + \frac{2}{r}\frac{\mathrm{d}R(r)}{\mathrm{d}r} + \left[k^2 - \frac{m(m+1)}{r^2}\right]R(r) = 0 \tag{7.46}$$

令

$$R(r) = \frac{V(r)}{\sqrt{r}} \tag{7.47}$$

则有

$$\left.\begin{aligned}\frac{\mathrm{d}R(r)}{\mathrm{d}r} &= \frac{1}{\sqrt{r}}\frac{\mathrm{d}V(r)}{\mathrm{d}r} - \frac{V(r)}{2r\sqrt{r}}\\\frac{\mathrm{d}^2 R(r)}{\mathrm{d}r^2} &= \frac{1}{\sqrt{r}}\frac{\mathrm{d}^2 V(r)}{\mathrm{d}r^2} - \frac{1}{r\sqrt{r}}\frac{\mathrm{d}V(r)}{\mathrm{d}r} + \frac{3}{4r^2\sqrt{r}}V(r)\end{aligned}\right\} \tag{7.48}$$

代入式(7.46)后,得到

$$\frac{\mathrm{d}^2 V(r)}{\mathrm{d}r^2} + \frac{1}{r}\frac{\mathrm{d}V(r)}{\mathrm{d}r} + \left[k^2 - \frac{\left(m+\frac{1}{2}\right)^2}{r^2}\right]V(r) = 0 \tag{7.49}$$

式(7.49)为以自变量为 kr 作变量代换后的半整数 $m+\frac{1}{2}$ 阶贝塞尔方程,其解为 $m+\frac{1}{2}$ 阶贝塞尔函数 $J_{m+\frac{1}{2}}$ 与纽曼函数 $N_{m+\frac{1}{2}}$ 的线性组合,即

$$V(r) = A'_m J_{m+\frac{1}{2}}(kr) + B'_m N_{m+\frac{1}{2}}(kr) \tag{7.50}$$

式中,A'_m 与 B'_m 为待定常数。将式(7.50)代入式(7.47),得到 $R(r)$ 的解为

$$R(r) = A''_m j_m(kr) + B''_m n_m(kr) \tag{7.51}$$

式中,A''_m 与 B''_m 为待定常数,则

$$j_m(kr) = \sqrt{\frac{\pi}{2kr}}J_{m+\frac{1}{2}}(kr) \tag{7.52}$$

为 m 阶球贝塞尔函数,

$$n_m(kr) = \sqrt{\frac{\pi}{2kr}}N_{m+\frac{1}{2}}(kr) \tag{7.53}$$

为 m 阶球纽曼函数。

贝塞尔函数和纽曼函数为实函数,还可以将解写成复数解的形式,即

$$R(r) = C_m h_m^{(1)}(kr) + D_m h_m^{(2)}(kr) \tag{7.54}$$

式中,C_m 与 D_m 为待定常数,且

$$h_m^{(1)}(kr) = j_m(kr) + \mathrm{i}n_m(kr) \tag{7.55}$$

为第一类 m 阶球汉克尔函数,

$$h_m^{(2)}(kr) = j_m(kr) - \mathrm{i}n_m(kr) \tag{7.56}$$

为第二类 m 阶球汉克尔函数,其中 i 为虚数单位。

根据球汉克尔函数在远场的渐近表达式

$$\left. \begin{array}{l} \lim\limits_{r \to \infty} h_m^{(1)}(kr) = \dfrac{1}{kr} \mathrm{e}^{\mathrm{j}(kr - \frac{m+1}{2}\pi)} \\[3mm] \lim\limits_{r \to \infty} h_m^{(2)}(kr) = \dfrac{1}{kr} \mathrm{e}^{-\mathrm{j}(kr - \frac{m+1}{2}\pi)} \end{array} \right\} \tag{7.57}$$

可以看出,$h_m^{(1)}(kr)$ 与 $h_m^{(2)}(kr)$ 分别代表向球心会聚和向外发射的波。这里只讨论无界空间的情况,因此没有反向波,只有正向波 $h_m^{(2)}(kr)$ 一项。

至此,得到式(7.40)和式(7.41)的最终解,有

$$\left. \begin{array}{l} R(r) = D_m h_m^{(2)}(kr) \\[2mm] \Theta(\theta) = a'_m P_m(\cos\theta) \end{array} \right\}, \quad m = 0,1,2,\cdots \tag{7.58}$$

它们构成了散射声场的 m 阶特解,即

$$p_{sm}(r,\theta) = R(r)\Theta(\theta) = a_m P_m(\cos\theta) h_m^{(2)}(kr), \quad m = 0,1,2,\cdots \tag{7.59}$$

式中,a_m 为定解常数,由边界条件确定。

散射声场的通解就是所有特解的线性组合,有

$$p_s(r,\theta,t) = \sum_{m=0}^{\infty} a_m P_m(\cos\theta) h_m^{(2)}(kr) \exp(\mathrm{j}\omega t) \tag{7.60}$$

散射声场应满足边界条件:在球面 $r = a$ 上,入射波与散射波的合成声场的法向振速为零,即

$$(u_{sn} + u_{in})\big|_{r=a} = 0 \tag{7.61}$$

法向振速 $u_n = u(r)$ 与声压函数的关系为

$$u(r) = \frac{\mathrm{j}}{\omega\rho} \frac{\partial p(r)}{\partial r} \tag{7.62}$$

则有

$$(u_{sn} + u_{in})\big|_{r=a} = \frac{\mathrm{j}}{\rho\omega} \frac{\partial}{\partial r} [p_i(r,\theta) + p_s(r,\theta)] \big|_{r=a} = 0 \tag{7.63}$$

式中,$p_i(r,\theta) = p_0 \exp(-\mathrm{j}kr\cos\theta)$ 是入射平面波声压函数。为了便于代入边界条件中求解系数,将入射平面波表示为与散射波形式相同的勒让德函数和球贝塞尔函数的级数形式,即

$$p_i(r,\theta) = p_0 \exp(-\mathrm{j}kr\cos\theta) \Leftrightarrow p_s(r,\theta) = \sum_{m=0}^{\infty} a_m P_m(\cos\theta) h_m^{(2)}(kr) \tag{7.64}$$

为此,将 $p_i(r,\theta)$ 展成勒让德多项式的级数。令 $\exp(-\mathrm{j}kr\cos\theta) = \sum\limits_{m=0}^{\infty} b_m P_m(\cos\theta)$,即

$$\exp(-\mathrm{j}kr\mu) = \sum_{m=0}^{\infty} b_m P_m(\mu), \quad -1 \leqslant \mu \leqslant 1 \tag{7.65}$$

利用勒让德函数的正交特性,有

$$\int_{-1}^{1} P_k(\mu) P_m(\mu) \mathrm{d}\mu = \begin{cases} 0, & k \neq m \\[2mm] \dfrac{2}{2m+1}, & k = m \end{cases} \tag{7.66}$$

对式(7.65)两端同乘以 $P_k(\mu)$ 并在 $(-1,1)$ 上积分,得到

$$b_m = \frac{2m+1}{2} \int_{-1}^{1} P_m(\mu) \exp(-jkr\mu) \, d\mu \qquad (7.67)$$

根据球贝塞尔函数的性质,可以证明

$$\int_{-1}^{1} P_m(\mu) \exp(-ikr\mu) \, d\mu = 2 (-i)^m j_m(kr) \qquad (7.68)$$

于是

$$b_m = (2m+1)(-i)^m j_m(kr) \qquad (7.69)$$

则有

$$\exp(-ikr\cos\theta) = \sum_{m=0}^{\infty} b_m P_m(\cos\theta) = \sum_{m=0}^{\infty} (-i)^m (2m+1) P_m(\cos\theta) j_m(kr) \qquad (7.70)$$

因此将入射平面波展开为勒让德函数和球贝塞尔函数的级数形式

$$p_i(r,\theta) = p_0 \sum_{m=0}^{\infty} (-i)^m (2m+1) P_m(\cos\theta) j_m(kr) \qquad (7.71)$$

即将入射平面波(单频)变成无穷多个不同振幅、不同阶和同频率的球面波分量的叠加。将入射平面波展开后,根据边界条件(7.63),即

$$-\frac{\partial}{\partial r} p_i(r,\theta) \Big|_{r=a} = \frac{\partial}{\partial r} p_s(r,\theta) \Big|_{r=a} \qquad (7.72)$$

确定 $p_s(r,\theta)$ 表达式中的系数 a_m,则有

$$-p_0 \sum_{m=0}^{\infty} (-i)^m (2m+1) P_m(\cos\theta) \frac{d}{d(kr)} [j_m(kr)] \Big|_{r=a} = \sum_{m=0}^{\infty} a_m P_m(\cos\theta) \frac{d}{d(kr)} [h_m^{(2)}(kr)] \Big|_{r=a} \qquad (7.73)$$

得到

$$a_m = -[(-i)^m (2m+1)] \frac{\dfrac{d}{d(ka)} [j_m(ka)]}{\dfrac{d}{d(ka)} [h_m^{(2)}(ka)]} p_0 \qquad (7.74)$$

最后,刚性球散射声场的表示式为

$$p_s(r,\theta,t) = -p_0 \exp(i\omega t) \sum_{m=0}^{\infty} \left[(-i)^m (2m+1) \frac{\dfrac{dj_m(ka)}{d(ka)}}{\dfrac{dh_m^{(2)}(ka)}{d(ka)}} \right] P_m(\cos\theta) h_m^{(2)}(kr) \qquad (7.75)$$

可以看出,散射波为各阶轴对称(关于 z 轴)的球面波叠加,其声压幅值与入射波声压幅值成正比。通常更为关心散射声场的远场特性,为此,将球汉克尔函数的渐近表示式

$$h_m^{(2)}(kr) = \frac{1}{kr} \exp\left[-i\left(kr - \frac{m+1}{2}\pi \right) \right], \quad kr \gg 1 \qquad (7.76)$$

代入式(7.75),得到远场条件下的散射声场

$$p_s(r,\theta,t) = -p_0 \frac{\exp[i(\omega t - kr)]}{kr} \sum_{m=0}^{\infty} \left[(-i)^m (2m+1) \frac{\dfrac{dj_m(ka)}{d(ka)}}{\dfrac{dh_m^{(2)}(ka)}{d(ka)}} \right] P_m(\cos\theta) \exp\left(i\frac{m+1}{2}\pi \right)$$

$$\qquad (7.77)$$

记

$$
\left.
\begin{aligned}
B_m &= (-\mathrm{i})^m (2m+1) \frac{\dfrac{\mathrm{d}}{\mathrm{d}(ka)}[j_m(ka)]}{\dfrac{\mathrm{d}}{\mathrm{d}(ka)}[h_m^{(2)}(ka)]} \\
D(\theta) &= \frac{1}{ka} \sum_{m=0}^{\infty} B_m P_m(\cos\theta) \exp\left(\mathrm{i}\frac{m+1}{2}\pi\right)
\end{aligned}
\right\}
\tag{7.78}
$$

则远场散射声压函数简化为

$$
\begin{aligned}
p_s(r,\theta,t) &= -\frac{a}{r} p_0 \exp[\mathrm{i}(\omega t - kr)] \frac{1}{ka} \sum_{m=0}^{\infty} B_m P_m(\cos\theta) \exp\left(\mathrm{i}\frac{m+1}{2}\pi\right) = \\
&\quad -\frac{ap_0}{r} D(\theta) \exp[\mathrm{i}(\omega t - kr)]
\end{aligned}
\tag{7.79}
$$

式中,$D(\theta)$ 为散射声场的指向性函数。

由式(7.79),根据 $u(r,\theta,t) = -\dfrac{1}{\mathrm{i}\omega\rho} \nabla p_s(r,\theta,t)$ 可以确定声场中的质点振速。

沿 r 方向的径向振速为

$$
u_{sr}(r,\theta,t) = -\frac{1}{\mathrm{i}\omega\rho} \frac{\partial p_s(r,\theta,t)}{\partial r} = \frac{p_0 a}{\mathrm{i}\omega\rho}\left(-\frac{1+\mathrm{i}kr}{r^2}\right) D(\theta) \exp[\mathrm{i}(\omega t - kr)]
\tag{7.80}
$$

远场条件($kr \gg 1$)下为

$$
u_{sr}(r,\theta,t) = -\frac{p_0 a}{\rho c} \frac{D(\theta)}{r} \exp[\mathrm{i}(\omega t - kr)] = \frac{1}{\rho c} p_s(r,\theta,t)
\tag{7.81}
$$

沿 θ 方向的切向振速为

$$
\begin{aligned}
u_{s\theta}(r,\theta,t) &= -\frac{1}{\mathrm{i}\omega\rho}\left[\frac{1}{r}\frac{\partial p_s(r,\theta,t)}{\partial\theta}\right] = \\
&\quad (-\mathrm{i})\frac{p_0}{\rho c} \frac{\exp[\mathrm{i}(\omega t - kr)]}{(kr)^2} \sum_{m=0}^{\infty} B_m \exp\left(\mathrm{i}\frac{m+1}{2}\pi\right) \frac{\mathrm{d}P_m(\cos\theta)}{\mathrm{d}\theta}
\end{aligned}
\tag{7.82}
$$

可以看出,在远场条件下有 $u_{s\theta}(r,\theta) \ll u_{sr}(r,\theta)$,即径向振速的幅值大得多。因此在远场中,质点主要沿径向振动且与声压同相位,沿切向振速很小且与声压有 $\pi/2$ 的相位差,因此球的散射能量完全由径向振速决定并且沿着径向传播。

刚性球体在平面波入射激励下远场散射波声强为

$$
I_s(r,\theta) = \frac{p_{se}^2}{\rho c} = \frac{1}{2\rho c} |p_s|^2
\tag{7.83}
$$

式中,p_{se} 为散射波的有效声压。将式(7.79)代入,得到

$$
I_s(r,\theta) = \frac{p_0^2}{2\rho c} \frac{a^2}{r^2} |D(\theta)|^2 = I_i \frac{a^2}{r^2} |D(\theta)|^2
\tag{7.84}
$$

式中,$I_i = \dfrac{p_0^2}{2\rho c}$ 为入射波声强。

图 7-13 给出了散射波声强指向性函数随 ka 变化的曲线。可以看出,如果刚性球的半径为 $15 \sim 16$ cm,在水中取 $ka = 1$ 时(相当于 $f = 1.5$ kHz),此时的前向散射较为均匀,背向散射

很弱。随着频率的增高,即 ka 的增大,背向散射逐渐增强。

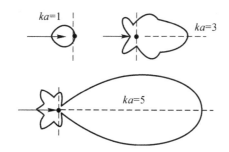

图 7 - 13 散射波声强指向性随 ka 变化曲线

7.4.2 静止刚性微小粒子对平面波的散射

在得到刚性球体的散射声场后,可以进一步对微小粒子的散射声场进行讨论。微小粒子的散射声场是在刚性球体散射声场中取 $a \ll \lambda$ 或 $ka \ll 1$,即粒子半径较小或视为球体的低频散射情况。可以证明,在此条件下式(7.78)中的 B_m 值随 m 的增大而减小,因此微粒子的散射声场可以只取式(7.79)中的前两项作为近似解,即

$$p_s(r,\theta) = -p_0 \frac{\exp[i(\omega t - kr)]}{kr} \left[B_0 \exp\left(i\frac{\pi}{2}\right) P_0(\cos\theta) + B_1 \exp(i\pi) P_1(\cos\theta) \right] =$$
$$-\frac{p_0 \exp[i(\omega t - kr)]}{kr} \frac{(ka)^3}{3}\left(1 - \frac{3}{2}\cos\theta\right) \tag{7.85}$$

相应的声强为

$$I_s(r,\theta) = \frac{|p_s(r,\theta)|^2}{2\rho c} = \frac{I_i}{r^2} \frac{k^4 a^6}{9}\left(1 - \frac{3}{2}\cos\theta\right)^2 \tag{7.86}$$

可以看出,在入射波方向 $\theta = 0$ 与其反方向 $\theta = \pi$ 上的散射声强之比为 $1/25$,其中在入射波反方向上的散射声强最大。散射波强度与入射波波长的四次方成反比,即与频率的四次方成正比,因此高频声波的散射强。

进一步得到微小粒子的目标强度。根据 TS 的定义,对 $I_s(r,\theta)$ 取 $r = 1$ m 和 $\theta = \pi$ 即可得到

$$\text{TS} = 10\lg\left(\frac{25}{36}k^4 a^6\right) \tag{7.87}$$

注意到微小粒子的体积 $V = \frac{4}{3}\pi a^3$,则有

$$\text{TS} = 10\lg\left(\frac{25}{36}k^4 a^6\right) = 10\lg\left[\frac{25\pi^2}{4\lambda^4}\left(\frac{16}{9}\pi^2 a^6\right)\right] = 10\lg\left(61.7\frac{V^2}{\lambda^4}\right) \tag{7.88}$$

这与表 7 - 2 中给出的小球目标强度相等。

从微小粒子的散射特性可见,其散射声场具有明显的方向性,同时散射波声强还与入射波的频率密切相关。这种依赖于入射波频率的散射现象最早由瑞利在光学散射理论中提出,并以此解释了天空呈现蓝色的原因:对于晴朗的天空,尤其是雨过天晴或空气质量优的时候,由于空气中较粗微粒较少,主要是大气分子密度起伏所引起的分子散射,而可见光中波长较短的蓝光较其他波长光的散射更强,因此晴朗的天空呈现蓝色。

7.4.3　海水中气泡的散射

除了刚性物体的散射问题,这里再讨论一下海水中气泡的散射。由于海面混响特性与水中气泡的声学特性有关,因此这一部分内容实际上与海面混响有关,但在讲述混响问题时不用去刻意关心气泡的散射特性,因此为了内容完整,把海水中气泡的散射问题放在声波的散射这一节中一并介绍。

气泡是声波在海水中传播时最重要的散射元之一,特别是海面层对声波的散射是产生海面混响的重要来源。由于波浪搅拌和舰船的航行,在靠近海面附近往往有大量的气泡产生,此外还有海洋生物也会产生气泡。气泡分布在不同的深度上,直径较小的可以存在于较深处,直径较大的则浮于海面附近,其直径为 $0.1 \sim 1 \ \mathrm{mm}$ 数量级。气泡除了对声波有散射作用外,还有明显的吸收现象,构成了声波传播的衰减作用。这里主要讨论气泡的散射作用,并且仅介绍气泡的谐振频率和散射功率这两个特性。

正如上述,气泡受到入射声波作用后将产生两个物理过程。第一,成为一个脉动弹性体,由入射声波吸收能量后以脉动辐射方式散射,构成了气泡的散射过程。第二为吸收过程,气泡在受迫振动时有热传导存在,以及黏滞作用,组成了气泡对入射波能量的吸收。

图 7-14 给出了气泡散射时机械振动的类比电路。在脉动弹性体模型中,其谐振方式可以用图 $7-14$ 近似描述。图中,$F = P_0 S$ 为作用于整个气泡的压力,$S = 4\pi a^2$ 为气泡表面积,a 为气泡半径。

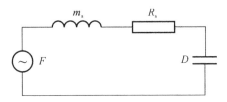

图 7-14　气泡散射的类比电路

由于气泡半径非常小,认为 $ka \ll 1$,所以受迫振动时可以视为低频脉动球源,由脉动球源声辐射可知,气泡作机械振动时的等效机械阻为 $R_s = \rho c S \ (ka)^2$,共振质量(感抗)为 $m_s \approx \rho c S \dfrac{ka}{\omega}$,其中,$\rho, c, k$ 对应的都是水中参数。此外,气泡作机械振动时的等效弹性系数为 $D = \dfrac{\gamma P_0 S^2}{V}$,相应的 $\dfrac{1}{D}$ 称为等效柔性系数(容抗),其中,γ 为气泡中气体的定压比热与定容比热之比,$V = \dfrac{4}{3}\pi a^3$ 为气泡体积。

由气泡散射的类比电路,可以得到气泡在力 F 作用下受迫振动时的等效机械阻抗

$$Z_\mathrm{m} = R_s + \mathrm{j}\left(\omega m_s - \frac{D}{\omega}\right) = \rho c S \ (ka)^2 + \mathrm{j}\left(\rho c Ska - \frac{\gamma P_0 S^2}{\omega V}\right) \tag{7.89}$$

即

$$Z_\mathrm{m} = \rho c Ska\left[ka + \mathrm{j}\left(1 - \frac{3\gamma P_0}{\rho \omega^2 a^2}\right)\right] \tag{7.90}$$

令式(7.90)的虚部(机械抗)为零,得到气泡的谐振频率

$$f_0 = \frac{1}{2\pi a}\sqrt{\frac{3\gamma P_0}{\rho}} \tag{7.91}$$

对水中气泡,取 $\rho = 1\,000\ \text{kg/m}^3$,气泡中空气的比热比 $\gamma = 1.41$,假设气泡接近水面附近,则在 $P_0 = 1$ 为 1 个标准大气压,于是有

$$f_0 = \frac{0.33}{a}\ \text{kHz} \tag{7.92}$$

式中,a 的单位为 cm。当半径在 $0.1 \sim 1$ mm 数量级范围内的气泡,对应的谐振频率在 $3.3 \sim 33$ kHz 范围内时,而声呐的工作频率恰好在这一频段内,因此半径在 $0.1 \sim 1$ mm 数量级范围内的气泡对声呐的工作产生较大影响,起到声散射、声屏蔽等作用。

将谐振频率式(7.91)代入式(7.90),气泡的等效机械阻抗也可写作

$$Z_\text{m} = \rho c S k a\left[ka + j\left(1 - \frac{f_0^2}{f^2}\right)\right] \tag{7.93}$$

式中,f 为入射波频率。

气泡的散射功率可以用机械谐振功率来描述,即消耗在 R_s 上的功率为

$$W_\text{s} = \frac{1}{2}u_\text{s}^2 R_\text{s} = \frac{1}{2}\frac{F^2}{|Z_\text{m}|^2}R_\text{s} \tag{7.94}$$

则得到

$$W_\text{s} = \frac{4\pi a^2 I_\text{i}}{(ka)^2 + \left(1 - \dfrac{f_0^2}{f^2}\right)^2} \tag{7.95}$$

式中,$I_\text{i} = \dfrac{P_0^2}{2\rho c}$ 是入射波声强。

习　　题

1. 声呐系统发射脉冲宽度 $\tau = 50$ ms、工作频率 $f_0 = 25$ kHz 的信号,探测到一水下目标(估计长度为 80 m)后,回波信号的频率变为 25.2 kHz,脉冲宽度变为 76 ms。试求:声呐系统与目标如何相对运动,以及相对运动速度 V、目标长度方向相对于声呐的方位角 θ。

2. 一被动声呐系统的工作频率在 30 kHz 附近,要求能够在静止状态下探测到辐射信号在此频段、相对速度小于 25 m/s 的运动目标。那么,此声呐系统的工作带宽至少应为多少?如果声呐系统的接收机由 10 个带宽相同的滤波器并联构成,在频率最低的两个滤波器中检测出目标,该目标的运动速度应当在什么范围内?

第8章 海洋混响和水下噪声

声波在海洋中传播,由于海洋介质及其界面的不均匀性,会对入射声波有一定的散射,这些散射波返回到声呐接收端叠加起来就形成了混响。与噪声类似,混响会掩蔽目标回波,降低主动声呐的检测性能,因此混响是一种干扰,而且混响由发射信号引起,与发射信号特性有关,因此它是主动声呐所特有的一种干扰。由于引起散射的散射体具有随机性,混响是一个随机过程。除此之外,声呐工作时会在噪声背景下进行,因此为了提高声呐探测能力或隐蔽自己,水下噪声特性也是需要研究的重要内容。本章主要首先讨论混响的基本概念,混响级,以及混响的统计特性分析,其次讨论水下噪声的特性。

8.1 海洋混响的基本概念

8.1.1 混响及其分类

海洋环境中存在着各种各样的散射体,这些散射体构成了海洋的不均匀性,当入射声波传播至这些不均匀处时,就会发生散射,这种散射是混响产生的根本原因。图8-1给出了由爆炸声源深水爆炸后所产生的混响波形,由置于海面附近的水听器所接收。可以看出,由于水听器临近海面,紧接着爆炸直达波之后的是由海面反射产生的混响,之后是由海洋内部散射体所产生的体积混响,最后是一串由海面海底多次反射产生的混响。

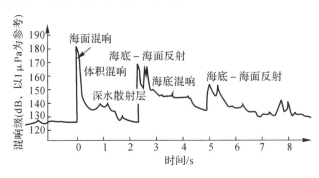

图8-1 爆炸声所产生的混响波形

混响的散射体特性和分布的位置不同,对入射声波的散射作用就不同,因此产生的混响也具有不同的特性。在分析混响特性时,一般根据散射体位置将混响分为三类:体积混响、海面混响和海底混响。

（1）体积混响。它由存在于海水介质体积空间内的非均匀体产生,包括由温度、盐度、密度等引起的不均匀水团、微粒子等杂质、气泡和海洋浮游生物等。

（2）海面混响。它由不平整的海面及其附近的非均匀体所构成的散射层产生,包括海面波浪和海面大量气泡构成的气泡层等。

（3）海底混响。它由海底本身粗糙起伏表面,以及海底附近的散射体,包括沉底物、海底生物及其产生的气泡所构成的散射层产生。

由于海面混响和海底混响的散射体分布在二维平面上,所以也称为界面混响。

虽然按照散射体类型将混响分为三种类型,但在实际情况中,这三类混响有可能同时产生,也可能只产生其中一两种,具体分析时要视声呐的使用环境,比如发射和接收位置、海区深度和声速梯度等,根据声线走向和传播时间分析之后判断出混响类型,而且视不同情况,某类混响占主要部分。

对混响的理论分析,为了简化计算,对混响模型作如下基本假设:

（1）声波沿直线传播,入射波和散射波按球面波规律计算扩展损失,可以考虑海水介质的吸收损失,其他能量衰减因素不予考虑;

（2）任意时刻散射体的分布是随机均匀的,且数量很多,并且足够小的散射体体积元或面积元中散射体的密度是足够大的;

（3）不考虑二次及其以上的多次散射效应,即散射波的再次散射不考虑;

（4）发射信号的脉冲宽度 τ 很短,而观测混响的时间足够大,$t \gg \tau$,这样可以忽略面散射元和体散射元尺度范围内的传播效应。

8.1.2 散射强度

由于混响是大量无规则散射体对主动声呐发射信号产生的散射波在接收点叠加形成的随机信号,而产生散射波的散射体的散射能力是影响混响能量的重要因素,所以有必要对散射体的声散射特性进行研究。与反映目标反射特性的目标强度相类似,引入散射系数和散射强度这两个参数来描述散射体的散射特性。不同之处在于,对于海洋混响散射体的研究,并不考虑单个散射体的散射特性,而考虑一定体积或面积内的散射体群体总的散射特性。

与混响分类一样,根据散射体位置的分布,将散射系数分为体积散射系数和界面散射系数,相应的有体积散射强度和界面散射强度。

1. 体积散射系数及其对应的体积散射强度

如图 8-2 所示,散射体分布在介质空间内,取单位体积 ΔV 的散射体,由某方向入射到该散射体处入射声波声强为 I_i,散射体 ΔV 对该入射声强产生散射,假设单位体积散射体 ΔV 内总的散射声功率为 W_{sv}。

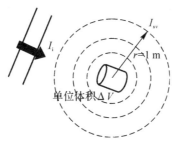

图 8-2 单位体积 ΔV 散射体的散射过程

体积散射系数 k_v 定义为单位体积内散射体总的散射声功率与该单位体积元散射中心处的入射声强的比值,即

$$k_v = \frac{W_{sv}}{I_i} \qquad (8.1)$$

式中,体积散射系数 k_v 的单位为 m^{-1}。

对于单位体积元,其总的散射声功率会从散射中心以球面波形式将散射声功率均匀地再辐射出去。取距散射中心 1 m 处为参考位置,则单位距离上的散射波声强(平均值)为 I_{sv},且有

$$I_{sv} = \left.\frac{W_{sv}}{4\pi r^2}\right|_{r=1\,m} = \frac{W_{sv}}{4\pi} = \frac{k_v I_i}{4\pi} \qquad (8.2)$$

体积散射强度 S_v 定义为距单位体积元的散射中心 1 m 处的散射声强与入射声强比值的分贝数,即

$$S_v = 10\lg \frac{I_{sv}}{I_i} \qquad (8.3)$$

很容易看出,体积散射强度与体积散射系数之间的关系为

$$S_v = 10\lg \frac{I_{sv}}{I_i} = 10\lg \frac{k_v}{4\pi} \qquad (8.4)$$

2. 界面散射系数及其对应的界面散射强度

如图 8-3 所示,散射体分布在平面上,与体积散射系数类似,取单位面积内的散射体,则单位面积散射体内总的散射声功率为 W_{ss}。

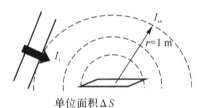

单位面积 ΔS

图 8-3 单位面积 ΔS 散射体的散射过程

界面散射系数 k_s 定义为单位面积内散射体总的散射声功率和该单位面积元散射中心处的入射波声强的比值,有

$$k_s = \frac{W_{ss}}{I_i} \qquad (8.5)$$

式中,界面散射系数 k_s 无量纲。

对于单位面积元,其总的散射声功率会在界面以上的半空间以球面波方式将散射声功率均匀地再辐射出去,此时距散射中心 1 m 处的散射波声强(平均值)为 I_{ss},且有

$$I_{ss} = \left.\frac{W_{ss}}{2\pi r^2}\right|_{r=1\,m} = \frac{W_{ss}}{2\pi} = \frac{k_s I_i}{2\pi} \qquad (8.6)$$

界面散射强度 S_s 定义为距单位面积元的散射中心 1 m 处的散射声强与入射声强的比值的分贝数,有

$$S_s = 10\lg \frac{I_{ss}}{I_i} \qquad (8.7)$$

界面散射强度与界面散射系数的关系为

$$S_s = 10 \lg \frac{I_{ss}}{I_i} = 10 \lg \frac{k_s}{2\pi} \tag{8.8}$$

散射系数和散射强度都是描述混响特性的重要参数。在分析混响时,要先判断是空间散射体还是平面散射体形成的散射,再具体分析出散射系数及其对应的散射强度,从而得到所研究的混响的特性。

8.1.3　等效平面波混响级

在混响背景下,声呐在接收目标回波信号的同时也接收到了混响干扰,类似于回波信号级的定义,可以给出声呐接收到的混响能量表示,即混响级。不同于噪声,混响并不是平稳信号,而且不再是各向同性,因此需考虑用平面波声强等效混响声强,即等效平面波混响级,定义为有一轴向声强为 I_r 的入射平面波,若该平面波在接收端产生的输出响应与观测的混响在接收端的输出响应相等,则令该平面波声强等于混响声强,相应的该平面波声强级即为等效平面波混响级,有

$$RL = 10 \lg \frac{I_r}{I_{ref}} \tag{8.9}$$

8.1.4　对混响有贡献的散射体区域

要明确的是,并不是所有散射体的散射波都能在同一时刻到达声呐接收端叠加形成混响。声呐发射脉冲信号后,经海洋环境中的散射体散射后,由于散射体分布位置不同,所以到达接收端的时间也不同。若考虑发射信号结束后的某一时刻 t,只有一部分的散射体形成的散射波在 t 时刻叠加形成混响在此时刻的值。因此在讨论混响级的计算之前,有必要明确在 t 时刻对混响的形成有贡献的散射体区域,这对于混响强度的计算至关重要。

假设收发合置的主动声呐发射脉冲宽度为 τ 的脉冲信号,按球面扩展考虑,这样一个时间宽度为 τ 的脉冲信号在海洋介质的自由空间中传播,会在空间上形成一个厚度为 $c\tau$ 的球壳形状的信号层,如图 8-4(a) 所示。该球壳信号层以声速 c 由声呐发射端向远处传播,信号层一旦遇到散射体,则产生散射波,并一部分散射回声呐接收端,然后信号层继续向前推进。

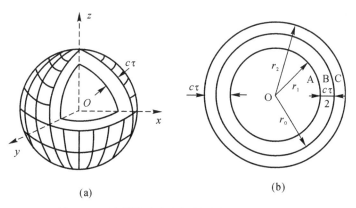

图 8-4　发射脉冲在空间所形成的球壳信号层

(a) 球壳信号层；(b) 二维切面

由于收发合置主动声呐具有在同一点发射与接收两个过程,因此对于 t 时刻的混响形成,先考虑发射信号结束后的 $t/2$ 时刻的情况,如图 8-4(b) 所示。图中,O 点为主动声呐的发射点或接收点,A 点所在的内层对应发射脉冲的后沿所达到的位置,相应的有 $r_1=ct/2$,C 点所在的外层对应发射脉冲的前沿所达到的位置,相应的有 $r_2=r_1+c\tau$。在 $t/2$ 时刻,这样一个球壳信号层包围的散射体对发射脉冲进行散射,形成的散射波返回至声呐接收端 O 点处,因此 A 点所在的内层上的散射体形成的散射波会在 $t/2+t/2=t$ 时刻到达 O 点,C 点所在的外层上的散射体形成的散射波会在 $t/2+\tau+t/2=t+\tau$ 时刻到达 O 点。由于 A 点所在的内层对应的是脉冲后沿,因此,很容易知道,球壳信号层所包围的散射体形成的散射波前沿依次在 $t-\tau$ 到 $t+\tau$ 之间到达接收点 O 处。可以想象,球壳信号层中存在一处,该位置处的散射体所形成的散射波前沿恰好在 t 时刻到达接收点 O 处,比该位置远的散射波都不能在 t 时刻叠加形成混响,而此位置正是 B 点所在的中间层,相应的位置为 $r_0=r_1+c\tau/2$。可见该过程是一个信号压缩过程,一个脉冲宽度 τ 内的脉冲信号经过 A 点所在的内层和 B 点所在的中间层所包围的散射体散射后在 $t/2$ 时刻集中到 A 点所在的内层,然后一起向接收点 O 散射。

经过以上分析,对于发射脉冲宽度为 τ 的信号,在某一时刻 t 的混响有贡献的散射体区域是厚度 $c\tau/2$ 的球壳状散射层,这是体积混响的情况。相应地可以得到海面混响和海底混响的散射体区域形状:对 t 时刻海面混响有贡献的散射体区域为厚度为 $c\tau/2$,高度为 H 的球台状散射层,其中 H 为海面气泡层的厚度,而海底混响的散射体区域则为海底平面上宽度为 $c\tau/2$ 的圆环。

8.2 体 积 混 响

8.2.1 无指向性声呐的体积混响级

首先讨论收发合置主动声呐发射和接收均无指向性的情况,为了方便推导,先只考虑球面扩展引起的传播损失,最后在最终得到的混响级计算公式中再加入吸收损失。

假设声呐发射声功率为 W,发射无指向性,则按照球面扩展规律,传播到球壳散射层 r 处(内径)的入射声强为

$$I_i=\frac{W}{4\pi r^2} \tag{8.10}$$

散射层内的散射体对该入射声波 I_i 进行散射。

取散射层内的一体积元 dV,且有 $dV=r^2\sin\theta d\theta d\varphi dr$,如图 8-5 所示,则该体积元具有的散射声功率为

$$dW_s=k_v I_i dV \tag{8.11}$$

由体积散射系数定义可知,$k_v I_i$ 为单位体积内的散射声功率。将式(8.10)代入,得到

$$dW_s=\frac{Wk_v}{4\pi r^2}dV \tag{8.12}$$

该体积元将散射声功率 dW_s 以球面扩展的方式进行散射,并由声呐接收阵接收到,由于接收也无指向性,则声呐接收到的该体积元散射波声强为

$$dI_r=\frac{dW_s}{4\pi r^2}=\frac{Wk_v}{(4\pi r^2)^2}dV \tag{8.13}$$

对体积元散射声强 $\mathrm{d}I_r$ 在整个球壳散射层上的积分即是球壳散射层在声呐接收端所形成的总的散射声强,有

$$I_r = \int_V \mathrm{d}I_r = \int_V \frac{Wk_v}{(4\pi r^2)^2}\mathrm{d}V \tag{8.14}$$

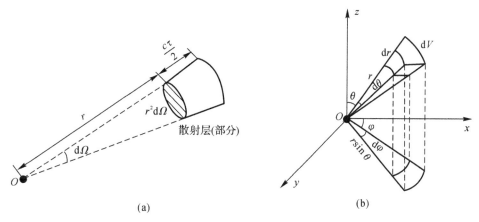

图 8-5 散射层及其体积元

(a) 散射层与声呐几何位置关系；(b) 体积元空间坐标关系

考虑到 $\mathrm{d}V = r^2\sin\theta\mathrm{d}\theta\mathrm{d}\varphi\mathrm{d}r$,并注意到积分上下限为

$$\left.\begin{array}{l} r:r \sim r+\dfrac{c\tau}{2} \\[2mm] \theta:0 \sim \pi \\[2mm] \varphi:0 \sim 2\pi \end{array}\right\} \tag{8.15}$$

则式(8.14)变为

$$I_r = \int_0^{2\pi}\mathrm{d}\varphi\int_0^{\pi}\sin\theta\mathrm{d}\theta\int_r^{r+c\tau/2}\frac{Wk_v}{(4\pi r^2)^2}r^2\mathrm{d}r \tag{8.16}$$

积分结果为

$$I_r = \frac{Wk_v}{4\pi}\int_r^{r+c\tau/2}\frac{1}{r^2}\mathrm{d}r = \frac{Wk_v}{4\pi}\left(-\frac{1}{r}\right)\Big|_r^{r+c\tau/2} \tag{8.17}$$

考虑到 $r \gg c\tau/2$,积分结果最终为

$$I_r = \frac{Wk_v}{4\pi}\frac{c\tau}{2r^2} \tag{8.18}$$

同时有 $r = ct/2$,则式(8.18)可以重写为

$$I_r = \frac{Wk_v}{2\pi c}\frac{\tau}{t^2} \tag{8.19}$$

可以看出,无指向性主动声呐发射脉宽 τ 的信号后,在时刻 t 会接收到一个声强与发射声功率 W、脉宽 τ 和体积散射系数 k_v 成正比,而与距离二次方 r^2 或时间二次方 t^2 成反比的混响信号,即体积混响强度从时间上随 t^2 规律进行衰减。

进一步,由等效平面波混响级定义,体积混响级 RL_v 为

$$\mathrm{RL}_v = 10\lg\frac{I_r}{I_{\mathrm{ref}}} = 10\lg\left(\frac{Wk_v}{4\pi r^2 I_{\mathrm{ref}}} \cdot \frac{c\tau}{2}\right) = 10\lg\left(\frac{W}{4\pi I_{\mathrm{ref}}}\frac{k_v}{4\pi}\frac{1}{r^4}\frac{c\tau}{2} \cdot 4\pi r^2\right) \tag{8.20}$$

即

$$RL_v = 10\lg \frac{W}{4\pi I_{ref}} + 10\lg \frac{k_v}{4\pi} + 10\lg \frac{1}{r^4} + 10\lg\left(\frac{c\tau}{2} \cdot 4\pi r^2\right) \tag{8.21}$$

式(8.21)中各项都可以按照惯例表示为声呐参数,即声源辐射声源级,有

$$SL = 10\lg \frac{W}{4\pi I_{ref}} \tag{8.22}$$

海区的体积散射强度为

$$S_v = 10\lg \frac{k_v}{4\pi} \tag{8.23}$$

声波的双程球面扩展衰减,则有

$$-2TL = 10\lg \frac{1}{r^4} \tag{8.24}$$

如果考虑介质吸收,则传播损失应修正为

$$TL = 20\lg r + \alpha r \times 10^{-3} \tag{8.25}$$

同时令

$$V = \frac{\tau c}{2} \times 4\pi r^2 \tag{8.26}$$

即产生这一混响的球壳体积,称为等效混响体积。

于是,体积混响级RL_v可以表示为

$$RL_v = SL + S_v - 2TL + 10\lg V \tag{8.27}$$

8.2.2　有指向性声呐的体积混响级

通常情况下主动声呐在发射与接收过程中均具有指向性,假设发射指向性函数为$D_1(\theta,\varphi)$,接收指向性函数为$D_2(\theta,\varphi)$,发射指向性的主瓣方向(即声轴方向)与x轴一致,如图8-6所示。

假设发射声源轴向声强为I_{imax},根据指向性函数的定义,入射到位于距离r,空间方位(θ,φ)的体积元处的入射声强为

$$I_i(\theta,\varphi) = D_1^2(\theta,\varphi) I_{imax} \tag{8.28}$$

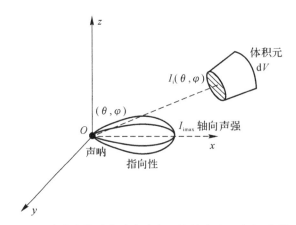

图8-6　具有指向性的主动声呐产生的混响过程示意(发射过程)

在受到 $I_i(\theta,\varphi)$ 的作用后,体积元所产生的散射声功率为

$$\mathrm{d}W_s = k_v I_i(\theta,\varphi)\,\mathrm{d}V \tag{8.29}$$

将式(8.28)代入,得到

$$\mathrm{d}W_s = k_v I_{i\max} D_1^2(\theta,\varphi)\,\mathrm{d}V \tag{8.30}$$

体积元将所产生的散射声功率以球面扩展的方式散射,并由声呐接收阵接收到,由于接收具有指向性,则声呐接收到的散射声强为

$$\mathrm{d}I_r = \frac{\mathrm{d}W_s}{4\pi r^2} D_2^2(\theta,\varphi) \tag{8.31}$$

将式(8.30)代入,得到

$$\mathrm{d}I_r = \frac{k_v I_{i\max}}{4\pi r^2} D_1^2(\theta,\varphi) D_2^2(\theta,\varphi)\,\mathrm{d}V \tag{8.32}$$

注意到

$$I_{i\max} = R_\theta \frac{W}{4\pi r^2} \tag{8.33}$$

式中,R_θ 为发射指向性因数;W 为发射声功率,因此进一步得到

$$\mathrm{d}I_r = \frac{WR_\theta k_v}{(4\pi r^2)^2} D_1^2(\theta,\varphi) D_2^2(\theta,\varphi)\,\mathrm{d}V \tag{8.34}$$

则整个球壳散射层在声呐接收端所形成的总的散射声强为

$$I_r = \int_V \mathrm{d}I_r = \int_V \frac{WR_\theta k_v}{(4\pi r^2)^2} D_1^2(\theta,\varphi) D_2^2(\theta,\varphi)\,\mathrm{d}V \tag{8.35}$$

进一步有

$$I_r = \int_0^{2\pi}\mathrm{d}\varphi\int_0^\pi \sin\theta\mathrm{d}\theta\int_r^{r+c\tau/2} \frac{WR_\theta k_v}{(4\pi r^2)^2} D_1^2(\theta,\varphi) D_2^2(\theta,\varphi) r^2\,\mathrm{d}r =$$
$$\frac{WR_\theta}{4\pi}\frac{k_v}{4\pi}\int_0^{2\pi}\mathrm{d}\varphi\int_0^\pi D_1^2(\theta,\varphi) D_2^2(\theta,\varphi)\sin\theta\mathrm{d}\theta\int_r^{r+c\tau/2}\frac{1}{r^2}\mathrm{d}r \tag{8.36}$$

则总的散射波声强为

$$I_r = \frac{WR_\theta}{4\pi}\frac{k_v}{4\pi}\frac{1}{r^4}\left[\frac{c\tau}{2}r^2\int_0^{2\pi}\mathrm{d}\varphi\int_0^\pi D_1^2(\theta,\varphi) D_2^2(\theta,\varphi)\sin\theta\mathrm{d}\theta\right] \tag{8.37}$$

于是,体积混响级 RL_v 为

$$\mathrm{RL}_v = 10\lg\frac{I_r}{I_{\mathrm{ref}}} = 10\lg\frac{WR_\theta}{4\pi I_{\mathrm{ref}}} + 10\lg\frac{k_v}{4\pi} + 10\lg\frac{1}{r^4} +$$
$$10\lg\left[\frac{c\tau}{2}r^2\int_0^{2\pi}\mathrm{d}\varphi\int_0^\pi D_1^2(\theta,\varphi) D_2^2(\theta,\varphi)\sin\theta\mathrm{d}\theta\right] \tag{8.38}$$

同样,式(8.38)中各项都可以表示为声呐参数,即

$$\mathrm{RL}_v = \mathrm{SL} + S_v - 2\mathrm{TL} + 10\lg V \tag{8.39}$$

式中

$$V = \frac{c\tau}{2}r^2\int_0^{2\pi}\mathrm{d}\varphi\int_0^\pi D_1^2(\theta,\varphi) D_2^2(\theta,\varphi)\sin\theta\mathrm{d}\theta \tag{8.40}$$

为等效混响体积。

通常式(8.40)中 $\int_0^{2\pi}\mathrm{d}\varphi\int_0^\pi D_1^2(\theta,\varphi) D_2^2(\theta,\varphi)\sin\theta\mathrm{d}\theta$ 的计算比较复杂,因此寻求一种等效方法来简化计算。引入空间立体角微元 $\mathrm{d}\Omega$,为体积元所占的空间角,如图 8-5(a)所示,且有 $\mathrm{d}\Omega =$

$\sin\theta \mathrm{d}\theta \mathrm{d}\varphi$, 因此该积分式可以写作

$$\int_0^{4\pi} D_1^2(\theta,\varphi) D_2^2(\theta,\varphi) \, \mathrm{d}\Omega = \int_0^{4\pi} b_1(\theta,\varphi) b_2(\theta,\varphi) \, \mathrm{d}\Omega \tag{8.41}$$

式中, $b_1(\theta,\varphi)=D_1^2(\theta,\varphi)$ 为功率发射指向性函数; $b_2(\theta,\varphi)=D_2^2(\theta,\varphi)$ 为功率接收指向性函数。显然, $b_1 b_2$ 为总的发射-接收双程指向性函数, 为了方便计算, 可以用一个理想的指向性函数来等效, 如图 8-7 所示。等效理想指向性函数波束宽度为 Ψ, 且有

$$b_1(\theta,\varphi) b_2(\theta,\varphi) = \begin{cases} 1, & 0 \leqslant \Omega \leqslant \Psi \\ 0, & \Psi < \Omega \leqslant 4\pi \end{cases} \tag{8.42}$$

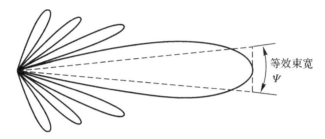

图 8-7　发射-接收双程指向性图(实线)与等效理想指向性图(虚线)

这样有

$$\int_0^{4\pi} b_1(\theta,\varphi) b_2(\theta,\varphi) \, \mathrm{d}\Omega = \Psi \tag{8.43}$$

即 $\int_0^{2\pi} \mathrm{d}\varphi \int_0^{\pi} D_1^2(\theta,\varphi) D_2^2(\theta,\varphi) \sin\theta \mathrm{d}\theta$ 最终为等效理想指向性函数的波束宽度 Ψ。于是等效混响体积就可表示为

$$V = \frac{c\tau}{2} r^2 \Psi \tag{8.44}$$

相当于混响由包含在等效束宽 Ψ 范围且体积 V 内的散射层中散射体所产生。显然, 当 $b_1(\theta,\varphi) b_2(\theta,\varphi)$ 恒为 1, 即发射接收均无指向性时, $\Psi=4\pi$, 则有

$$V = \frac{c\tau}{2} 4\pi r^2 \tag{8.45}$$

与无指向性情况下的等效混响体积公式相同。最终用式(8.39)给出的指向性声呐的混响级表达式作为结论, 它同时包含了无指向性声呐的结论。

一些简单基阵形式的等效束宽计算表达式如表 8-1 所示, 其他形状的基阵需用原始积分式进行计算, 同时表 8-1 也一并给出了界面混响用到的等效束宽。

表 8-1　简单基阵形式的等效束宽(dB 表示)

基阵形状	体积混响 $10\lg\Psi$	界面混响 $10\lg\Phi$
原始表达式	$10\lg\left[\int_0^{2\pi} \mathrm{d}\varphi \int_0^{\pi} D_1^2(\theta,\varphi) D_2^2(\theta,\varphi) \sin\theta \mathrm{d}\theta\right]$	$10\lg\left[\int_0^{2\pi} D_1^2\left(\frac{\pi}{2},\varphi\right) D_2^2\left(\frac{\pi}{2},\varphi\right) \mathrm{d}\varphi\right]$
置于无限障板中的圆形阵, 半径为 $a(a>2\lambda)$	$20\lg\left(\frac{\lambda}{2\pi a}\right) + 7.7$	$10\lg\left(\frac{\lambda}{2\pi a}\right) + 6.9$

续 表

基阵形状	体积混响 $10\lg\Psi$	界面混响 $10\lg\Phi$
置于无限障板中的矩形阵,a,b 分别为水平和垂直边长,$a,b \gg \lambda$	$10\lg\left(\dfrac{\lambda^2}{4\pi ab}\right) + 7.4$	$10\lg\left(\dfrac{\lambda}{2\pi a}\right) + 9.2$
长度为 l 的水平线阵($l > \lambda$)	$10\lg\left(\dfrac{\lambda}{2\pi l}\right) + 9.2$	$10\lg\left(\dfrac{\lambda}{2\pi l}\right) + 9.2$
无指向性(全向)	$10\lg(4\pi) = 11.0$	$10\lg(2\pi) = 8.0$

通过体积混响产生过程的分析,得到了等效平面波混响级的具体计算表达式。由混响级表达式可以得出以下结论:

(1)$RL_v \propto SL$,这说明混响是与发射信号有关的非独立干扰,当试图通过增加辐射功率来提高声呐作用距离时,也会相应地增加混响干扰。

(2)$RL_v \propto \tau$,这是显而易见的,τ 的增加导致混响散射体积的增加,从而引起混响级的提高。

(3)$RL_v \propto \Psi$,说明声呐的指向性使等效混响体积产生变化,对混响级有很大影响。

(4)$RL_v \propto S_v$,混响级随着体积散射强度的增加而增加。体积散射强度是一个随深度、频率变化的参数,其值一般在 $-70 \sim -100$ dB 之间。

8.3 海面混响和海底混响

8.3.1 海面混响级

由于海面波浪的作用以及海面本身的起伏,在海面附近形成了具有一定厚度的非均匀气泡散射层。海面混响主要是由气泡散射层所产生的。

图 8-8 给出了海面气泡散射层的侧视切面图。假设气泡层垂直厚度为 H,声呐与散射层的距离为 R。通常发射声源在垂直方向上具有一定的指向性,且在近海工作时才可能受到海面散射层的影响,因此有 $R \gg h$,这样一来,可以用水平距离 r 来近似表示,且 $r \gg h, r \gg H, r \gg c\tau/2$,如图 8-8(a)所示。在这样的几何关系下,$\theta \approx \pi/2$,因此海面气泡散射层可以近似为内径为 r,高度为 H,厚度为 $c\tau/2$ 的圆柱筒形散射层,如图 8-8(b)所示。

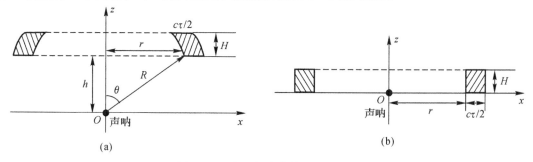

图 8-8 海面气泡散射层(侧视图)

(a)原始几何关系;(b)近似后的几何关系

可以看出,海面混响的散射体分布本质上呈体积散射的特点,只是散射层高度 H 很小,相当于在几乎很平的界面分布上,因此把海面混响归于界面混响范畴,而分析时采用类似于体积混响分析的方法,在海面散射层中取体积元 $dV = Hr\,d\varphi\,dr$,如图 8 - 9 所示。

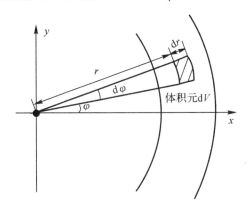

图 8 - 9   海面气泡散射层体积元(俯视图)

正如前面所述,海面散射元是一个体积散射元,理论分析所采用的散射系数为体积散射系数 k_v,但实际上海面的散射从宏观上看是界面散射,应由界面散射系数 k_s 来描述,二者之间的折算关系为

$$k_s = Hk_v \tag{8.46}$$

式中,k_v 为单位体积内的散射功率与入射声强的比值;k_s 为单位面积内的散射功率与入射声强的比值。在海面混响这种半空间散射情况下,对应的散射强度关系为

$$S_v = 10\lg \frac{k_v}{2\pi} = 10\lg \frac{k_s}{H2\pi} = 10\lg \frac{k_s}{2\pi} - 10\lg H = S_s - 10\lg H \tag{8.47}$$

或写作

$$S_s = S_v + 10\lg H \tag{8.48}$$

式中,S_v 为体积散射强度;S_s 为相应的界面散射强度。

接下来分析海面混响级,直接考虑具有指向性的声呐。与体积混响级的分析过程类似,入射到位于距离 r,空间方位 (θ,φ) 的体积元处的入射声强为

$$I_i = I_{i\max} D_1^2 \left(\frac{\pi}{2}, \varphi \right) \tag{8.49}$$

式中,$D_1(\theta,\varphi)$ 为发射指向性函数,根据近似,垂直方位为 $\theta = \pi/2$,即考虑水平面上的发射指向性 $D_1(\pi/2,\varphi)$,后面的接收指向性函数 $D_2(\theta,\varphi)$ 亦如此考虑。

体积元 dV 受 I_i 的作用后以球面扩展的方式向海面以下的半空间散射,且体积元上所产生的散射声功率为

$$dW_s = k_v I_i dV = k_v I_{i\max} D_1^2 \left(\frac{\pi}{2}, \varphi \right) dV \tag{8.50}$$

进而声呐处接收到的散射波声强为

$$dI_r = \frac{dW_s}{2\pi r^2} D_2^2 \left(\frac{\pi}{2}, \varphi \right) = \frac{k_v I_{i\max}}{2\pi r^2} D_1^2 \left(\frac{\pi}{2}, \varphi \right) D_2^2 \left(\frac{\pi}{2}, \varphi \right) dV \tag{8.51}$$

将式(8.33)给出的轴向声强代入得到

$$\mathrm{d}I_\mathrm{r} = \frac{WR_\theta k_\mathrm{v}}{(4\pi r^2)\,(2\pi r^2)} D_1^2\left(\frac{\pi}{2},\varphi\right) D_2^2\left(\frac{\pi}{2},\varphi\right) \mathrm{d}V \tag{8.52}$$

将体积散射系数 k_v 置换为相应的界面散射系数 k_s，即将式(8.46)和 $\mathrm{d}V = Hr\mathrm{d}\varphi\mathrm{d}r$ 代入，得到

$$\mathrm{d}I_\mathrm{r} = \frac{WR_\theta k_\mathrm{s}}{(4\pi r^2)\,(2\pi r^2)} D_1^2\left(\frac{\pi}{2},\varphi\right) D_2^2\left(\frac{\pi}{2},\varphi\right) r\mathrm{d}\varphi\mathrm{d}r \tag{8.53}$$

则整个散射层在声呐接收端所形成的总的散射声强为

$$I_\mathrm{r} = \int_V \mathrm{d}I_\mathrm{r} = \int_0^{2\pi}\mathrm{d}\varphi\int_r^{r+c\tau/2} \frac{Wk_\mathrm{s}R_\theta}{(4\pi r^2)\,(2\pi r^2)} D_1^2\left(\frac{\pi}{2},\varphi\right) D_2^2\left(\frac{\pi}{2},\varphi\right) r\mathrm{d}r \tag{8.54}$$

考虑到 $r \gg c\tau/2$，则有

$$\int_r^{r+c\tau/2}\frac{1}{r^3}\mathrm{d}r = -\frac{1}{2}\frac{1}{r^2}\bigg|_r^{r+c\tau/2} = \frac{1}{2}\left[\frac{1}{r^2} - \frac{1}{(r+c\tau/2)^2}\right] = \frac{1}{r^3}\frac{c\tau}{2} \tag{8.55}$$

最终式(8.54)的积分结果为

$$I_\mathrm{r} = \frac{WR_\theta k_\mathrm{s}}{(4\pi)\,(2\pi)\,r^3}\frac{c\tau}{2}\int_0^{2\pi} D_1^2\left(\frac{\pi}{2},\varphi\right) D_2^2\left(\frac{\pi}{2},\varphi\right) \mathrm{d}\varphi \tag{8.56}$$

于是，海面混响级 RL_s 为

$$\mathrm{RL}_\mathrm{s} = 10\lg\frac{I_\mathrm{r}}{I_\mathrm{ref}} = 10\lg\frac{WR_\theta}{4\pi I_\mathrm{ref}} + 10\lg\frac{k_\mathrm{s}}{2\pi} + 10\lg\frac{1}{r^4} + 10\lg\left[\frac{c\tau}{2}r\int_0^{2\pi} D_1^2\left(\frac{\pi}{2},\varphi\right) D_2^2\left(\frac{\pi}{2},\varphi\right) \mathrm{d}\varphi\right] \tag{8.57}$$

用声呐参数表示为

$$\mathrm{RL}_\mathrm{s} = \mathrm{SL} + S_\mathrm{s} - 2\mathrm{TL} + 10\lg A \tag{8.58}$$

式中

$$A = \frac{c\tau}{2}r\int_0^{2\pi} D_1^2\left(\frac{\pi}{2},\varphi\right) D_2^2\left(\frac{\pi}{2},\varphi\right) \mathrm{d}\varphi \tag{8.59}$$

为等效混响面积。

与体积混响理论一样，利用等效波束宽度的方法来简化计算 $\int_0^{2\pi} D_1^2\left(\frac{\pi}{2},\varphi\right) D_2^2\left(\frac{\pi}{2},\varphi\right) \mathrm{d}\varphi$，等效的波束宽度为

$$\Phi = \int_0^{2\pi} D_1^2\left(\frac{\pi}{2},\varphi\right) D_2^2\left(\frac{\pi}{2},\varphi\right) \mathrm{d}\varphi \tag{8.60}$$

与体积混响中 Ψ 有相同的意义，所不同的是这里用 $\theta = \pi/2$ 平面内的水平指向性代替了前面的空间指向性。相应的等效混响面积可以写作

$$A = \frac{c\tau}{2}r\Phi \tag{8.61}$$

因此，最终海面混响级可以写作

$$\mathrm{RL}_\mathrm{s} = \mathrm{SL} + S_\mathrm{s} - 2\mathrm{TL} + 10\lg\left(\frac{c\tau}{2}r\,\Phi\right) \tag{8.62}$$

根据式(8.56)可以看出，海面混响声强随着距离 r^{-3}，或随时间 t^{-3} 衰减，与体积混响随距离 r^{-2} 变化相比较，海面混响要衰减得更快一些。接下来给出关于海面散射强度的一些讨论，可以用作工程应用方面的参考。

8.3.2　海面散射强度

在计算海面混响级 RL_s 的过程中，一般都是在给定散射强度的基础上进行的，因此，海面

散射强度数据对海面混响级的计算精准度有很大的影响,进而关于海面散射强度的研究也非常重要。海上实际测量结果表明:海面散射强度与海洋表面的风速、声波掠射角和频率等都密切相关。

图 8-10 为利用 60 kHz 频率对海面散射强度的测量结果,给出了海面散射强度与掠射角及风速之间的变化曲线。可以看出,海面散射强度与掠射角及风速的关系大致分成三个区域。当掠射角小于 30° 时,散射强度几乎不随掠射角而变,但随风速增大而增大。这主要是由于风浪导致散射层内的气泡密度增大,这时气泡是产生散射的主要原因。当掠射角在 30° ~ 70° 范围,散射强度随掠射角增大而增大,而随风速的增长逐渐变慢,这时的海面对混响的贡献以反向散射为主导。当掠射角接近 80° 时,出现反转情况,这时入射近似为垂直入射,散射主要是小平面上的反射,当风速增大时,海面受风速影响破碎,因此小平面反射的贡献反而减小。分析结果说明在不同掠射角范围内,海面混响产生机理有所不同。

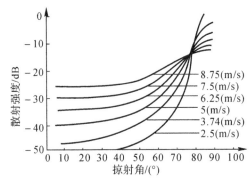

图 8-10　海面散射强度与掠射角及风速的关系

同时,在小掠射角角度时,海面散射强度具有较强的频率关系,散射强度与频率的关系曲线大约为 3 dB/ 倍频程关系,但垂直入射时,此关系不明显。Chapman 和 Harris 等人在风速 0 ~ 30 kn,频率 0.4 ~ 6.4 kHz 的情况下通过实测数据总结得出计算海面散射强度的经验公式为

$$S_s = 3.3\beta \lg\frac{\theta}{30} - 42.4\lg\beta + 2.6 \tag{8.63}$$

式中

$$\beta = 158 \, (vf^{1/3})^{-0.58} \tag{8.64}$$

式中,v 为风速,kn;θ 为掠射角,(°);f 为频率,Hz。

大量试验数据表明,海面散射强度要比体积散射强度的值大很多,其数量级在 -20 ~ -60 dB 范围之内。

8.3.3　海底混响级

一般认为海底是半无限空间的平面散射界面,当具有指向性的声呐以一定角度照射向海底时,则由于海底平面散射层的散射作用产生海底混响。值得注意的是,两种界面混响中,事实上海面混响是由具有一定厚度的海面气泡散射层的散射引起的,而只有海底混响才是真正作为平面界面上的散射来考虑。

如图 8-11 所示,收发合置声呐在接近海底附近发射信号,距海底高度为 h,通常可认为 $h \ll r$,取海底散射界面上的面积元 dS,如图 8-12 所示,图中,ϕ 和 β 分别是入射声波在散射面上的入射角以及与海面的掠射角。由于 $h \ll r$，则可认为声源射向海底散射面的入射角 $\phi \approx \pi/2$，这使得散射过程与声源垂直指向性无关，即发射指向性函数 $D_1(\theta,\varphi)$ 中 $\theta \approx \pi/2$，即 $D_1(\pi/2,\varphi)$，接收指向性函数 $D_2(\theta,\varphi)$ 亦如此。

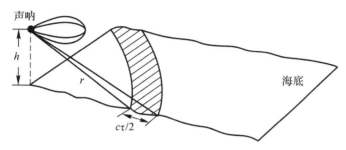

图 8-11　海底散射空间几何关系

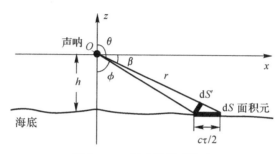

图 8-12　海底散射面积元

假设声呐发射与接收都有指向性，则入射到位于距离 r，空间方位 (θ,φ) 的面积元处的入射声强为

$$I_i = I_{i\max} D_1^2\left(\frac{\pi}{2},\varphi\right) \tag{8.65}$$

在考虑面积元上所产生的散射声功率时需要注意，图 8-12 中面积元 $dS = r d\varphi dr$，但仅有与入射信号方向垂直的部分能够构成散射声功率，即在入射波波阵面相应截面上的散射声功率，因此，将面积元投影到入射信号方向的法线方向上，即 dS'，且有 $dS' = dS\cos\phi$，这样面积元所具有的散射声功率为

$$dW_s = k_s I_i dS' = k_s I_{i\max} D_1^2\left(\frac{\pi}{2},\varphi\right)(dS\cos\phi) \tag{8.66}$$

面积元将具有的散射声功率以球面扩展的方式向海底以上的半空间散射，则声呐接收端接收到的散射波声强为

$$dI_r = \frac{dW_s}{2\pi r^2} D_2^2\left(\frac{\pi}{2},\varphi\right) \tag{8.67}$$

将式(8.66)代入得到

$$dI_r = \frac{k_s I_{i\max}}{2\pi r^2} D_1^2\left(\frac{\pi}{2},\varphi\right) D_2^2\left(\frac{\pi}{2},\varphi\right)(dS\cos\phi) \tag{8.68}$$

注意到 $I_{i\max}$ 是轴向声强，将式(8.33)和 $dS = r d\varphi dr$ 代入，进一步得到

$$dI_r = \frac{WR_\theta k_s}{(4\pi r^2)(2\pi r^2)} D_1^2\left(\frac{\pi}{2},\varphi\right) D_2^2\left(\frac{\pi}{2},\varphi\right)\cos\phi\, r d\varphi dr \tag{8.69}$$

则整个散射界面在声呐接收端所形成的总的散射声强,有

$$I_r = \int_S dI_r = \int_0^{2\pi} d\varphi \int_r^{r+c\tau/2} \frac{WR_\theta k_s}{(4\pi r^2)(2\pi r^2)} D_1^2\left(\frac{\pi}{2},\varphi\right) D_2^2\left(\frac{\pi}{2},\varphi\right) \cos\phi\, r\, dr \qquad (8.70)$$

同样,考虑到 $r \gg c\tau/2$,则最终积分结果为

$$I_r = \frac{WR_\theta(k_s\cos\phi)}{(4\pi)(2\pi)r^3} \frac{c\tau}{2} \int_0^{2\pi} D_1^2\left(\frac{\pi}{2},\varphi\right) D_2^2\left(\frac{\pi}{2},\varphi\right) d\varphi \qquad (8.71)$$

于是,海底混响级 RL_b 为

$$RL_b = 10\lg\frac{I_r}{I_{ref}} = 10\lg\frac{WR_\theta}{4\pi I_{ref}} + 10\lg\frac{k_s\cos\phi}{2\pi} + 10\lg\frac{1}{r^4} + $$

$$10\lg\left[\frac{c\tau}{2}r\int_0^{2\pi} D_1^2\left(\frac{\pi}{2},\varphi\right) D_2^2\left(\frac{\pi}{2},\varphi\right) d\varphi\right] \qquad (8.72)$$

用声呐参数表示为

$$RL_b = SL + S_{s\phi} - 2TL + 10\lg A \qquad (8.73)$$

式中

$$A = \frac{c\tau}{2}r\int_0^{2\pi} D_1^2\left(\frac{\pi}{2},\varphi\right) D_2^2\left(\frac{\pi}{2},\varphi\right) d\varphi \qquad (8.74)$$

为等效混响面积,与海面混响中的相同。

$$S_{s\phi} = 10\lg\frac{k_s\cos\phi}{2\pi} \qquad (8.75)$$

表示海底反向散射强度,除了与界面散射系数 k_s 有关外,还和入射声波在散射界面上的入射角 ϕ 有关。

同样,可以利用等效波束宽度的方法来简化计算 $\int_0^{2\pi} D_1^2\left(\frac{\pi}{2},\varphi\right) D_2^2\left(\frac{\pi}{2},\varphi\right) d\varphi$,等效的波束宽度为 Φ,与式(8.60)相同,一些简单形式的基阵的等效束宽计算表达式在表8-1中列出。最终海底混响级可以写作

$$RL_b = SL + S_{s\phi} - 2TL + 10\lg\left(\frac{c\tau}{2}r\Phi\right) \qquad (8.76)$$

从海底混响级的表示式中可以看出:海底混响与声源级、海底反向散射强度、双程传播损失和等效混响面积等因素有关。海底反向散射强度,则与入射波频率、入射角(或掠射角)和海底底质等有密切关系。

8.4　混响的统计特性

混响是由海水中大量的微粒、气泡和散射体对声波的散射所产生的总的效果。从宏观角度看,单个散射体所形成的散射波无论是振幅或相位都是无规律的随机信号,而大量的散射脉冲信号叠加后形成的混响信号就成了随机过程(随机信号)。

随机信号是由大量样本函数(样本信号)构成的,通常采用统计方法对其特性进行分析,即用概率分布函数描述信号的幅度、相位和能量的取值范围。在时域上,主要用概率分布函数和相关函数,在频域上,主要用功率谱密度进行分析。下面,对混响信号的统计特性做一简单介绍。

8.4.1 混响信号的概率分布

当声源发射的脉冲信号照射到介质中的微粒而产生散射时,一般认为单个散射体所产生的随机脉冲信号彼此之间是统计独立的。另一方面,无论随机变量是否服从高斯分布,由中心极限定律,大量的统计独立的随机变量之和的分布趋于高斯分布。再进一步,一般情况下,声呐接收系统为线性窄带系统,因此无论输入过程的带宽如何,经过此线性系统后成为一个窄带随机信号(确切地说是窄带高斯过程)。这样一来,混响信号在时域上可表示为一个窄带高斯随机信号,即

$$V(t) = E(t)\cos[\omega t + \varphi(t)] \tag{8.77}$$

式中,$E(t)$ 为混响振幅(包络);$\varphi(t)$ 为混响相位。

这是从时间序列的角度看待混响信号的,通常混响信号是非平稳的,但可以将它平稳化后分析,即混响的背景归一化。根据随机信号分析理论,可知混响信号服从高斯分布,有

$$f(V) = \frac{1}{\sqrt{2\pi}\,\sigma_V} e^{-\frac{V^2}{2\sigma_V^2}} \tag{8.78}$$

即混响信号 $V(t)$ 是零均值、平稳、窄带高斯过程,其方差为 σ_V^2。$V(t)$ 可以表示为其正交分量 $E_c(t)$ 和 $E_s(t)$ 的线性组合,即

$$V(t) = E(t)\cos[\omega t + \varphi(t)] = E_c(t)\cos\omega t - E_s(t)\sin\omega t \tag{8.79}$$

式中

$$E(t) = \sqrt{E_c^2(t) + E_s^2(t)} \tag{8.80}$$

$$\varphi(t) = \arctan\left[\frac{E_s(t)}{E_c(t)}\right] \tag{8.81}$$

式中,$E_c(t)$ 和 $E_s(t)$ 亦是零均值高斯过程,其方差为 σ_V^2。由于在任意时刻 $E_c(t)$ 和 $E_s(t)$ 都互不相关,即相互独立,于是其联合概率密度函数可表示为

$$f(E_{ct}, E_{st}) = \frac{1}{2\pi\sigma_V^2}\exp\left(-\frac{E_{ct}^2 + E_{st}^2}{2\sigma_V^2}\right) \tag{8.82}$$

通过二维随机变量的函数变换(雅可比 Jacobian 变换)得到的包络与相位的联合密度函数为

$$f(E_t, \varphi_t) = \begin{cases} \dfrac{E_t}{2\pi\sigma_V^2}\exp\left(-\dfrac{E_t^2}{2\sigma_V^2}\right), & E_t \geqslant 0, \ 0 \leqslant \varphi_t \leqslant 2\pi \\ 0, & \text{其他} \end{cases} \tag{8.83}$$

分别对 E_t 和 φ_t 积分,得到它们各自的边缘分布函数为

$$\left.\begin{aligned} f_E(E_t) &= \frac{E_t}{\sigma_V^2}\exp\left(-\frac{E_t^2}{2\sigma_V^2}\right), & E_t \geqslant 0 \\ f_\varphi(\varphi_t) &= \frac{1}{2\pi}, & 0 \leqslant \varphi_t \leqslant 2\pi \end{aligned}\right\} \tag{8.84}$$

可以看出,混响信号的包络服从瑞利分布,相位服从均匀分布。于是,混响包络的均值为

$$\overline{E(t)} = \int_0^\infty E_t f_E(E_t)\,\mathrm{d}E_t = \sqrt{\frac{\pi}{2}}\,\sigma_V \tag{8.85}$$

均方值为

$$\overline{E^2(t)} = \int_0^\infty E_t^2 f_E(E_t)\, \mathrm{d}E_t = 2\sigma_V^2 \tag{8.86}$$

方差为

$$D(E_t) = \overline{E^2(t)} - [\overline{E(t)}]^2 = 2\sigma_V^2 - \frac{\pi}{2}\sigma_V^2 = \left(2 - \frac{\pi}{2}\right)\sigma_V^2 \tag{8.87}$$

在随机信号分析中用起伏率(或称为标准方差)η描述信号的振幅偏离其平均值的程度,则混响包络起伏率为

$$\eta = \sqrt{\frac{\overline{E^2(t)} - [\overline{E(t)}]^2}{[\overline{E(t)}]^2}} \times 100\% \tag{8.88}$$

8.4.2 混响信号的空间相关性

最后简要地讨论一下混响信号的空间相关性。对于空间相关性,与随机信号分析中讨论时间序列随机函数的相关性略有区别,空间相关性是指在信号场中不同的位置上接收随机信号时,由于位置不同信号时延 τ 产生的相关函数(而时间相关函数指同一点接收时间差为 τ 的两个信号的相关程度)。

假定两个水听器1和2各自独立地接收混响信号,间距为 l,如图8-13所示。

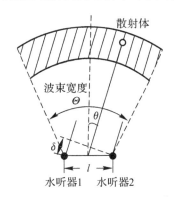

图8-13 两个水听器接收混响信号

由之前的分析可知,在水听器1接收端接收的混响信号为窄带高斯过程(经过窄带系统),表示为

$$V_1(t) = E(t)\cos[\omega t + \varphi(t)] \tag{8.89}$$

式中,$E(t)$ 为瑞利分布;$\varphi(t)$ 为均匀分布随机过程,二者统计独立。在相邻水听器2上接收到来自同样 θ 方向的混响信号为

$$V_2(t) = E(t)\cos[\omega(t+\tau) + \varphi(t)] \tag{8.90}$$

式中,τ 是水听器2相对于水听器1的声程差 $\delta = l\sin\theta$(远场时)所引起的时延,则有

$$\tau = \frac{\delta}{c} \tag{8.91}$$

于是,水听器1和水听器2分别接收到来自 θ 方向的混响后所形成的相关函数为

$$R(\tau) = \int_0^\infty \int_0^{2\pi} V_1(t) V_2(t) f_E(E_t) f_\varphi(\varphi_t) \mathrm{d}E \mathrm{d}\varphi \tag{8.92}$$

在各态历经条件下,式(8.92)可以时间积分取代,即

$$R(\tau) = \lim_{T \to \infty} \frac{1}{T} \int_0^T V_1(t) V_2(t + \tau) \mathrm{d}t \tag{8.93}$$

得到相关函数为

$$R(\tau) = \sigma_V^2 \cos\omega\tau \tag{8.94}$$

相关系数为

$$\rho(\tau) = \frac{R(\tau) - m_V^2}{\sigma_V^2} = \frac{R(\tau)}{\sigma_V^2} = \cos\omega\tau \tag{8.95}$$

式中,m_V 为均值。

由于 $\omega\tau = k\delta = kl\sin\theta$,则有

$$\rho(\tau) = \cos(kl\sin\theta) \tag{8.96}$$

这就是位于方位角 θ 上的散射元所形成混响信号的空间相关性。如果水听器基阵在水平方向上的指向性波束宽度为 Θ(在 Θ 范围内接收混响信号),则此角度范围内所有散射元对接收系统的相关函数贡献就是接收系统接收到总的混响信号的空间相关性,即

$$\rho_\Theta(\tau) = \int_{-\frac{\Theta}{2}}^{\frac{\Theta}{2}} \rho(\tau) \mathrm{d}\theta = \int_{-\frac{\Theta}{2}}^{\frac{\Theta}{2}} \cos(kl\theta) \mathrm{d}\theta = \frac{\sin\frac{\pi l}{\lambda}\Theta}{\frac{\pi l}{\lambda}\Theta} \tag{8.97}$$

积分时利用了 $\sin\theta \approx \theta$ 的近似。很明显,混响的总的空间相关系数是一个 sinc 函数,如图 8-14 所示,对于确定的 Θ,当水听器间距满足 $l = n\lambda/\Theta (n = 1, 2, \cdots)$ 时,声呐系统接收到的混响信号是不相关的。

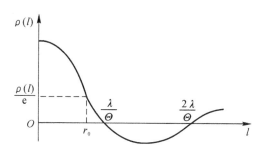

图 8-14　混响空间相关系数随 l 的变化

通常将相关系数 $\rho(l)$ 下降至 e^{-1} 时所对应的阵元间距 l 称为相关半径 r_0,即

$$\left. \frac{\sin\frac{\pi l}{\lambda}\Theta}{\frac{\pi l}{\lambda}\Theta} \right|_{l=r_0} = \frac{1}{\mathrm{e}} \tag{8.98}$$

此时有

$$r_0 = \frac{2.2\lambda}{\pi\Theta} \tag{8.99}$$

值得说明的是,如果从统计特性的角度理解混响,则以前的混响公式推导需修正,因为没有考虑随机信号的特征,前面对混响的分析只是从能量全相关叠加给出的结果。事实上微元的混响信号在接收点的叠加是具有相关特性的。所有散射元在接收点叠加的效果应是相关函数对散射空间的积分。

8.5 水下噪声的基本概念

噪声是一种无规律信号,习惯上认为"噪声是一切不需要的声音的总称",数学上将其用随机信号来描述。但从工程水声学角度上看,噪声还不能沿用上述定义,因为在某种情况下,声呐系统是将目标舰船的辐射噪声作为有用信号加以检测的。于是,工程水声中对噪声似乎就没有了统一的定义,只明确了噪声的分类,如图 8-15 所示。一般地,水下噪声分为以下几类:

(1)海洋环境噪声,就是海洋内部本身具有的噪声,对声呐工作造成干扰。

(2)目标辐射噪声,它是目标运动时由机械振动所产生的噪声,被动声呐利用辐射噪声特性来探测目标,因此对于被动声呐而言,目标辐射噪声是有用信号。

(2)自噪声,是由声呐的载体和声呐自身在运动、工作中产生的噪声,它同样也对声呐工作造成了干扰。

水下噪声的研究不论在理论上或是工程实际中都具有十分重要的地位。例如,被动声呐为了识别目标,需要在目标辐射噪声中提取某些特征值;利用目标噪声的线谱检测可以实现声呐系统的远程探测;要使声呐系统收发声信号和海洋信道匹配需要充分了解海洋噪声的时间空间统计特性;为了提高声呐系统的检测能力和隐蔽自己,也需要有效抑制本舰辐射噪声和自噪声。可见,对于声呐系统来说,在不同情况下,不同的性质的海洋噪声对其产生的影响是不一样的。这里只讨论海洋噪声对声呐方程产生影响的能量特性和频谱特性,包括噪声级和辐射声源级,并对海洋环境噪声、舰船辐射噪声和自噪声的一般特性进行较为通俗的讨论。

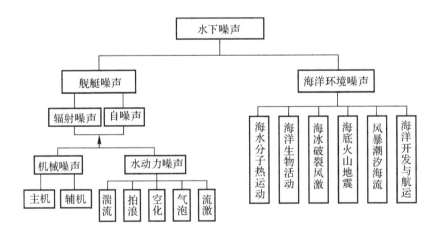

图 8-15 水下噪声的分类

8.5.1 噪声是随机信号

无论何种水下噪声,都需要用声场函数去描述它,如声压函数 $p(r,t)$,从时间函数上说

$p(r,t)$ 是一个随机信号,一般认为它具有高斯分布,其概率密度函数为

$$\Phi(p) = \frac{1}{\sqrt{2\pi}\,\sigma} \exp\left[-\frac{(p-a)^2}{2\sigma^2}\right] \tag{8.100}$$

式中

$$a = \langle p \rangle = \int_{-\infty}^{\infty} p\Phi(p)\,\mathrm{d}p \tag{8.101}$$

为噪声声压的均值,一般情况下 $a=0$,即零均值随机过程,有

$$\sigma^2 = \langle (p-a)^2 \rangle = \int_{-\infty}^{\infty} (p-a)^2 \Phi(p)\,\mathrm{d}p \tag{8.102}$$

为噪声声压的方差。

从时域和频域描述随机信号特征的两个重要参数是自相关函数和功率谱密度,且两者是一对傅里叶变换对。对于噪声声压函数来说,其自相关函数为

$$R_p(\tau) = \langle p(t)p(t+\tau) \rangle = \int_{-\infty}^{\infty} p(t)p(t+\tau)\Phi(p)\,\mathrm{d}p \tag{8.103}$$

功率谱密度为自相关函数的傅里叶变换,即

$$G_p(\omega) = \int_{-\infty}^{\infty} R_p(\tau)\,\mathrm{e}^{-\mathrm{j}\omega\tau}\,\mathrm{d}\tau \tag{8.104}$$

或者有

$$R_p(\tau) = \frac{1}{2\pi}\int_{-\infty}^{\infty} G_p(\omega)\,\mathrm{e}^{\mathrm{j}\omega\tau}\,\mathrm{d}\omega \tag{8.105}$$

当水下噪声的功率谱密度为常量或者说均匀时,则称为白噪声。一般地认为水下噪声是具有高斯分布的白噪声。再进一步,认为噪声声压是具有遍历性的平稳随机信号,则对其求统计平均可以由单个样本的时间平均取代。于是声压函数的自相关函数也可写作

$$R_p(\tau) = \lim_{T\to\infty} \frac{1}{T}\int_0^T p(t)p(t+\tau)\,\mathrm{d}t \tag{8.106}$$

对于电信号,当均值为零时,有

$$R(0) = \sigma^2 = \frac{1}{2\pi}\int_{-\infty}^{\infty} G(\omega)\,\mathrm{d}\omega \tag{8.107}$$

表示噪声电压消耗在 $1\,\Omega$ 电阻上的总平均功率。对于噪声声压函数 $p(r,t)$,由于是零均值过程,因此在 $\tau=0$ 时的自相关函数为

$$R_p(0) = \lim_{T\to\infty} \frac{1}{T}\int_0^T p^2(t)\,\mathrm{d}t = \sigma^2 = \frac{1}{2\pi}\int_{-\infty}^{\infty} G_p(\omega)\,\mathrm{d}\omega \tag{8.108}$$

又可以表示为

$$R_p(0) = \lim_{T\to\infty} \frac{1}{T}\int_0^T \left.\frac{p^2(t)}{\rho c}\right|_{\rho c=1}\,\mathrm{d}t \tag{8.109}$$

由于

$$\frac{p^2(r,t)}{\rho c} = I(t) \tag{8.110}$$

于是式 (8.109) 可写作

$$\lim_{T\to\infty} \frac{1}{T}\int_0^T \left.\frac{p^2(t)}{\rho c}\right|_{\rho c=1}\,\mathrm{d}t = \bar{I} \tag{8.111}$$

即表示作用于单位声特性阻抗上的总平均声强。因此,在噪声声压作为随机信号分析时,只要确定了其自相关函数或功率谱密度,就可以通过

$$\bar{I} = R_p(0) = \lim_{T \to \infty} \frac{1}{T} \int_0^T \frac{p^2(t)}{\rho c}\bigg|_{\rho c = 1} \mathrm{d}t \tag{8.112}$$

求得单位声特性阻抗上的声强。

值得说明的是,当随机信号作为电压 $x(t)$ 时,$R_x(0)$ 表示平均功率,当随机信号作为声压时,$R_p(0)$ 表示单位面积上的声功率,即声强。

8.5.2 噪声的频谱特性

描述噪声频域特性的重要参量就是功率谱密度。在水下噪声中,由于噪声是以声压函数的形式给出的,相应频域上的声学量就是声强谱密度函数,它与声压自相关函数构成傅里叶变换对。若将 $G_p(\omega)$ 表示成单边谱,则平均声强为

$$\bar{I} = \frac{1}{2\pi} \int_{-\infty}^{\infty} G_p(\omega) \mathrm{d}\omega = \frac{1}{2\pi} \int_0^{\infty} 2G_p(\omega) \mathrm{d}\omega \tag{8.113}$$

令 $S(\omega) = 2G_p(\omega)$,则

$$\bar{I} = \frac{1}{2\pi} \int_0^{\infty} S(\omega) \mathrm{d}\omega = \int_0^{\infty} S(f) \mathrm{d}f \tag{8.114}$$

式中,$S(f) = \mathrm{d}\bar{I}/\mathrm{d}f \, (\mathrm{W/m^2/Hz})$ 为声强谱密度,如图 8-16 所示。

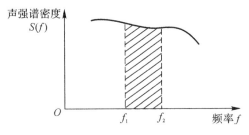

图 8-16　声强谱密度分布

根据声强谱密度,可得到 $\Delta f = f_2 - f_1$ 频带内的噪声声强为

$$I = \int_{f_1}^{f_2} S(f) \mathrm{d}f \tag{8.115}$$

若 $S(f)$ 为常数,即白噪声情况,则有 $I = S(f)\Delta f$。当考虑某频率 f 上单位宽带内的噪声声强,即对应于 $\Delta f = 1$ Hz 内的声强,记为 I_S,它所产生的噪声声强级称为噪声频谱级,有

$$\mathrm{NL}_S = 10\lg \frac{I_S}{I_{\mathrm{ref}}} = 10\lg \frac{S(f)}{I_{\mathrm{ref}}} \tag{8.116}$$

实际的噪声中,声强谱不是平坦的,因此使用频谱级时应指定对应的频率。

当考虑某一带宽 Δf 范围内的噪声声强时,它所产生的总的噪声声强级称为噪声频带级,有

$$\mathrm{NL}_B = 10\lg \frac{S(f)\Delta f}{I_{\mathrm{ref}}} = 10\lg \frac{S(f)}{I_{\mathrm{ref}}} + 10\lg\Delta f \tag{8.117}$$

很容易得到,声强谱均匀的情况下,频谱级与频带级的关系为

$$NL_B = NL_S + 10lg\Delta f \qquad (8.118)$$

8.6　海洋环境噪声

8.6.1　海洋环境噪声谱特性

海洋环境噪声就是水声信道中的自然噪声,由海洋的波浪、潮汐、内波、海底地震、湍流、海洋中的动物和生物等自然因素,以及人类从事海洋开发与航运等人为因素造成。所有这些因素所产生的噪声都有着自身的特性(谱特性与强度特性),要单独进行测量具有很大的困难。潮汐、海底地震和湍流都是产生低频噪声的主要原因,而海洋噪声中的高频部分多由海面波浪产生,因此不同级别的海况造成的风浪对海洋噪声的数值有很大的影响。

对海洋环境噪声谱的研究在第二次世界大战期间就已经开始,总结出多种噪声谱曲线。Knudsen 最先对 100 Hz 到 25 kHz 的海洋环境噪声谱进行了总结,得到了著名的 Knudsen 噪声谱曲线,给出了不同海况下的海洋环境噪声谱曲线,如图 8 - 17 所示。

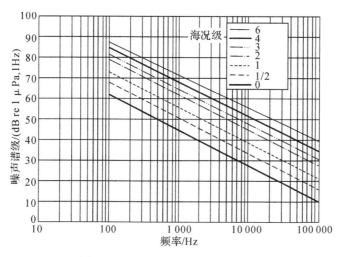

图 8 - 17　Knudsen 海洋环境噪声谱

之后,Wenz 通过汇集噪声谱特性的各种研究结果,综合绘制了经典的 Wenz 环境噪声谱,如图 8 - 18 所示。Wenz 谱较为细致地给出了不同频段噪声的噪声来源及其频率特性,目前被认为是最具代表性的深海噪声谱曲线。

由海洋环境噪声谱曲线可以看出,环境噪声具有很宽的频率范围,在不同频率上具有不同的特性,并且随着环境条件的变化,如风速,呈现出不同的频率斜率和特征。因此,在 Wenz 谱的基础上,可以按照不同频段将噪声谱大致划分为五段,如图 8 - 19 所示。

(1)频段 Ⅰ:1 Hz 以下,这部分噪声的来源不是很明确,可能与海水静压力效应(潮汐和波浪),或者地震活动有关。

(2)频段 Ⅱ:每倍频程下降 -8 ~ -10 dB,其噪声级与风速关系不大,主要来源于大洋湍流。

(3)频段 Ⅲ:这一段频谱较为平缓,主要源于远处的航船噪声。

(4)频段Ⅳ:每倍频程按-5~-6 dB衰减,包含了 Knudsen 谱,与风速、海况有关,主要来源于风动海面。

(5)频段Ⅴ:每倍频程增加 6 dB,主要是海水分子运动所产生的热噪声。

在工程上,为了预报海洋环境噪声级,需要知道各种条件下典型的环境噪声谱。按照图8-18设计了对环境噪声影响较大的人为和自然因素造成的噪声谱以供预报之用,如图 8-20所示,图中绘出了不同航运和海况条件下可供参考的噪声谱曲线。使用时,选择适当航运和海况条件的谱线,与相邻频段的曲线相连即可近似地得到相关海区的环境噪声谱。

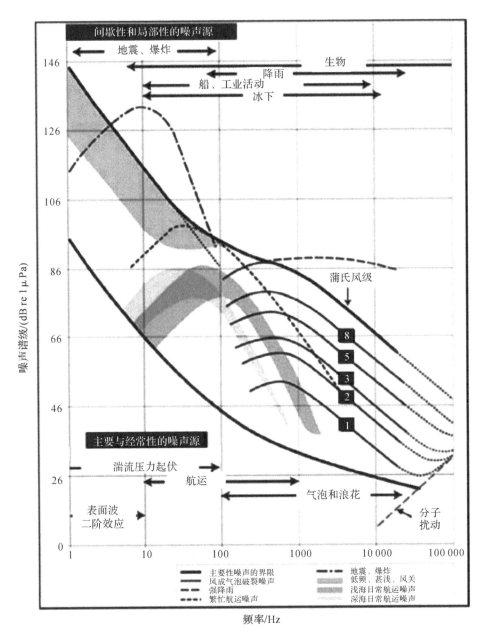

图 8-18　海洋环境噪声 Wenz 谱

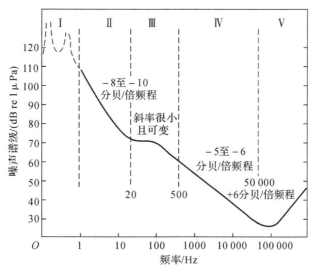

图 8-19 海洋环境噪声谱的五个频段

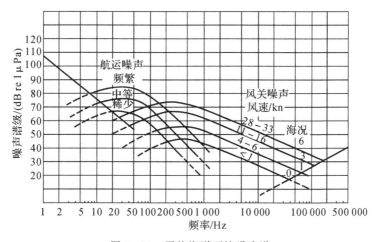

图 8-20 平均海洋环境噪声谱

8.6.2 海洋环境噪声空间相关性

对于水声探测而言,通常采用换能器基阵来接收信号和噪声,因此会在不同空间位置处接收海洋环境噪声。为了将接收到的环境噪声降至最小,很有必要研究环境噪声的空间相关特性。

一般情况下总是假定海洋环境噪声场是各向同性的。在这种假定情况下,即对于各向同性噪声场,在单频或窄带噪声时,两个间距为 d 的水听器接收到的海洋环境噪声之间的相关系数为

$$\rho(d) = \frac{\sin(kd)}{kd} \tag{8.119}$$

式中,ρ 为相关系数;k 为波数。

然而,实际上海洋环境噪声场具有一定的指向性,即各向异性噪声场,各向异性场的噪声源主要分布在顶上的海洋表面附近,在理论上可以假设具有 $\cos^m\theta$ 的垂直指向性,其中,θ 为海

面噪声源与海面法线的夹角,m 为常数,且为整数。图 8-21 给出了指向性为 $\cos^2\theta$ 的海面噪声源模型下水听器分别布放在水平面和垂直面内时的空间相关曲线,以及各向同性噪声场中的空间相关曲线。

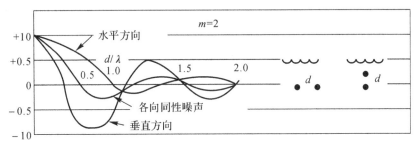

图 8-21　指向性为 $\cos^2\theta$ 的海面噪声源和各向同性噪声场的空间相关曲线

8.7　舰船辐射噪声

　　舰船辐射噪声,一方面是被动声呐探测目标(水面舰船、潜艇和鱼雷等)时所利用的主要信号源,目标航行过程中会辐射出噪声(不区别目标类型,统称为舰船辐射噪声),被动声呐利用其特性从自噪声或环境噪声背景中将其检测提取出来;另一方面,舰船辐射噪声破坏了自身的隐蔽性,既对本舰的水声信号处理造成干扰,又为敌方的水声探测器材提供了搜索和跟踪的信息,是影响自身安全和战斗力的重要因素。因此,有必要从声呐系统的角度对这类噪声的性质作一定的了解。

8.7.1　舰船辐射噪声的声源级和谱特性

1. 舰船辐射噪声的声源级及其测量

　　在被动声呐方程中用辐射噪声的声源级 SL 来描述辐射噪声的强度。舰船辐射噪声的声源级定义为在声源声轴方向上距声源声学中心单位距离(1 m)处的声强与参考声强之比的分贝数。由于舰船辐射噪声的机理复杂,采用理论计算是非常困难的,所以一般采用实际测量方法获得。通常感兴趣的辐射噪声是远场噪声,因此实际测量辐射噪声时在远场情况下进行,然后按照球面扩展规律后折算到 1 m 处。规定辐射噪声的声源级是 1 Hz 带宽内,参考声强是 1 μPa,因此辐射噪声的声源级为谱级。

　　有关测量辐射噪声的方法比较简单,利用水听器(基阵)来测量通过水听器(基阵)的舰船的辐射噪声。测量水面舰船的辐射噪声在浅海进行,将水听器以线列阵方式布放在海底,如图 8-22(a) 所示;测量潜艇或鱼雷的辐射噪声在深海进行,将水听器以线列阵方式垂直布放在深海中,如图 8-22(b) 所示[3]。

　　测试时由于水听器和测试设备是具有一定带宽的,所以测量结果是频带级,由辐射噪声的声源级定义,需将频带级折算为谱级。对于具有连续均匀谱分布的白噪声的假定情况,折算比较简单,如果测量带宽为 B,在此带宽内测得的噪声级是 $\mathrm{NL_B}$,则 1 Hz 带宽内的谱级为

$$\mathrm{NL_S} = \mathrm{NL_B} - 10\lg B \tag{8.120}$$

若非白噪声假定,则需要按照谱特性进行谱级的折算。

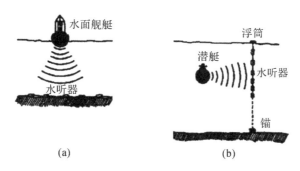

图 8 - 22　舰船辐射噪声的测量方法

(a) 水面舰辐射噪声；(b) 潜艇辐射噪声

表 8 - 2 给出了早期(20 世纪 40 年代)舰船辐射噪声的测量结果。应当注意,随着第二次世界大战后反潜和水声对抗技术的不断发展,目前,舰船辐射噪声的数值已有了很大的降低。因此,表中的数据在实际中仅能作粗略解决问题或定性说明时的参考之用。

表 8 - 2　舰船辐射噪声级的测量数据(dB re 1μPa, 1 Hz, 1 m)

舰艇类型	航速 $m \cdot s^{-1}$	测量频率 /kHz						
		0.1	0.3	1.0	3.0	5.0	10	25
货　船	5	151	141	130	120	116	110	102
客　轮	7.5	161	151	140	130	126	120	112
巡洋舰	10	168	158	147	137	133	127	119
驱逐舰	10	162	152	141	131	127	121	113
猎潜艇	7.5	156	146	135	125	121	115	107
潜艇(潜望深度)	5	148	142	135	130	126	122	115

除了早期实测数据外,辐射噪声级还有一些由大量数据拟合得到的经验公式,以作预报之用。对于大型军舰、货船和油船的平均辐射噪声声源级,有

$$\text{SL} = 51\lg V + 15\lg T - 20\lg f + 20\lg D + 13.6 \tag{8.121}$$

式中,V 为螺旋桨叶片顶端速度,m $\cdot$ s^{-1};T 为排水量,t;f 为频率,kHz;D 为观测距离,m。式(8.121)仅在螺旋桨空化是主要噪声源的 1 kHz 以上频率才适用。在螺旋桨叶片速度未知的情况下,可采用

$$\text{SL} = 60\lg K + 9\lg T - 20\lg f + 20\lg D + 53.1 \tag{8.122}$$

式中,K 为船只前进速度,m $\cdot$ s^{-1}。该式不适用于货船和油船。

2. 舰船辐射噪声谱特性

舰船辐射噪声谱中包含有两种类型,窄带谱和宽带谱,根据谱形状,分别称为线谱和连续谱,如图 8 - 23 所示。线谱是在一些出现在离散频率上的单频噪声,连续谱是频率连续的宽带噪声。舰船辐射噪声的频谱是由离散的线谱和连续谱组合成的混合谱。

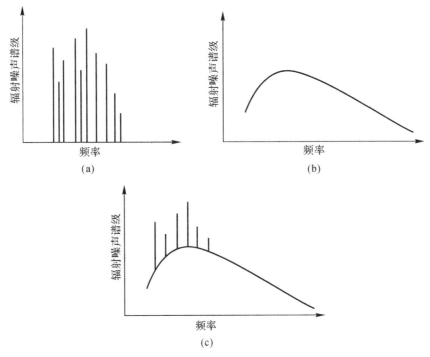

图 8-23　舰船辐射噪声谱示意图

(a) 线谱；(b) 连续谱；(c) 由 (a) 和 (b) 叠加得到的混合谱

例题 8-1　一水下目标的辐射噪声谱 $\mathrm{NL_S}$-f 曲线如图 8-24 所示，设声源无指向性，试求其辐射噪声声源级、辐射总功率和距声心 1 m 处的声强。

解　噪声谱级与声强谱密度的关系为

$$\mathrm{NL_S} = 10\lg \frac{S(f)}{I_{\mathrm{ref}}}$$

现在要求总噪声级（带级），可将其分为两部分，10 ~ 200 Hz 范围内为 $\mathrm{NL_{B1}}$，200 Hz ~ 100 kHz 为 $\mathrm{NL_{B2}}$。$\mathrm{NL_{B1}}$ 容易计算（谱密度为常数），即

$$\mathrm{NL_{B1}} = \mathrm{NL_{S1}} + 10\lg\Delta f = 160 + 10\lg 200 = 183.01 (\mathrm{dB})$$

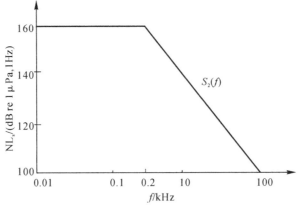

图 8-24　$\mathrm{NL_S}$-f 曲线

计算 NL_{B2} 时,由于谱密度不为常数,且题图给出的横坐标为对数坐标,因此需找出 $S_2(f)-f$ 的常规关系曲线(便于积分),这可以从图中的 $NL_S-\lg(f)$ 线性关系入手。

设

$$NL_{S2}=a\lg f+b\rightarrow\begin{cases}160=a\lg200+b\\100=a\lg10^5+b\end{cases}$$

则有

$$60=a\lg\frac{200}{10^5},\quad b=100-\frac{60\lg10^5}{\lg200-\lg10^5}$$

于是

$$NL_{S2}=\frac{60}{\lg200-\lg10^5}\lg f+100-\frac{60\lg10^5}{\lg200-\lg10^5}$$

由

$$NL_{S2}=10\lg\frac{S_2(f)}{I_{ref}}$$

可得

$$10\lg\frac{S_2(f)}{I_{ref}}=\frac{6}{\lg200-\lg10^5}\times10\lg f+100-\frac{60\lg10^5}{\lg200-\lg10^5}$$

记

$$A=\frac{6}{\lg200-\lg10^5},\quad B=100-\frac{60\lg10^5}{\lg200-\lg10^5}$$

$$10\lg\frac{S_2(f)}{I_{ref}}=10\lg f^A+B\rightarrow\frac{S_2(f)}{I_{ref}}=10^{\frac{B}{10}}f^A$$

即有

$$NL_{B2}=10\lg\frac{\int_{200}^{10^5}S_2(f)\mathrm{d}f}{I_{ref}}=10\lg\int_{200}^{10^5}10^{\frac{B}{10}}f^A\mathrm{d}f=10\lg\left[10^{\frac{B}{10}}\frac{f^{A+1}}{A+1}\right]\Big|_{200}^{10^5}$$
$$NL_{B2}=182.14(\mathrm{dB})$$

最终

$$NL_B=10\lg(10^{\frac{NL_{B1}}{10}}+10^{\frac{NL_{B2}}{10}})=10\lg(10^{18.3}+10^{18.2})=185.61(\mathrm{dB})$$

辐射噪声声源级就是上述所求总噪声频带级:
$$SL=NL_B=185.61\ (\mathrm{dB})$$

再由 $SL=10\lg W_a+170.8$,得到辐射噪声总功率 $W_a=30.27(\mathrm{W})$。

相应的距声源中心 1 m 处的声强为

$$I=I_{ref}\times10^{\frac{SL}{10}}=\frac{2}{3}\times10^{-18}\times10^{18.561}=2.426\ (\mathrm{W/m^2})$$

8.7.2　舰船辐射噪声的声源

舰船辐射噪声的噪声源可分为三大类,由舰船上的机械产生的机械噪声、舰船螺旋桨运动产生的螺旋桨噪声以及舰船在运动过程中不规则水流流过船体产生的辐射噪声和水动力变化引起的噪声即水动力噪声。这三类噪声中,绝大多数情况下,机械噪声和螺旋桨噪声是主要的辐射噪声。

1. 机械噪声

机械噪声是由舰船内部各种机械振动、尤其是动力机械的振动产生的,经由各种传导过程通过船体辐射至海水介质中形成的噪声。这种噪声的频谱是以较强功率的线谱和相对较弱的连续谱叠加后形成的。其中,线谱是各个振动体振动时产生的基频与相应谐频分量,而由刚体、流体的机械摩擦、泵和管道中流体变化与湍流以及排气等产生的是连续谱,而最终辐射的机械噪声是这两类噪声混合而成的,表现为强线谱和弱连续谱的叠加。

2. 螺旋桨噪声

螺旋桨引起的噪声可以分为空化噪声和叶片旋转噪声。

螺旋桨旋转时在叶片表面形成了很强的负压区,当负压达到一定值时会将水分子撕开,在水中产生大量小气泡形式的空穴,这就是"空化"现象,宏观上造成运动舰船的尾部水域出现了以气泡构成的尾流。在形成尾流气泡和气泡破碎的过程中都将产生噪声,统称为空化噪声。

空化噪声是舰船噪声谱高频段的主要成分。因为空化形成的气泡大小不均,随着气泡随机破裂而产生噪声,所以空化噪声具有连续谱特征。在高频段,谱级随频率增加以大约 6 dB/倍频程的斜率下降,而低频段却又随频率增加而升高,因此空化噪声谱中有一个峰,通常会在 100 Hz~1 kHz 的频段范围内。由于空化的程度与舰船航速和航行深度密切相关,所以在高速航行时空化加剧,相应噪声谱级增高,当航速增加或深度变浅时,峰值将向低频端移动,其原因是这种情况下产生的气泡尺度增加,气泡破碎产生的噪声频率降低。图 8-25 给出三种航速和深度情况下的潜艇空化噪声谱,图中箭头表示了上述规律。空化现象还有一个特点,要在舰船达到一定航速时才能形成,称该航速为临界航速。潜艇在潜望镜深度工作时的临界航速是 3~5 kn,并且空化噪声级与航速的关系呈现 S 形的非线性关系。

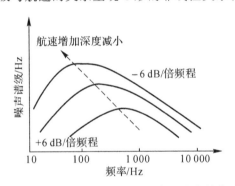

图 8-25　空化噪声频谱随航速航深变化的关系

除了空化噪声外,螺旋桨噪声的另一主要成分为旋转噪声,是由于桨叶振动和拍击水流而产生的单频噪声分量,也称为"唱音"。"唱音"呈现线谱特征,其频谱与叶片数和螺旋桨的转速相关。"唱音"的频率可表示为

$$f_m = mns \tag{8.123}$$

式中,f_m 为线谱的 m 次谐波,Hz;n 为螺旋桨的叶片数;s 为螺旋桨的转速,r·s^{-1}。"唱音"的基频一般分布在舰船噪声的 1~100 Hz 范围内的低频段,其谱特性常常被声呐系统作为识别目标类型和估计目标运动速度的依据。研究表明,唱音噪声与叶片材料性质密切相关,选择叶片材料并减小它的振动是降低唱音噪声的主要措施。

螺旋桨噪声在舰船的不同方向上的辐射是不均匀的,通过测试观察到,艇首和艇尾方向比

正横方向的噪声小,这是由于船体的遮挡(对艇首)和尾流的屏蔽(对艇尾),通常,在与艇首尾方向 30°角度内,螺旋桨噪声的指向性有明显的凹进。

3. 水动力噪声

水动力噪声是舰艇运动与水流相互作用引起舰艇壳体的振动而形成的辐射噪声,以及由流体在壳体表面形成的湍流在附面层上产生的流动噪声。流体动力噪声的强度与舰艇航速有关,可表示为

$$I_w = kv^n \tag{8.124}$$

式中,k 是常数;v 是航速;n 是与舰艇水下线型等因素有关的量。

正常情况下,水动力噪声不是舰船辐射噪声主要的成分,它往往容易被机械噪声和螺旋桨噪声所掩盖。但在特殊情况下,如在结构部件或空腔被激励成线谱噪声的共振源时,水动力噪声有可能会出现在线谱的范围内,从而成为主要的噪声源。

8.8　自　噪　声

舰船、潜艇和鱼雷等声呐系统的载体,它们在运动的同时也要产生噪声,这种噪声被自身声呐接收后就构成了本艇噪声,称为自噪声。尽管舰船辐射噪声和自噪声的来源和成因相同,但从噪声场的角度看,前者属于远场噪声,而自噪声属于近场噪声,二者的性质和特性是有差异的。

在声呐方程中,舰船辐射噪声是被动声呐探测时所利用的,虽然名称为噪声,但实为被动声呐的有用信号,以辐射噪声声源级 SL 体现在声呐方程中。然而,自噪声则完全全是声呐(主动和被动)工作的背景干扰,降低工作性能,需要进行抑制,以噪声级 NL 体现在声呐方程中。

8.8.1　自噪声的一般特性

与舰船辐射噪声一样,自噪声的声源也是三类,由声呐载体上的机械产生的机械噪声、载体螺旋桨运动产生的螺旋桨噪声和载体运动过程中水动力变化引起的水动力噪声。其中,机械噪声和螺旋桨噪声在载体航速较高、高频和浅海条件下是自噪声的主要声源。而水动力噪声的情况与上一节舰船辐射噪声的有所不同,主要是由于这种情况下流噪声对接收器的影响要远大于舰艇辐射噪声中的情况。其原因为一般情况下,声呐载体上声传感器(换能器、换能器阵)的安装位置都在舰(潜艇、鱼雷)首附近,在航行状态下,海水与舰首的撞击、摩擦以及附面层湍流压力等形成的流噪声将直接作用在接收换能器表面。这时噪声的影响将远大于流噪声产生后向远方传播的效果,或者说,在远场观测,流噪声的数值与其他两类噪声相比是可以忽略的,而在近场,则成为自噪声的主要因素。为此,声呐载体都对舰首的流线做了专门的设计,用流线型的罩子把声呐基阵遮盖起来(称为导流罩),使其导流的性能更好,以减小水流的撞击和空化。

自噪声的另一特点是传输路径的影响,使得其数值大小随着声呐基阵的安装方式、安装位置等因素而改变,图 8-26[36] 给出声呐基阵安装在水面舰下方或潜艇时典型的一些自噪声传播路径。路径 1 是由载体上的机器、螺旋桨等产生振动通过船体传至水听器处,引起水听器基座的振动而产生噪声影响;路径 2 是螺旋桨噪声经由水体中直接传至水听器处;路径 3 是经由水中散射体的散射传至水听器形成的自噪声;路径 4 是在浅海航行时,载体的机械振动噪声和螺旋桨噪声经过海底反射后形成自噪声,相应地,针对潜艇载体,还存在一种路径即路径 5,它

是潜艇载体的噪声经海面反射后形成的自噪声。

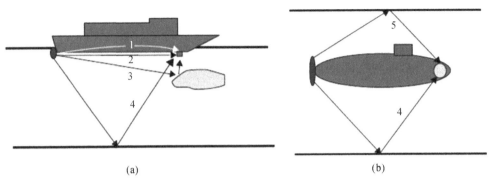

(a)　　　　　　　　　　　　　　(b)

图 8-26　自噪声传播路径

（a）水面舰；（b）潜艇

自噪声第三个重要的特征是具有指向性,并且与载体的航速关系密切。图 8-27 给出了典型的自噪声指向性。可以看出,在艇首左右舷 110°范围内自噪声较为均匀,而艇尾方向的噪声达到最大值。图 8-28 给出了不同航速下自噪声的构成,当载体航速低于 10 kn 时,主要由载体的机械振动产生,其频谱呈现为不连续的窄带谱;当航速在 10~20 kn 时,以壳体、导流罩附近的流体动力噪声为主,频谱是频率较低的弱连续谱和较强离散谱构成的组合谱;在航速大于 20 kn 时主要是螺旋桨和流体冲击表面产生空化形成的宽带噪声谱。

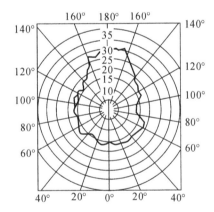

图 8-27　典型的自噪声指向性

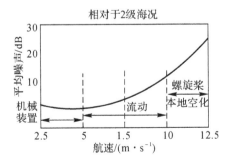

图 8-28　声呐载体的自噪声构成

8.8.2　自噪声级

为了对声呐载体的自噪声有一个数值上的概念,给出某些舰船自噪声级的测试数据供参考,需要说明的是,这些参考数据是第二次世界大战时期的测试结果,只能作为参考。

图 8-29 和图 8-30 分别给出了在 25 kHz 频率时,大型水面舰和小型舰艇的等效各向同性自噪声谱级。图中 A 和 A′分别表示 3 级和 6 级海况下的海洋环境噪声级。图 8-29 中,自噪声的强度呈现随航速的六次方增加的规律,作为比较,图中给出了流噪声随速度变化的理论曲线,可见,自噪声级随航速的变化趋势接近流噪声。图 8-30 中,小型舰艇的自噪声级随航速递增的速率要更大一些,这是由于小型舰艇的螺旋桨空化噪声是主要噪声源。

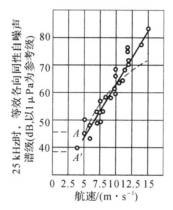

图 8-29　25 kHz 时大型水面舰的等效各向同性自噪声谱级(圆圈为测量值,
实线是平均结果,虚线是流噪声随速度变化的理论曲线)

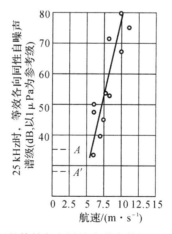

图 8-30　25 kHz 时小型舰艇的等效各向同性自噪声谱级(圆圈为测量值,实线是平均结果)

上述等效各向同性自噪声谱级的含义是,在测量自噪声级时通常采用具有指向性指数 DI 的水听器,假设测得自噪声级为 NL′,为了能使该测量值在其他指向性情况下使用,以及在不同指向性水听器测量结果下相互比较,需要折算到无指向性水听器的情况下,即得到等效各向同性自噪声级 NL 为

$$NL = NL' - DI \qquad (8.125)$$

图 8-31 给出了某潜艇的自噪声级测量值。图 8-31(a) 是在潜望深度下以 1 m/s 航速前行时的自噪声谱级,三条曲线分别是在嘈杂、正常运行和安静环境状态下测得的。可以看出,在高频段,自噪声谱级与深海的环境噪声谱级接近,随着频率降低,自噪声级明显上升。图 8-31(b) 是自噪声级与舰艇航速的关系,可见,自噪声级随航速的增加迅速上升,表明了在航速增加时螺旋桨空化噪声是自噪声的主要因素。

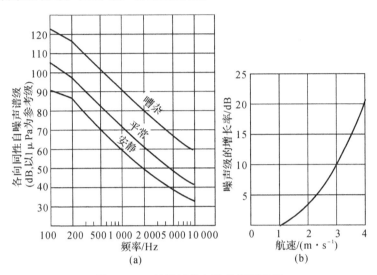

图 8-31 某潜艇的自噪声级测量值

(a) 在潜望深度以 2 kn 速度前航时;(b) 以 2 kn 航速为参考,自噪声级随航速的变化关系

例题 8-2 一水下航行器在航行过程中产生的自噪声级为 $NL_1 = 60 (dB\ re\ 1\ \mu Pa)$,海区的背景噪声级为 $NL_S = 55\ (dB\ re\ 1\ \mu Pa)$(均为 20 kHz 下),二者相互独立叠加于航行器的声呐水听器,问水听器接收到的噪声级较 NL_1 大多少分贝?若航行器声呐的工作带宽为 500 Hz,且两个噪声源辐射的噪声谱均匀,声呐接收到的噪声频带级和噪声声压有效值又是多少?

解 噪声谱级,有

$$NL_S = 10 \lg \frac{p_e^2}{p_{ref}^2}$$

现在两个噪声源的谱级在声呐接收端叠加,由于噪声源相互独立,则有 $p_e^2 = p_{e_1}^2 + p_{e_2}^2$,于是

$$NL_S = 10 \lg \frac{p_e^2}{p_{ref}^2} = 10 \lg \frac{p_{e_1}^2 + p_{e_2}^2}{p_{ref}^2}$$

式中

$$p_{e_1} = 10^{\frac{NL_1}{20}} p_{ref}, \qquad p_{e_2} = 10^{\frac{NL_2}{20}} p_{ref}$$

于是

$$NL_S = 10 \lg \frac{p_{e_1}^2 + p_{e_2}^2}{p_{ref}^2} = 10 \lg (10^{\frac{NL_1}{10}} + 10^{\frac{NL_2}{10}}) = 61.2\ (dB)$$

也就是水听器接收到的噪声级较 NL_1 大 1.2 dB。

当两个噪声源辐射的噪声谱均匀,其噪声频带级分别为

$$NL_{B1} = 60 + 10 \lg 500 = 87\ (dB), \qquad NL_{B2} = 55 + 10 \lg 500 = 82\ (dB)$$

声呐接收到的噪声频带级为

$$\mathrm{NL_B} = 10\lg\left(10^{\frac{\mathrm{NL_{B1}}}{10}} + 10^{\frac{\mathrm{NL_{B2}}}{10}}\right) = 88.2 \text{（dB）}$$

相应的噪声声压有效值为

$$p_e = 10^{\frac{\mathrm{NL_B}}{20}} p_{\mathrm{ref}} = 0.025\,7 \text{（Pa）}$$

习　　题

1. 声源级 SL＝210 dB,工作频率 f_0＝5 kHz 的无指向性声呐在发出声脉冲 1 s 后,产生了 80 dB 的混响级,假设对混响有贡献的海水体积为 1×10^8 m³,海洋中的声波吸收衰减系数 $\alpha =$ 0.036 $f^{3/2}$（dB/km）,其中 f 的单位为 kHz。求海水的体积散射强度。

2. 声呐系统的功率指向性函数为

$$b(\theta, \varphi) = \begin{cases} 1, & 0 \leqslant \Omega \leqslant \dfrac{\pi}{6} \\ 0, & \text{其他} \end{cases}$$

辐射声源级 SL＝140 dB,发射脉冲宽度 τ＝50 ms,海洋介质的体积散射强度 S_v＝−70 dB。求距声呐 200 m 处散射体产生混响信号的混响级 $\mathrm{RL_v}$。

3. 收发合置声呐的声源级为 120 dB,发射信号的工作频率 40 kHz,脉冲宽度 10 ms,等效束宽 0.2 立体角弧度。海洋中的声速为 1 500 m/s,介质的吸收系数 $\alpha =$ 0.036 $f^{3/2}$（dB/km）,其中 f 以 kHz 为单位,体积散射系数 10^{-4} m⁻¹,试求距离 300 m 处的体积混响级。如果该声呐在信混比 3 dB 时能发现目标,试问:能否发现位于上述距离处半径 2 m 的刚性球目标? 如果答案是否定的,应当采取什么措施以便在混响背景下检测到刚性球目标?

4. 由 21 个点源构成的等间隔线列阵,阵元间距 d＝$\lambda/2$,工作频率 f_0＝30 kHz,在海底附近以小掠射角发射。所发射的脉冲信号脉冲宽度 τ＝10 ms,辐射声源级 SL＝110 dB,海底的反向散射强度 $S_{s\phi}$＝−30 dB。求距声源 r＝150 m 处海底所产生的混响信号的混响级 $\mathrm{RL_b}$。

5. 一水下目标的辐射噪声谱 $\mathrm{NL_S}$−f 曲线如图 8-32 所示,设声源无指向性,试求其辐射噪声声源级、辐射总功率和距声中心 1 m 处的声强。

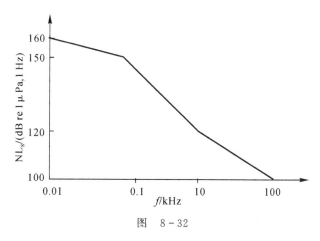

图　8-32

参 考 文 献

[1] 马大猷. 现代声学理论基础[M]. 北京: 科学出版社, 2004.

[2] 杜功焕, 朱哲民, 龚秀芬. 声学基础 [M]. 2 版. 南京: 南京大学出版社, 2001.

[3] 尤立克. 水声原理 [M]. 3 版. 洪申, 译. 哈尔滨: 哈尔滨船舶工程学院出版社, 1990.

[4] KNUDSEN V O, ALFORD R S, EMLING J W. Underwater Ambient Noise[J]. J Mar Res, 1948(7): 410 - 429.

[5] 田坦. 声呐技术[M]. 2 版. 哈尔滨: 哈尔滨工程大学出版社, 2010.

[6] 怀特. 实用声纳工程: 第 3 版[M]. 王德石, 等译. 北京: 电子工业出版社, 2004.

[7] 李启虎. 声呐信号处理引论[M]. 北京: 海洋出版社, 1985.

[8] 何祚镛, 赵玉芳. 声学理论基础[M]. 北京: 国防工业出版社, 1981.

[9] 周福洪. 水声换能器及基阵[M]. 北京: 国防工业出版社, 1984.

[10] WILSON W D. Equation for the Speed of Sound in Sea Water[J]. J Acoust Soc Am, 1960, 32(10): 1357.

[11] MEDWIN H. Speed of Sound in Water: A Simple Equation for Realistic Parameters [J]. J Acoust Soc Am, 1975, 58(6): 1318 - 1319.

[12] FISHER F H, SIMMONS V P. Sound Absorption in Sea Water [J]. J Acoust Soc Am, 1977, 62(3): 558 - 564.

[13] TOLSTOY I, CLAY C S. Ocean Acoustics: Theory and Experiment in Underwater Sound [M]. New York: McGraw-Hill Book Company, 1966.

[14] SCHULKIN M, MARSH H W. Absorption of Sound in Sea Water [J]. J Acoust Soc Am, 1962, 34(6): 864 - 865.

[15] THORP W H, BROWNING D G. Attenuation of Low Frequency Sound in the Ocean [J]. J Sound Vib, 1973, 26(4): 576 - 578.

[16] SKRETTING A, LEORY C C. Sound Attenuation Between 200 Hz and 10 kHz [J]. J Acoust Soc Am, 1971, 49(1B): 276 - 282.

[17] 李志舜. 鱼雷自导信号与信息处理[M]. 西安: 西北工业大学出版社, 2004.

[18] URICK R J, SAXTON H L. Surface Reflection of Short Supersonic Pulses in the Ocean[J]. J Acoust Soc Am, 1947, 19(1): 8 - 12.

[19] 朱业, 张仁和. 负跃层浅海中的脉冲声传播[J]. 中国科学: A 辑, 1996, 26(3): 271 - 279.

[20] MARSH H W. Exact Solution of Wave Scattering by Irregular Surfaces [J]. J Acoust Soc Am, 1961, 33: 330 - 333.

[21] 伯迪克. 水声系统分析[M]. 方良嗣, 阎福旺, 等译. 北京: 海洋出版社, 1992.

[22] MARSH H W, SCHULKIN M, KNEALE S G. Scattering of Underwater Sound by the Sea Surface [J]. J Acoust Soc Am, 1961, 33(3): 334 - 336.

[23] HAMILTON E L. Geoacoustic Modeling of the Sea Floor [J]. J Acoust Soc Am, 1980, 68(5): 1313 - 1340.

［24］ BALLARD M S，LIN Y T，LYNCH J F. Horizontal Refraction of Propagating Sound Due to Seafloor Scours Over a Range-dependent Layered Bottom on the New Jersey Shelf［J］. J Acoust Soc Am，2012，131(4)：2587 - 2598.

［25］ MARSH H W. Reflection and Scattering of Sound by the Sea Bottom［J］. J Acoust Soc Am，1964，2003A.

［26］ 汪德昭，尚尔昌. 水声学［M］. 北京：科学出版社，1981.

［27］ 莫尔斯，英格德. 理论声学［M］. 杨训仁，吕如榆，等译. 北京：科学出版社，1984.

［28］ 尤立克. 海洋中的声传播［M］. 陈泽卿，译. 北京：海洋出版社，1990.

［29］ 布列霍夫斯基赫，雷桑诺夫. 海洋声学基础［M］. 朱伯贤，金国亮，译. 北京：海洋出版社，1985.

［30］ 布列霍夫斯基赫. 分层介质中的波：中译本［M］. 北京：科学出版社，1995.

［31］ 惠俊英，生雪莉. 水下声信道［M］. 2 版. 北京：国防工业出版社，2007.

［32］ KINSLER L E，FREY A R，COPPENS A B，SANDERS J V. Fundamentals of Acoustics ［M］. 3rd ed. New York：John Wiley & Sons Inc，1982.

［33］ 刘伯胜，雷家煜. 水声学原理［M］. 2 版. 哈尔滨：哈尔滨工程大学出版社，2009.

［34］ JENSEN F B，KUPERMAN W A，PORTER M B，et al. Computational Ocean Acoustics［M］. New York：Springer，2011.

［35］ ETTER P C. Underwater Acoustic Modeling and Simulation［M］. Boca Raton：CRC Press，2013.

［36］ HODGES R P. Underwater Acoustics：Analysis，Design and Performance of Sonar ［M］. Chichester：Wiley，2010.

［37］ 何祚镛. 声学习题集［M］. 哈尔滨：哈尔滨工程大学出版社，2003.